2020
中国科技统计年鉴
CHINA STATISTICAL YEARBOOK ON SCIENCE AND TECHNOLOGY

国家统计局社会科技和文化产业统计司
科学技术部战略规划司 编

Compiled By

Department of Social,Science and Technology,and Cultural Statistics National Bureau of Statistics

Department of Strategy and Planning Ministry of Science and Technology

中国统计出版社
China Statistics Press

图书在版编目（CIP）数据

中国科技统计年鉴. 2020 = China Statistical Yearbook on Science and Technology 2020 : 汉英对照/国家统计局社会科技和文化产业统计司, 科学技术部战略规划司编. -- 北京 : 中国统计出版社, 2020.12
ISBN 978-7-5037-9410-0

Ⅰ. ①中… Ⅱ. ①国… ②科… Ⅲ. ①科技统计－中国－2020－年鉴－汉、英 Ⅳ. ①G322-66

中国版本图书馆 CIP 数据核字(2020)第 253303 号

中国科技统计年鉴-2020

作　　者/国家统计局社会科技和文化产业统计司　科学技术部战略规划司
责任编辑/李　冲
封面设计/李雪燕
出版发行/中国统计出版社有限公司
通信地址/北京市丰台区西三环南路甲 6 号　邮政编码/100073
电　　话/邮购（010）63376909　书店（010）68783171
网　　址/ http://www.zgtjcbs.com
印　　刷/河北鑫兆源印刷有限公司
经　　销/新华书店
开　　本/880mm×1230mm　1/16
字　　数/600 千字
印　　张/18
版　　别/2020 年 12 月第 1 版
版　　次/2020 年 12 月第 1 次印刷
定　　价/260.00 元

《中国科技统计年鉴–2020》编辑委员会和编辑部

编辑委员会

编辑部

CHINA STATISTICAL YEARBOOK ON SCIENCE AND TECHNOLOGY—2020

Editorial Board and Editorial Staff

编 者 说 明

《中国科技统计年鉴－2020》是国家统计局社会科技和文化产业统计司和科学技术部战略规划司共同编辑的反映我国科技活动情况的统计资料书，收录了全国 31 个省、自治区、直辖市以及国务院有关部门 2019 年度科技统计数据。

全书内容分为十个部分。第一部分为反映全社会科技活动的综合统计资料。第二、三、四部分分别为工业企业、研究与开发机构和高等学校科技活动统计资料，其中工业企业的口径为规模以上工业企业，指年主营业务收入为 2000 万元及以上的法人工业企业；研究与开发机构的口径为地级及以上独立核算的政府属科学研究与技术开发机构、科学技术信息和文献机构；高等学校包括全日制高校及其附属医院。第五部分为高技术产业发展统计资料。第六部分为企业创新活动统计资料。第七部分为国家科技计划统计资料。第八部分为科技活动成果统计资料。第九部分为综合技术服务部门和科协活动有关资料。第十部分为国际科技统计资料。最后附有主要统计指标解释。

本书有关符号说明："空格"表示该项统计指标数据不足本表最小单位数、不详或无该项数据；"#"表示是其中的主要项；"*"或"①"表示本表下有注解。

本书中因小数取舍而产生的误差均未做配平处理。

参与本书编辑的单位还有教育部、国防科技工业局、财政部、人力资源和社会保障部、自然资源部、商务部、市场监督管理总局、国家知识产权局、中国科学院、中国工程院、应急管理部、海关总署、中国气象局、中国科协。我们对上述单位有关人员在本书的编辑过程中给予的大力支持与合作，表示衷心感谢。

FOREWORD

China Statistical Yearbook on Science and Technology-2020 is prepared jointly by the Department of Social,Science and Technology, and Cultural Statistics National Bureau of Statistics and the Department of Strategy and Planning of Science and Technology. The Yearbook, which covers data series at the national, provincial and local levels, and autonomous regions, as well as departments directly under the State Council, reports on the development of China's science and technology activities.

The yearbook contains the following ten parts. The first part reflects general science and technology(S&T) information on whole society; The second part, the third part and the forth part reflect respectively S&T information about Industrial Enterprises, Independent Research Institutions and Institutions of Higher Education. Industrial Enterprises cover Industrial Enterprises above Designated Size, with the sales revenue above 20 million RMB; Independent Research Institutions cover the municipal and above and independent accounting scientific research and technological development institutions which belong to government; Institutions of Higher Education cover Institutions of Higher Education and affiliated hospitals. The fifth part contains information on High Technology Industry. The sixth part contains information on innovation activities of enterprises. The seventh part contains information on National Program for Science and Technology. The eighth part contains information on results of S&T activities. The ninth part covers Scientific and Technologic Service and S&T activities of China Associations for S&T. The tenth part contains information on the international comparisons.

Notations used in this book:"(blank space)"indicates that the figure is not large enough to be measured with the smallest unit in the table or data are unknown or are not available; “#” indicates a major breakdown of the total; and “*” or “①” indicates footnotes at the end of the table.

Statistical discrepancies due to rounding are not adjusted in the yearbook.

The institutions participating editing this volume include: Ministry of Education, Sate Administration of Science, Technology and Industry for National Defense, Ministry of Finance, Ministry of Human Resources and Social Security,Ministry of Natural Resources, Ministry of Commerce, State Administration for Market Regulation, State Intellectual Property Office, Chinese Academy of Sciences, Chinese Academy of Engineering, Ministry of Emergency Management, General Administration of Customs, China Meteorological Administration, China Association for Science and Technology. We would like to express our gratitude to these institutions of the State Council for their cooperation and support in sparing no effort to provide all the required data.

目 录 Contents

一、综合
General

二、工业企业
Industrial Enterprises

三、研究与开发机构
R&D Institutions

四、高等学校
Higher Education

五、高技术产业
High-tech Industry

六、企业创新活动
Innovation Activities of Enterprises

七、国家科技计划
National Program for Science and Technology Development

八、科技活动成果

Results of Science and Technology Activities

九、科技服务

Scientific and Technologic Services

十、国际比较

International Comparison

一、综合
General

1-1 研究与试验发展(R&D)人员(2019年)
R&D Personnel (2019)

单位：人 (person)

项 目	Item	R&D人员 Total	#女性 Female	#全时人员 Full-time Equivalent	#博士毕业 Doctor	#硕士毕业 Master	#本科毕业 Under-graduate
全 国	**National Total**	**7129256**	**1853528**	**4860169**	**607210**	**1038113**	**2891555**
按执行部门分	**by Performer**						
企 业	Enterprises	5177353	1138770	3853366	39811	339893	2430235
#规上工业企业	Industrial Enterprises above Designated Size	4440550	972400	3298291	33392	278194	1907993
研究与开发机构	R&D Institutions	485322	163134	380983	95919	179858	148762
高等学校	Higher Education	1233180	462421	538572	453261	473456	264539
其 他	Others	233401	89203	87248	18219	44906	48019
按地区分	**by Region**						
东部地区	Eastern Region	4505896	1154838	3177050	359461	596718	1798364
中部地区	Middle Region	1332568	327679	884247	94935	179630	558060
西部地区	Western Region	986233	274617	606171	99817	188346	414494
东北地区	Northeast Region	304559	96394	192701	52997	73419	120637
北 京	Beijing	464178	147982	330088	108386	96525	200142
天 津	Tianjin	143888	39435	91007	16815	24386	66378
河 北	Hebei	183151	51201	114291	9165	31539	72966
山 西	Shanxi	78778	21185	50096	7284	14864	31473
内 蒙 古	Inner Mongolia	39936	12062	22280	3169	7483	18366
辽 宁	Liaoning	159286	46015	102467	20576	30157	72338
吉 林	Jilin	75736	27409	45380	16886	24894	23269
黑 龙 江	Heilongjiang	69537	22970	44854	15535	18368	25030
上 海	Shanghai	293346	81307	211517	42665	52381	136561
江 苏	Jiangsu	897701	222782	640827	52204	102750	365275
浙 江	Zhejiang	713684	173930	484166	31501	62018	234793
安 徽	Anhui	262498	55269	174460	18932	35839	102993
福 建	Fujian	261612	69607	185872	14579	28147	117254
江 西	Jiangxi	160329	41131	114242	6810	18207	62787
山 东	Shandong	442233	120658	297070	30018	58379	185818
河 南	Henan	296349	73988	194829	12985	35778	124731
湖 北	Hubei	285507	71101	186666	28694	37212	121763
湖 南	Hunan	249107	65005	163954	20230	37730	114313
广 东	Guangdong	1091544	242621	813600	52278	137336	414323
广 西	Guangxi	82445	26698	43310	8256	20219	33348
海 南	Hainan	14559	5315	8612	1850	3257	4854
重 庆	Chongqing	160668	42671	103546	12940	22906	70144
四 川	Sichuan	270123	70156	175478	25051	50852	116108
贵 州	Guizhou	67285	18262	35898	4776	11070	27357
云 南	Yunnan	92992	28854	52007	7055	15567	38673
西 藏	Tibet	2896	1156	1537	266	1099	1145
陕 西	Shaanxi	167628	44598	116655	25903	37396	69285
甘 肃	Gansu	46047	12370	26236	7629	10105	18098
青 海	Qinghai	9661	3020	5209	730	1569	4552
宁 夏	Ningxia	20924	5764	11692	1148	2858	8013
新 疆	Xinjiang	25628	9006	12323	2894	7222	9405

1-2　全国研究与试验发展(R&D)人员全时当量
Full-time Equivalent of R&D Personnel

单位：万人年　　(10 000 man-year)

年　份 Year	R&D人员全时当量 Total	基础研究 Basic Research	应用研究 Applied Research	试验发展 Experimental Development
1992	67.43	5.84	20.90	40.70
1993	69.78	6.33	21.49	41.96
1994	78.32	7.64	24.20	46.48
1995	75.17	6.66	22.79	45.71
1996	80.40	6.96	23.65	49.79
1997	83.12	7.17	25.27	50.68
1998	75.52	7.87	24.97	42.68
1999	82.17	7.60	24.15	50.42
2000	92.21	7.96	21.96	62.28
2001	95.65	7.88	22.60	65.17
2002	103.51	8.40	24.73	70.39
2003	109.48	8.97	26.03	74.49
2004	115.26	11.07	27.86	76.33
2005	136.48	11.54	29.71	95.23
2006	150.25	13.13	29.97	107.14
2007	173.62	13.81	28.60	131.21
2008	196.54	15.40	28.94	152.20
2009	229.13	16.46	31.53	181.14
2010	255.38	17.37	33.56	204.46
2011	288.29	19.32	35.28	233.73
2012	324.68	21.22	38.38	265.09
2013	353.28	22.32	39.56	291.40
2014	371.06	23.54	40.70	306.82
2015	375.88	25.32	43.04	307.53
2016	387.81	27.47	43.89	316.44
2017	403.36	29.01	48.96	325.39
2018	438.14	30.50	53.88	353.77
2019	480.08	39.20	61.54	379.37

1-3　按执行部门分研究与试验发展(R&D)人员全时当量(2019年)
Full-time Equivalent of R&D Personnel by Performer(2019)

单位：万人年　　(10 000 man-year)

项　目	Item	R&D人员全时当量 Total	#研究人员 Researchers	基础研究 Basic Research	应用研究 Applied Research	试验发展 Experimental Development
全　国	**National Total**	**480.08**	**210.95**	**39.20**	**61.54**	**379.37**
企　业	Enterprises	366.84	121.67	1.15	14.27	351.45
#规上工业企业	Industrial Enterprises above Designated Size	315.18	97.11	0.65	9.80	304.74
研究与开发机构	R&D Institutions	42.46	30.67	9.21	14.83	18.42
高等学校	Higher Education	56.55	50.26	26.68	25.82	4.05
其　他	Others	14.22	8.35	2.15	6.62	5.46

1-4 各地区研究与试验发展(R&D)人员全时当量(2019年)
Full-time Equivalent of R&D Personnel by Region (2019)

单位：人年 (man-year)

地 区	Region	R&D人员全时当量 Total	#研究人员 Researchers	基础研究 Basic Research	应用研究 Applied Research	试验发展 Experimental Development
全 国	**National Total**	**4800768**	**2109460**	**391972**	**615395**	**3793700**
东部地区	Eastern Region	3149285	1291778	208357	345910	2595202
中部地区	Middle Region	854941	371969	61537	106038	687423
西部地区	Western Region	609946	328495	79213	120108	410680
东北地区	Northeast Region	186597	117218	42865	43339	100395
北 京	Beijing	313986	207995	63478	92521	158059
天 津	Tianjin	92502	48280	9518	14509	68481
河 北	Hebei	111799	50456	7061	22415	82327
山 西	Shanxi	46853	23897	6174	9366	31322
内蒙古	Inner Mongolia	24897	12876	2302	5305	17289
辽 宁	Liaoning	99880	56605	13583	20793	65505
吉 林	Jilin	42323	28543	14486	11658	16181
黑龙江	Heilongjiang	44394	32070	14797	10888	18709
上 海	Shanghai	198646	110610	29252	34104	135333
江 苏	Jiangsu	635279	245470	24530	41329	569431
浙 江	Zhejiang	534724	153123	13595	28618	492517
安 徽	Anhui	175318	76363	16135	20164	139017
福 建	Fujian	171452	68051	7666	18242	145545
江 西	Jiangxi	105593	39152	5334	7250	93009
山 东	Shandong	278787	122797	21374	32796	224622
河 南	Henan	191570	76108	7421	22196	161967
湖 北	Hubei	178330	82325	13131	25393	139823
湖 南	Hunan	157277	74126	13342	21670	122285
广 东	Guangdong	803208	280061	30104	58978	714161
广 西	Guangxi	47420	26068	8436	10923	28061
海 南	Hainan	8903	4935	1779	2398	4728
重 庆	Chongqing	97602	44130	7955	15603	74049
四 川	Sichuan	170777	91965	16127	33042	121625
贵 州	Guizhou	37757	17106	5282	6689	25791
云 南	Yunnan	57157	27502	9705	8940	38520
西 藏	Tibet	1751	1225	492	603	656
陕 西	Shaanxi	115319	73048	16931	25077	73329
甘 肃	Gansu	25956	17586	6270	7008	12678
青 海	Qinghai	5476	2872	788	1304	3386
宁 夏	Ningxia	12016	5106	1559	1755	8704
新 疆	Xinjiang	13820	9010	3366	3861	6594

1-5 全国研究与试验发展(R&D)经费内部支出
Intramural Expenditure on R&D

单位：亿元,% (100 million yuan,%)

年 份 Year	R&D经费内部支出 Total	基础研究 Basic Research	应用研究 Applied Research	试验发展 Experimental Development	与国内生产总值之比 of GDP	R&D经费内部支出现价增长 Growth at Current Price	R&D经费内部支出可比价增长 Growth at Constant Price
1995	348.69	18.06	92.02	238.60	0.57		38.24
1996	404.48	20.24	99.12	285.12	0.56	16.00	8.89
1997	509.16	27.44	132.46	349.26	0.64	25.88	23.84
1998	551.12	28.95	124.62	397.54	0.65	8.24	9.18
1999	678.91	33.90	151.55	493.46	0.75	23.19	24.81
2000	895.66	46.73	151.90	697.03	0.89	31.93	29.27
2001	1042.49	55.60	184.85	802.03	0.94	16.39	14.02
2002	1287.64	73.77	246.68	967.20	1.06	23.52	22.74
2003	1539.63	87.65	311.45	1140.52	1.12	19.57	16.50
2004	1966.33	117.18	400.49	1448.67	1.21	27.71	19.40
2005	2449.97	131.21	433.53	1885.24	1.31	24.60	19.92
2006	3003.10	155.76	488.97	2358.37	1.37	22.58	17.92
2007	3710.24	174.52	492.94	3042.78	1.37	23.55	14.63
2008	4616.02	220.82	575.16	3820.04	1.45	24.41	15.47
2009	5802.11	270.29	730.79	4801.03	1.66	25.70	25.96
2010	7062.58	324.49	893.79	5844.30	1.71	21.72	13.85
2011	8687.01	411.81	1028.39	7246.81	1.78	23.00	13.86
2012	10298.41	498.81	1161.97	8637.63	1.91	18.55	15.89
2013	11846.60	554.95	1269.12	10022.53	2.00	15.03	12.63
2014	13015.63	613.54	1398.53	11003.56	2.02	9.87	8.75
2015	14169.88	716.12	1528.64	11925.13	2.06	8.87	8.87
2016	15676.75	822.89	1610.49	13243.36	2.10	10.63	9.10
2017	17606.13	975.49	1849.21	14781.43	2.12	12.31	7.75
2018	19677.93	1090.37	2190.87	16396.69	2.14	11.77	7.99
2019	22143.58	1335.57	2498.46	18309.55	2.23	12.53	10.78

注：2014-2019年R&D经费内部支出与国内生产总值之比已根据第四次全国经济普查结果进行了修订。

Note: The ratio of internal expenditure on R&D to GDP from 2014 to 2019 has been revised according to the results of the Fourth National Economic Census.

1-6 按执行部门分组的研究与试验发展(R&D)经费内部支出(2019年)
Intramural Expenditure on R&D by Performer(2019)

单位：亿元 (100 million yuan)

项 目	Item	R&D经费内部支出 Total	基础研究 Basic Research	应用研究 Applied Research	试验发展 Experimental Development
全 国	**National Total**	**22143.58**	**1335.57**	**2498.46**	**18309.55**
企 业	Enterprises	16921.79	50.77	560.71	16310.31
#规上工业企业	Industrial Enterprises above Designated Size	13971.10	33.13	371.42	13566.55
研究与开发机构	R&D Institutions	3080.83	510.31	933.63	1636.89
高等学校	Higher Education	1796.62	722.24	879.30	195.07
其 他	Others	344.34	52.25	124.81	167.28

1-7 各地区研究与试验发展(R&D)经费内部支出(2019年)
Intramural Expenditure on R&D by Region (2019)

单位：万元 (10 000 yuan)

地 区	Region	R&D经费内部支出 Total	基础研究 Basic Research	应用研究 Applied Research	试验发展 Experimental Development
全 国	**National Total**	**221435774**	**13355711**	**24984607**	**183095455**
东部地区	Eastern Region	146140133	8953948	15545722	121640463
中部地区	Middle Region	38676425	1592246	3802700	33281479
西部地区	Western Region	28585257	2029811	4010398	22545048
东北地区	Northeast Region	8033959	779707	1625787	5628465
北 京	Beijing	22335870	3554523	5638952	13142395
天 津	Tianjin	4629716	246724	491638	3891353
河 北	Hebei	5667279	148850	580123	4938307
山 西	Shanxi	1912215	104432	194753	1613030
内 蒙 古	Inner Mongolia	1478092	45095	164885	1268112
辽 宁	Liaoning	5084604	320891	975154	3788560
吉 林	Jilin	1483828	202196	314869	966762
黑 龙 江	Heilongjiang	1465528	256620	335764	873144
上 海	Shanghai	15245534	1353100	1990277	11902157
江 苏	Jiangsu	27795165	762027	1880429	25152708
浙 江	Zhejiang	16697956	478348	915833	15303775
安 徽	Anhui	7540286	395540	607936	6536810
福 建	Fujian	7537466	361301	508665	6667500
江 西	Jiangxi	3843094	153456	214068	3475571
山 东	Shandong	14947162	573401	993446	13380315
河 南	Henan	7930369	191391	722441	7016537
湖 北	Hubei	9578823	432337	1193805	7952681
湖 南	Hunan	7871638	315091	869699	6686848
广 东	Guangdong	30984890	1418552	2472767	27093570
广 西	Guangxi	1671326	149890	168625	1352811
海 南	Hainan	299096	57121	73592	168383
重 庆	Chongqing	4695714	281486	459125	3955103
四 川	Sichuan	8709515	511526	1283985	6914003
贵 州	Guizhou	1446849	139705	203493	1103650
云 南	Yunnan	2200452	216527	237144	1746781
西 藏	Tibet	43345	8573	13296	21476
陕 西	Shaanxi	5845754	360598	1053954	4431202
甘 肃	Gansu	1102446	185634	239600	677212
青 海	Qinghai	205680	22922	43576	139182
宁 夏	Ningxia	545051	39501	58445	447105
新 疆	Xinjiang	641033	68353	84268	488412

1-8 各地区研究与试验发展(R&D)经费投入强度
The R&D Expenditure Input Intensity by Region

单位：% (%)

地 区	Region	2012	2013	2014	2015	2016	2017	2018	2019
全 国	**National Total**	**1.91**	**2.00**	**2.02**	**2.06**	**2.10**	**2.12**	**2.14**	**2.23**
北 京	Beijing	5.59	5.61	5.53	5.59	5.49	5.29	5.65	6.31
天 津	Tianjin	3.99	4.30	4.37	4.69	4.68	3.68	3.68	3.28
河 北	Hebei	1.06	1.16	1.24	1.33	1.35	1.48	1.54	1.61
山 西	Shanxi	1.13	1.29	1.26	1.12	1.11	1.02	1.10	1.12
内蒙古	Inner Mongolia	0.97	1.03	1.00	1.05	1.07	0.89	0.80	0.86
辽 宁	Liaoning	2.19	2.32	2.17	1.80	1.83	1.98	1.96	2.04
吉 林	Jilin	1.27	1.27	1.31	1.41	1.34	1.17	1.02	1.27
黑龙江	Heilongjiang	1.32	1.39	1.33	1.35	1.28	1.19	1.05	1.08
上 海	Shanghai	3.19	3.35	3.41	3.48	3.51	3.66	3.77	4.00
江 苏	Jiangsu	2.40	2.51	2.55	2.53	2.62	2.63	2.69	2.79
浙 江	Zhejiang	2.10	2.19	2.27	2.32	2.39	2.42	2.49	2.68
安 徽	Anhui	1.54	1.71	1.75	1.81	1.81	1.90	1.91	2.03
福 建	Fujian	1.34	1.40	1.42	1.47	1.53	1.60	1.66	1.78
江 西	Jiangxi	0.89	0.95	0.98	1.03	1.13	1.27	1.37	1.55
山 东	Shandong	2.38	2.48	2.57	2.58	2.67	2.78	2.47	2.10
河 南	Henan	1.07	1.12	1.16	1.17	1.23	1.30	1.34	1.46
湖 北	Hubei	1.70	1.76	1.81	1.85	1.80	1.88	1.96	2.09
湖 南	Hunan	1.36	1.39	1.42	1.45	1.52	1.68	1.81	1.98
广 东	Guangdong	2.17	2.31	2.35	2.41	2.48	2.56	2.71	2.88
广 西	Guangxi	0.86	0.87	0.82	0.72	0.73	0.80	0.74	0.79
海 南	Hainan	0.49	0.48	0.49	0.45	0.53	0.51	0.55	0.56
重 庆	Chongqing	1.38	1.35	1.38	1.54	1.68	1.82	1.90	1.99
四 川	Sichuan	1.47	1.51	1.56	1.66	1.69	1.68	1.72	1.87
贵 州	Guizhou	0.62	0.59	0.60	0.59	0.62	0.70	0.79	0.86
云 南	Yunnan	0.62	0.62	0.61	0.73	0.81	0.85	0.90	0.95
西 藏	Tibet	0.25	0.28	0.25	0.30	0.19	0.21	0.24	0.25
陕 西	Shaanxi	2.03	2.15	2.11	2.20	2.20	2.15	2.22	2.27
甘 肃	Gansu	1.12	1.11	1.18	1.26	1.26	1.20	1.20	1.26
青 海	Qinghai	0.86	0.80	0.78	0.58	0.62	0.73	0.63	0.69
宁 夏	Ningxia	0.86	0.90	0.96	0.99	1.08	1.22	1.30	1.45
新 疆	Xinjiang	0.54	0.54	0.53	0.56	0.59	0.51	0.50	0.47

注：R&D经费内部支出与国内生产总值之比已根据第四次全国经济普查结果进行了修订。
Note: The ratio of internal expenditure on R&D to GDP has been revised according to the results of the Fourth National Economic Census.

1-9 按执行部门分组的研究与试验发展(R&D)经费内部支出
Intramural Expenditure on R&D by Performer

单位：亿元 (100 million yuan)

年 份 Year	R&D经费 内部支出 Total	企 业 Enterprises	#规上工业企业 Industrial Enterprises above Designated Size	#大中型工业企业 Large & Medium-sized Industrial Enterprises	研究与开发机构 R&D Institutions	高等学校 Higher Education	其 他 Others
1995	348.7			141.7	146.4	42.3	
1996	404.5			160.5	172.9	47.8	
1997	509.2			188.3	206.4	57.7	
1998	551.1			197.1	234.3	57.3	
1999	678.9			249.9	260.5	63.5	
2000	895.7	537.0		353.4	258.0	76.7	24.0
2001	1042.5	630.0		442.3	288.5	102.4	21.6
2002	1287.6	787.8		560.2	351.3	130.5	18.0
2003	1539.6	960.2		720.8	399.0	162.3	18.1
2004	1966.3	1314.0	1104.5	954.4	431.7	200.9	19.7
2005	2450.0	1673.8		1250.3	513.1	242.3	20.8
2006	3003.1	2134.5		1630.2	567.3	276.8	24.5
2007	3710.2	2681.9		2112.5	687.9	314.7	25.7
2008	4616.0	3381.7	3073.1	2681.3	811.3	390.2	32.9
2009	5802.1	4248.6	3775.7	3210.2	995.9	468.2	89.4
2010	7062.6	5185.5		4015.4	1186.4	597.3	93.4
2011	8687.0	6579.3	5993.8	5030.7	1306.7	688.9	112.1
2012	10298.4	7842.2	7200.6	5992.3	1548.9	780.6	126.7
2013	11846.6	9075.8	8318.4	6744.1	1781.4	856.7	132.6
2014	13015.6	10060.6	9254.3	7319.7	1926.2	898.1	130.7
2015	14169.9	10881.3	10013.9	7792.4	2136.5	998.6	153.5
2016	15676.7	12144.0	10944.7	8289.5	2260.2	1072.2	200.4
2017	17606.1	13660.2	12013.0	8976.2	2435.7	1266.0	244.2
2018	19677.9	15233.7	12954.8	9542.7	2691.7	1457.9	294.6
2019	22143.6	16921.8	13971.1	9996.9	3080.8	1796.6	344.3

1-10 按执行部门和支出用途分R&D经费内部支出(2019年)
Intramural Expenditure on R&D by Performer and Use (2019)

单位：亿元 (100 million yuan)

项 目	Item	R&D经费内部支出 Total	日常性支出 Routine Expenses	#人员劳务费 Labor Cost	资产性支出 Assets Expenditure	#仪器和设备 Equipment
全 国	**National Total**	**22143.6**	**19786.7**	**6913.1**	**2190.5**	**1792.6**
企 业	Enterprises	16921.8	15603.5	5635.2	1151.9	1115.2
#规上工业企业	Industrial Enterprises above Designated Size	13971.1	12918.7	4131.1	1052.4	1020.3
研究与开发机构	R&D Institutions	3080.8	2481.7	773.2	599.1	362.0
高等学校	Higher Education	1796.6	1441.2	370.2	355.4	259.4
其 他	Others	344.3	260.2	134.4	84.1	56.0

1-11 各地区按支出用途分研究与试验发展(R&D)经费内部支出(2019年)
Intramural Expenditure on R&D by Region and Use (2019)

单位：万元 (10 000 yuan)

地区	Region	R&D经费内部支出 Total	日常性支出 Routine Expenses	#人员劳务费 Labor Cost	资产性支出 Assets Expenditure	#仪器和设备 Equipment
全　国	**National Total**	**221435774**	**197866763**	**69130613**	**21905081**	**17925608**
东部地区	Eastern Region	146140133	129952301	49714809	14809387	12360530
中部地区	Middle Region	38676425	35595443	9728960	2904129	2441096
西部地区	Western Region	28585257	25201566	7541795	3311974	2445283
东北地区	Northeast Region	8033959	7117453	2145049	879592	678699
北　京	Beijing	22335870	19741453	8461480	2560352	1798149
天　津	Tianjin	4629716	3997199	1362733	586236	487291
河　北	Hebei	5667279	4863241	1099200	768739	708074
山　西	Shanxi	1912215	1695841	425714	205765	172374
内 蒙 古	Inner Mongolia	1478092	1378581	296825	99172	92957
辽　宁	Liaoning	5084604	4556647	1357744	504078	364411
吉　林	Jilin	1483828	1310319	433320	171740	146641
黑 龙 江	Heilongjiang	1465528	1250487	353986	203774	167647
上　海	Shanghai	15245534	13742227	5493133	1477487	1078492
江　苏	Jiangsu	27795165	24855086	7228235	2770338	2515320
浙　江	Zhejiang	16697956	15298424	6560532	1074473	913681
安　徽	Anhui	7540286	6827470	2241617	676442	574248
福　建	Fujian	7537466	6637320	2692648	868950	665535
江　西	Jiangxi	3843094	3506527	803575	322120	265423
山　东	Shandong	14947162	13352111	3850383	1482766	1365115
河　南	Henan	7930369	7397272	2212465	505937	417314
湖　北	Hubei	9578823	8743362	2301123	766928	681661
湖　南	Hunan	7871638	7424970	1744465	426938	330076
广　东	Guangdong	30984890	27229265	12863461	3157923	2789892
广　西	Guangxi	1671326	1464668	462905	205603	131641
海　南	Hainan	299096	235976	103004	62123	38982
重　庆	Chongqing	4695714	4227930	1387423	442915	321636
四　川	Sichuan	8709515	7720356	2351236	976079	663986
贵　州	Guizhou	1446849	1222913	392146	219998	179358
云　南	Yunnan	2200452	1954807	534186	234778	190543
西　藏	Tibet	43345	34722	21218	7985	3721
陕　西	Shaanxi	5845754	5050257	1477316	788086	582054
甘　肃	Gansu	1102446	872704	288052	228659	181476
青　海	Qinghai	205680	188996	66314	15575	12065
宁　夏	Ningxia	545051	493732	94940	48326	45537
新　疆	Xinjiang	641033	591901	169234	44798	40310

1-12 按资金来源分研究与试验发展(R&D)经费内部支出 Intramural Expenditure on R&D by Sources

单位：亿元 (100 million yuan)

年 份 Year	R&D经费内部支出 Total	政府资金 Government Funds	企业资金 Self-raised Funds by Enterprises	国外资金 Foreign Funds	其他资金 Other Funds
2004	1966.3	523.6	1291.3	25.2	126.2
2005	2450.0	645.4	1642.5	22.7	139.4
2006	3003.1	742.1	2073.7	48.4	138.9
2007	3710.2	913.5	2611.0	50.0	135.8
2008	4616.0	1088.9	3311.5	57.2	158.4
2009	5802.1	1358.3	4162.7	78.1	203.0
2010	7062.6	1696.3	5063.1	92.1	211.0
2011	8687.0	1883.0	6420.6	116.2	267.2
2012	10298.4	2221.4	7625.0	100.4	351.6
2013	11846.6	2500.6	8837.7	105.9	402.5
2014	13015.6	2636.1	9816.5	107.6	455.5
2015	14169.9	3013.2	10588.6	105.2	462.9
2016	15676.7	3140.8	11923.5	103.2	509.2
2017	17606.1	3487.4	13464.9	113.3	540.5
2018	19677.9	3978.6	15079.3	71.4	548.6
2019	22143.6	4537.3	16887.2	23.9	695.2

1-13 按执行部门和来源构成分研究与试验发展(R&D)经费内部支出(2019年) Intramural Expenditure on R&D by Performer and Sources (2019)

单位：亿元 (100 million yuan)

项 目	Item	R&D经费内部支出 Total	政府资金 Government Funds	企业资金 Self-raised Funds by Enterprises	国外资金 Foreign Funds	其他资金 Other Funds
全 国	**National Total**	**22143.6**	**4537.3**	**16887.2**	**23.9**	**695.2**
企 业	Enterprises	16921.8	648.4	16257.4	12.1	3.9
#规上工业企业	Industrial Enterprises above Designated Size	13971.1	574.8	13394.2	1.3	0.8
研究与开发机构	R&D Institutions	3080.8	2582.4	118.7	5.0	374.7
高等学校	Higher Education	1796.6	1048.5	471.0	6.2	270.9
其 他	Others	344.3	258.0	40.1	0.5	45.7

1-14 各地区按资金来源分研究与试验发展(R&D)经费内部支出(2019年)
Intramural Expenditure on R&D by Region and Sources(2019)

单位：万元 (10 000 yuan)

地　区	Region	R&D经费内部支出 Total	政府资金 Government Funds	企业资金 Self-raised Funds by Enterprises	国外资金 Foreign Funds	其他资金 Other Funds
全　国	**National Total**	**221435774**	**45373102**	**168871507**	**239108**	**6952057**
东部地区	Eastern Region	146140133	28146600	113474975	207437	4311122
中部地区	Middle Region	38676425	5395116	32096353	17862	1167095
西部地区	Western Region	28585257	9104795	18255585	10511	1214366
东北地区	Northeast Region	8033959	2726591	5044594	3299	259475
北　京	Beijing	22335870	10692236	9867574	76534	1699526
天　津	Tianjin	4629716	765514	3622659	879	240664
河　北	Hebei	5667279	679657	4874130	99	113394
山　西	Shanxi	1912215	314127	1549281	270	48537
内蒙古	Inner Mongolia	1478092	198318	1212447	56	67270
辽　宁	Liaoning	5084604	1345714	3634895	2308	101687
吉　林	Jilin	1483828	857075	571961	448	54344
黑龙江	Heilongjiang	1465528	523802	837739	543	103444
上　海	Shanghai	15245534	5490234	9105037	114586	535677
江　苏	Jiangsu	27795165	2750055	24492226	6018	546866
浙　江	Zhejiang	16697956	1363309	15069768	3368	261512
安　徽	Anhui	7540286	1029869	6261764	5134	243519
福　建	Fujian	7537466	837768	6547483	283	151931
江　西	Jiangxi	3843094	591957	3189911	129	61098
山　东	Shandong	14947162	1465294	13252316	1283	228270
河　南	Henan	7930369	780117	6867595	4884	277773
湖　北	Hubei	9578823	1793187	7415027	4909	365700
湖　南	Hunan	7871638	885860	6812774	2537	170468
广　东	Guangdong	30984890	3972618	26499479	4384	508409
广　西	Guangxi	1671326	450522	1161496	1891	57417
海　南	Hainan	299096	129915	144303	4	24873
重　庆	Chongqing	4695714	778101	3733598	416	183599
四　川	Sichuan	8709515	3181107	5104513	5082	418813
贵　州	Guizhou	1446849	357154	1050195	7	39494
云　南	Yunnan	2200452	555308	1538914	726	105505
西　藏	Tibet	43345	33209	8033		2103
陕　西	Shaanxi	5845754	2641610	2934581	885	268678
甘　肃	Gansu	1102446	533471	519019	1093	48862
青　海	Qinghai	205680	73940	126975		4765
宁　夏	Ningxia	545051	132706	401391	2	10952
新　疆	Xinjiang	641033	169350	464422	354	6908

1-15 研究与试验发展(R&D)经费外部支出(2019年)
External Expenditure on R&D (2019)

单位：万元 (10 000 yuan)

项 目	Item	R&D经费外部支出 Total	对境内研究机构支出 to Domestic Research Institutions	对境内高等学校支出 to Domestic Higher Education	对境内企业支出 to Domestic Enterprises	对境外机构支出 to Foreign Institutions
全 国	**National Total**	**16342617**	**4472893**	**1388830**	**8418261**	**1543828**
按执行部门分	**by Performer**					
企 业	Enterprises	12918423	3336177	714342	7467745	1400159
#规上工业企业	Industrial Enterprises above Designated Size	8930340	3138621	603636	3975974	1212109
研究与开发机构	R&D Institutions	1879542	648449	164142	567860	
高等学校	Higher Education	1411710	458457	482613	319836	143316
其 他	Others	132942	29811	27734	62820	353
按地区分	**by Region**					
东部地区	Eastern Region	11875964	3481432	878084	6073241	1193325
中部地区	Middle Region	1935186	453013	228442	1119356	110653
西部地区	Western Region	1766582	431642	215250	983965	48798
东北地区	Northeast Region	764884	106806	67053	241699	191053
北 京	Beijing	2314050	598465	226186	1212049	48701
天 津	Tianjin	246123	36174	36605	105236	65810
河 北	Hebei	240477	93484	18180	93483	34468
山 西	Shanxi	109269	49896	11947	40776	777
内蒙古	Inner Mongolia	48770	16255	8930	22724	861
辽 宁	Liaoning	383828	51865	38638	91582	44606
吉 林	Jilin	214417	26374	12278	102988	72550
黑龙江	Heilongjiang	166640	28567	16138	47130	73897
上 海	Shanghai	1412669	182293	80333	881260	267978
江 苏	Jiangsu	1430090	341012	140789	704080	236385
浙 江	Zhejiang	1861997	131067	113237	1557130	58004
安 徽	Anhui	322971	76960	40697	176994	27493
福 建	Fujian	290556	38402	29655	167900	54233
江 西	Jiangxi	145535	57309	12120	66895	8966
山 东	Shandong	721126	209894	94129	295481	121036
河 南	Henan	229987	45467	30448	147866	5976
湖 北	Hubei	634382	118771	85692	366654	47735
湖 南	Hunan	493043	104610	47538	320171	19707
广 东	Guangdong	3329258	1834981	138516	1043493	306336
广 西	Guangxi	96016	36023	6729	43433	7895
海 南	Hainan	29620	15660	455	13131	374
重 庆	Chongqing	247666	45765	26012	160929	14402
四 川	Sichuan	508533	112023	45869	276545	11171
贵 州	Guizhou	125160	35839	9518	72203	443
云 南	Yunnan	122926	22158	22053	75787	2345
西 藏	Tibet	680	577	78	17	8
陕 西	Shaanxi	475805	119314	58602	279272	5184
甘 肃	Gansu	30339	6449	7471	16106	209
青 海	Qinghai	22226	1271	1226	16077	3621
宁 夏	Ningxia	24546	7360	8281	8491	281
新 疆	Xinjiang	63917	28608	20480	12382	2378

1-16 研究与试验发展(R&D)项目情况(2019年)
R&D Projects(2019)

项 目	Item	R&D项目(课题)数(项) R&D Projects (item)	R&D项目(课题)参加人员折合全时当量(人年) Participants (man-year)	R&D项目(课题)经费内部支出(万元) Expenditure (10 000 yuan)
全 国	**National Total**	**2032436**	**4543140**	**206887256**
按执行部门分	**by Performer**			
企 业	Enterprises	685213	3491738	172402002
#规上工业企业	Industrial Enterprises above Designated Size	598072	2925786	142369055
研究与开发机构	R&D Institutions	125642	377571	21194883
高等学校	Higher Education	1188769	565362	11539737
其 他	Others	32812	108469	1750635
按地区分	**by Region**			
东部地区	Eastern Region	1183807	2997257	137087315
中部地区	Middle Region	365818	803630	37346896
西部地区	Western Region	365849	567530	25369997
东北地区	Northeast Region	116962	174722	7083048
北 京	Beijing	177259	304562	18455911
天 津	Tianjin	45342	89279	3912098
河 北	Hebei	45790	106473	5061392
山 西	Shanxi	23327	44126	1778707
内 蒙 古	Inner Mongolia	15436	22154	1398225
辽 宁	Liaoning	54824	94195	4578395
吉 林	Jilin	34489	39301	1339400
黑 龙 江	Heilongjiang	27649	41226	1165252
上 海	Shanghai	99596	192577	14624091
江 苏	Jiangsu	203119	602018	26532623
浙 江	Zhejiang	189699	508533	17581469
安 徽	Anhui	67343	165274	7180101
福 建	Fujian	73421	161198	6989801
江 西	Jiangxi	48233	98108	3807311
山 东	Shandong	117767	260359	14114097
河 南	Henan	65835	182064	7747700
湖 北	Hubei	82700	169027	8871831
湖 南	Hunan	78380	145032	7961247
广 东	Guangdong	224904	765592	29616477
广 西	Guangxi	34578	43445	1445351
海 南	Hainan	6910	6667	199356
重 庆	Chongqing	53992	90948	4436282
四 川	Sichuan	92875	160047	7614050
贵 州	Guizhou	25290	34787	1275698
云 南	Yunnan	32102	53200	1955594
西 藏	Tibet	1609	1417	24869
陕 西	Shaanxi	69398	109453	5254021
甘 肃	Gansu	17831	23293	754238
青 海	Qinghai	2532	5007	188818
宁 夏	Ningxia	7823	11259	499032
新 疆	Xinjiang	12383	12522	523819

1-17 科技进步贡献率
MFP Contribution on Economic Growth

单位：% (%)

项 目	Item	2002-2007	2003-2008	2004-2009	2005-2010	2006-2011	2007-2012	2008-2013	2009-2014	2010-2015	2011-2016	2012-2017	2013-2018	2014-2019
科技进步贡献率	MFP Contribution on Economic Growth	46.0	48.8	48.4	50.9	51.7	52.2	53.1	54.2	55.3	56.4	57.8	58.7	59.5

1-18 国家财政科技支出
Government Expenditure for Science and Technology

单位：亿元 (100 million yuan)

年 份 Year	国家公共财政支出 Total Government Budgetary Expenditure (A)	国家财政科技拨款 Appropriation for Science and Technology (B)	中央 Central Government	地方 Local Government	科学技术支出 Expenditure for Science and Technology	其他功能支出中用于科学技术的支出 Others	科技拨款与公共财政支出之比 % of Total Government Budgetary Expenditure (B/A)
1985	2004.3	102.6					5.12
1986	2204.9	112.6					5.11
1987	2262.2	113.8					5.03
1988	2491.2	121.1					4.86
1989	2823.8	127.9					4.53
1990	3083.6	139.1	97.6	41.6			4.51
1991	3386.6	160.7	115.4	45.3			4.74
1992	3742.2	189.3	133.6	55.7			5.06
1993	4642.3	225.6	167.6	58.0			4.86
1994	5792.6	268.3	199.0	69.3			4.63
1995	6823.7	302.4	215.6	86.8			4.43
1996	7937.6	348.6	242.8	105.8			4.39
1997	9233.6	408.9	273.9	134.0			4.43
1998	10798.2	438.6	289.7	148.9			4.06
1999	13187.7	543.9	355.6	188.3			4.12
2000	15886.5	575.6	349.6	226.0			3.62
2001	18902.6	703.3	444.3	258.9			3.72
2002	22053.2	816.2	511.2	305.0			3.70
2003	24650.0	944.6	609.9	335.6			3.83
2004	28486.9	1095.3	692.4	402.9			3.84
2005	33930.3	1334.9	807.8	527.1			3.93
2006	40422.7	1688.5	1009.7	678.8			4.18
2007	49781.4	2135.7	1044.1	1091.6	1783.0	352.6	4.29
2008	62592.7	2611.0	1287.2	1323.8	2129.2	481.8	4.17
2009	76299.9	3276.8	1653.3	1623.5	2744.5	532.3	4.29
2010	89874.2	4196.7	2052.5	2144.2	3250.2	946.5	4.67
2011	109247.8	4797.0	2343.3	2453.7	3828.0	969.0	4.39
2012	125953.0	5600.1	2613.6	2986.5	4452.6	1147.5	4.45
2013	140212.1	6184.9	2728.5	3456.4	5084.3	1100.6	4.41
2014	151785.6	6454.5	2899.2	3555.4	5314.5	1140.0	4.25
2015	175877.8	7005.8	3012.1	3993.7	5862.6	1143.2	3.98
2016	187755.2	7760.7	3269.3	4491.4	6564.0	1196.7	4.13
2017	203085.5	8383.6	3421.4	4962.1	7267.0	1116.6	4.13
2018	220904.1	9518.2	3738.5	5779.7	8326.7	1191.5	4.31
2019	238874.0	10717.4	4173.2	6544.2	9470.8	1246.6	4.49

注：1.为规范财政科技支出统计，2013年对财政科学技术支出统计口径重新作了界定，并追溯调整了2007-2011年数据，以保持数据的可比性。
2.本表中财政科学技术支出的统计范围为公共财政支出安排的科技项目。
3.2012年中央国有资本经营支出中安排30亿元用于科学技术项目。

Note: a) To standardize the fiscal expenditure on S&T, we redifine statistical calibre of the fiscal expenditure on S&T and adjust the data of the year from 2007 to 2011 for the comparability of data.
b) In this table,statistical calibre of the fiscal expenditure on S&T is S&T projects of public fiscal expenditure.
c) There are 3000 million yuan used for S&T projects in central state-owned capital operating expenditure.

1-19 分学科研究生情况（2019年）

Number of Postgraduate Students by Field of Study (2019)

单位：人 (person)

项 目	Item	毕业生数 Graduates	博 士 Doctor's Degree	硕 士 Master's Degree	招生数 Entrants	博 士 Doctor's Degree	硕 士 Master's Degree	在 校 学生数 Enrolment	博 士 Doctor's Degree	硕 士 Master's Degree
分学科研究生数（总计）	**Total**	**639666**	**62578**	**577088**	**916503**	**105169**	**811334**	**2863712**	**424182**	**2439530**
#女	Female	344063	25037	319026	492362	45719	446643	1447939	175259	1272680
#学术型学位	Academic Degree	346922	60436	286486	431844	94783	337061	1366951	401425	965526
#专业学位	Professional Degree	292744	2142	290602	484659	10386	474273	1496761	22757	1474004
哲 学	Philosophy	3912	652	3260	4264	971	3293	14845	4622	10223
经济学	Economics	31625	2060	29565	41766	3288	38478	103054	15445	87609
法 学	Law	42524	2731	39793	57356	5048	52308	168334	22066	146268
教育学	Education	40189	1040	39149	63924	2362	61562	199404	8946	190458
文 学	Literature	33405	1986	31419	39184	2985	36199	109020	13551	95469
历史学	History	5496	781	4715	6502	1154	5348	21035	5600	15435
理 学	Science	57273	13562	43711	77385	20090	57295	237570	78174	159396
工 学	Engineering	217590	23384	194206	323173	42674	280499	1086378	176828	909550
农 学	Agriculture	26238	2884	23354	42452	4595	37857	131897	18076	113821
医 学	Medicine	74371	9668	64703	101347	15775	85572	290132	49751	240381
军事学	Military Science	93	24	69	34	8	26	223	76	147
管理学	Administrators	85999	3197	82802	130058	5084	124974	417845	27094	390751
艺术学	Art	20951	609	20342	29058	1135	27923	83975	3953	80022
分学科研究生数（普通高校）	**Regular HEIs**	**632399**	**61317**	**571082**	**907270**	**103448**	**803822**	**2834792**	**416856**	**2417936**
#女	Female	340774	24572	316202	487920	44984	442936	1435116	172665	1262451
#学术型学位	Academic Degree	341247	59180	282067	425228	93132	332096	1345077	394201	950876
#专业学位	Professional Degree	291152	2137	289015	482042	10316	471726	1489715	22655	1467060
哲 学	Philosophy	3800	628	3172	4168	951	3217	14506	4520	9986
经济学	Economics	31152	1994	29158	41045	3201	37844	101183	14906	86277
法 学	Law	41895	2631	39264	56688	4950	51738	166100	21629	144471
教育学	Education	40189	1040	39149	63924	2362	61562	199404	8946	190458
文 学	Literature	33374	1986	31388	39111	2985	36126	108869	13551	95318
历史学	History	5447	781	4666	6449	1154	5295	20881	5600	15281
理 学	Science	56652	13377	43275	76620	19861	56759	234976	77120	157856
工 学	Engineering	214964	22946	192018	320038	42075	277963	1076273	173927	902346
农 学	Agriculture	25421	2676	22745	41095	4312	36783	127487	17080	110407
医 学	Medicine	73676	9530	64146	100312	15526	84786	287389	49116	238273
军事学	Military Science	92	24	68	30	8	22	217	76	141
管理学	Administrators	84979	3146	81833	129021	5017	124004	414429	26699	387730
艺术学	Art	20758	558	20200	28769	1046	27723	83078	3686	79392
分学科研究生数（科研机构）	**Research Institutions**	**7267**	**1261**	**6006**	**9233**	**1721**	**7512**	**28920**	**7326**	**21594**
#女	Female	3289	465	2824	4442	735	3707	12823	2594	10229
#学术型学位	Academic Degree	5675	1256	4419	6616	1651	4965	21874	7224	14650
#专业学位	Professional Degree	1592	5	1587	2617	70	2547	7046	102	6944
哲 学	Philosophy	112	24	88	96	20	76	339	102	237
经济学	Economics	473	66	407	721	87	634	1871	539	1332
法 学	Law	629	100	529	668	98	570	2234	437	1797
教育学	Education									
文 学	Literature	31		31	73		73	151		151
历史学	History	49		49	53		53	154		154
理 学	Science	621	185	436	765	229	536	2594	1054	1540
工 学	Engineering	2626	438	2188	3135	599	2536	10105	2901	7204
农 学	Agriculture	817	208	609	1357	283	1074	4410	996	3414
医 学	Medicine	695	138	557	1035	249	786	2743	635	2108
军事学	Military Science	1		1	4		4	6		6
管理学	Administrators	1020	51	969	1037	67	970	3416	395	3021
艺术学	Art	193	51	142	289	89	200	897	267	630

1-20 普通本科分学科学生数（2019年）
Number of Students Regular Enrolled in Full Undergraduate Course by Field of Study (2019)

单位：人 (person)

项 目	Item	毕业生数 Graduates	招生数 Entrants	在校学生数 Enrolment
总 计	**Total**	**3947157**	**4312880**	**17508204**
#女	Female	2184661	2488266	9436918
#师范	Teacher Training	387094	428795	1712842
哲 学	Philosophy	2166	2647	10036
经济学	Economics	235346	232119	986254
法 学	Law	141838	152972	609628
教育学	Education	151841	190316	733353
文 学	Literature	369089	423686	1692965
#外语	Foreign Languages	193387	226370	901378
历史学	History	18035	22871	83044
理 学	Science	257641	306668	1180999
工 学	Engineering	1295015	1485293	5879763
农 学	Agriculture	67365	74696	293879
医 学	Medicine	266070	293119	1348593
管理学	Administrators	764582	666746	2972541
艺术学	Art	378169	435931	1691333

1-21 普通专科分学科学生数（2019年）
Number of Students Regular Enrolled in Specialized Courses by Field of Study (2019)

单位：人 (person)

项 目	Item	毕业生数 Graduates	招生数 Entrants	在校学生数 Enrolment
总 计	**Total**	**3638141**	**4836146**	**12807058**
#女	Female	1884199	2468294	6242162
#师范	Teacher Training	277089	290572	902989
农林牧渔大类	Agriculture,Forestry,Husbandry and Fishing	58898	102662	238237
资源环境与安全大类	Resources Environment and Safety	41229	71777	167189
能源动力与材料大类	Energy Power and Material	38936	49229	128710
土木建筑大类	Civil Engineering and Architecture	276877	383703	964660
水利大类	Water Resources	14000	18080	47934
装备制造大类	Equipment Manufacturing	421656	522649	1418760
生物与化工大类	Biology and Chemical Engineering	31567	37517	98755
轻工纺织大类	Light Idustry and Textile	16615	25091	64181
食品药品与粮食大类	Food,Medicine and Grain	58812	76478	203229
交通运输大类	Transportation and Communication	220636	304570	826902
电子信息大类	Electronic Information	408784	694153	1723770
医药卫生大类	Medical and Health	488652	611309	1675814
财经商贸大类	Finance,Economics and Business	754874	864174	2337676
旅游大类	Tourism	113588	155969	407243
文化艺术大类	Culture and Arts	162500	237148	616773
新闻传播大类	Journalism and Communication	29021	40644	107729
教育与体育大类	Education and Sport	421121	502451	1466182
公安与司法大类	Public Security and Justice	48525	49780	141816
公共管理与服务大类	Public Administration and Service	31850	88762	171498

1-22 中国科学院院士和中国工程院院士
Academicians of China Academy of Sciences and Academicians of China Academy of Engineering

单位：人 (person)

项　目	Item	2006	2007	2008	2009	2010	2011	2012	2013	2014	2015	2016	2017	2018	2019
中国科学院院士合计①	**Academicians of China Academy of Sciences**	**692**	**709**	**692**	**714**	**694**	**727**	**710**	**750**	**730**	**777**	**753**	**800**	**785**	**830**
数学物理学部	Division of Mathematics and Physics	130	135	134	137	133	139	136	143	139	148	144	154	150	157
化学部	Division of Chemistry	121	124	120	125	121	126	123	128	125	131	124	128	127	133
生命科学和医学学部	Division of Life Sciences and Medical Sciences	123	129	124	126	120	128	124	132	131	143	140	150	149	153
地学部	Division of Earth Sciences	117	117	113	116	112	119	116	124	122	127	124	132	128	138
信息技术科学部	Division of Information Technological Sciences	79	80	79	83	82	83	82	88	85	90	88	95	94	99
技术科学部	Division of Technological Sciences	122	124	122	127	126	132	129	135	128	138	133	141	137	150
中国工程院院士合计	**Academicians of China Academy of Engineering**	**694**	**718**	**711**	**749**	**736**	**766**	**763**	**802**	**786**	**836**	**822**	**869**	**853**	**908**
机械与运载工程学部	Division of Mechanical and Vehicle Engineering	102	105	103	106	105	110	110	117	115	121	119	124	122	129
信息与电子工程学部	Division of Information and Electronic Engineering	106	105	105	108	106	110	109	114	113	120	118	125	122	131
化工、冶金与材料工程学部	Division of Chemical, Metallurgic and Material	92	94	92	95	93	98	98	101	98	104	103	109	106	115
能源与矿业工程学部	Division of Energy and Mining Engineering	94	95	95	100	98	102	102	107	105	113	112	118	117	125
土木、水利与建筑工程学部	Division of Civil , Hydraulic and Architecture Engineering	93	97	96	100	98	101	101	105	103	108	104	108	104	104
环境与轻纺工程学部②	Division of Environment, Light and Textile Industries Engineering	95	37	36	42	41	43	43	47	46	51	51	55	55	60
农业学部	Division of Agriculture		64	64	70	70	71	71	74	72	75	71	77	77	83
医药与卫生学部	Division of Medical and Health	101	107	107	112	109	112	110	115	112	116	116	120	117	122
工程管理学部③	Division of Engineering Management	39	41	41	44	44	46	46	48	49	55	54	33	33	39

注：① 2006年中国科学院另有53位外籍院士。
② 2007年以前数据包括农业学部。
③ 2013年和2016年工程管理学部中有26人是跨学部院士；2011年、2012年、2014年和2015年工程管理学部中有27人是跨学部院士；2017年工程管理学部中有25人是跨学部院士；2018年和2019年工程管理学部中有31人是跨学部院士。

Note: ① There were 53 foreign academicians of Chinese Academy of Sciences in 2006.
② Data befor 2007 included Pivision of Agriculture.
③ In 2013 and 2016, there are 26 academicians in Division of Engineering Management were interdisciplinary academicians. In 2011,2012, 2014 and 2015,there are 27 academicians in Divicion of Enginerring Management were interdisciplinary academicians. In 2017,there are 25 academicians in Division of Engineering Management were interdisciplinary academicians. In 2018,2019 there are 31 academicians in Division of Engineering Management were interdisciplinary academicians.

1-23　中国科学院全体院士名单

一、数学物理学部(157人)

于渌　万哲先　马志明　马余刚　王乃彦　王小云（女）　王广厚　王元　王世绩　王迅
王诗宬　王贻芳　王恩哥　王梓坤　王绶琯　王鼎盛　文兰　方成　方守贤　方忠
方复全　邓小刚　甘子钊　艾国祥　石钟慈　龙以明　叶向东　叶叔华（女）　叶朝辉　田刚
白以龙　邝宇平　冯端　邢定钰　曲钦岳　吕敏　朱邦芬　朱诗尧　向涛　江松
汤涛　汤超　孙义燧　孙昌璞　孙斌勇　孙鑫　严加安　苏定强　苏肇冰　杜江峰
李大潜　李方华（女）　李邦河　李安民　李家明　李家春　李惕碚　李德平　李儒新　杨乐
杨应昌　杨国桢　杨振宁　杨福家　励建书　吴岳良　何国威　何祚庥　邹广田　汪承灏
汪景琇　沈文庆　沈学础　张仁和　张平文　张伟平　张杰　张宗烨（女）　张恭庆　张继平
张焕乔　张淑仪（女）　张涵信　张维岩　张裕恒　张殿琳　张肇西　陆夕云　陈十一　陈木法
陈仙辉　陈永川　陈式刚　陈志明　陈和生　陈佳洱　陈建生　陈恕行　陈难先　陈彪
武向平　范海福　林海青　林群　欧阳钟灿　欧阳颀　罗民兴　罗俊　周又元　周光召
周向宇　周恒　周毓麟　郑厚植　郑晓静（女）　赵光达　赵红卫　赵忠贤　赵政国　胡仁宇
胡和生（女）　姜伯驹　洪家兴　贺贤土　袁亚湘　莫毅明　夏道行　徐至展　徐红星　徐叙瑢
高原宁　高鸿钧　郭尚平　郭柏灵　席南华　唐孝威　陶瑞宝　龚昌德　龚新高　常进
常凯　鄂维南　崔向群（女）　彭实戈　葛墨林　韩占文　景益鹏　童秉纲　谢心澄　詹文龙
解思深　蔡荣根　熊大闰　潘建伟　霍裕平　戴元本　魏宝文

二、化学部(133人)

丁奎岭　于吉红（女）　万立骏　万惠霖　马大为　王方定　王佛松　王夔　支志明　方维海
计亮年　田中群　田禾　田昭武　白春礼　包信和　冯小明　冯守华　朱起鹤　朱清时
朱道本　任詠华（女）　刘元方　刘云圻　刘若庄　刘忠范　江龙　江明　江桂斌　江雷
安立佳　孙世刚　麦松威　严纯华　李玉良　李永舫　李亚栋　李灿　李洪钟　李景虹
李静海　杨万泰　杨玉良　杨秀荣（女）　杨金龙　杨学明　吴云东　吴奇　吴养洁　吴骊珠（女）
吴新涛　何国钟　何鸣元　佟振合　余国琮　汪尔康　沙国河　沈之荃（女）　沈家骢　宋礼成
张玉奎　张东辉　张礼和　张存浩　张希　张俐娜（女）　张洪杰　张涛　张乾二　张锁江
张锦　陆熙炎　陈小明　陈庆云　陈军　陈凯先　陈学思　陈俊武　陈洪渊　陈新滋
陈懿　林国强　岳建民　周同惠　周其凤　周其林　郑兰荪　赵玉芬（女）　赵东元　赵宇亮
赵进才　胡英　段雪　侯建国　俞书宏　俞汝勤　施剑林　洪茂椿　费维扬　姚守拙
姚建年　袁权　柴之芳　钱逸泰　倪嘉缵　徐如人　徐春明　高松　郭子建　郭景坤
席振峰　唐本忠　唐有祺　唐勇　涂永强　黄乃正　黄本立　黄春辉（女）　曹镛　麻生明
彭孝军　韩布兴　程津培　程镕时　谢在库　谢作伟　谢毓元　谢毅（女）　谭蔚泓　樊春海
黎乐民　颜德岳　戴立信

三、生命科学和医学学部(153人)

马兰（女）　王大成　王文采　王正敏　王志珍（女）　王志新　王松灵　王恩多（女）　王福生　毛江森
卞修武　方荣祥　方精云　尹文英（女）　邓子新　石元春　叶玉如（女）　仝小林　印象初　匡廷云（女）
朱玉贤　朱兆良　朱作言　庄文颖（女）　庄巧生　刘以训　刘允怡　刘新垣　刘耀光　许智宏
孙大业　孙汉董　孙曼霁　孙儒泳　苏国辉　李林　李季伦　李振声　李家洋　李蓬（女）
杨焕明　杨雄里　杨福愉　吴孟超　吴祖泽　吴常信　汪忠镐　沈允钢　沈岩　沈善炯
宋尔卫　宋微波　张友尚　张永莲（女）　张亚平　张旭　张启发　张明杰　张学敏　张春霆
张新时　陆林　陈义汉　陈子元　陈子江（女）　陈化兰（女）　陈文新（女）　陈可冀　陈孝平　陈国强
陈竺　陈宜张　陈宜瑜　陈晓亚　陈晔光　陈润生　陈霖　邵峰　武维华　林其谁
林鸿宣　尚永丰　季维智　金力　周俊　周琪　郑光美　郑守仪（女）　郑儒永（女）　孟安明
赵玉沛　赵进东　赵国屏　赵继宗　郝小江　种康　段树民　侯凡凡（女）　饶子和　施一公
施蕴渝（女）　洪国藩　洪德元　姚开泰　贺林　贺福初　骆清铭　桂建芳　顾东风　钱前
徐国良　徐涛　高福　郭爱克　唐守正　唐崇惕（女）　黄荷凤（女）　黄路生　曹文宣　曹晓风（女）
戚正武　常文瑞　康乐　阎锡蕴（女）　梁栋材　梁智仁　隋森芳　葛均波　董晨　蒋有绪
蒋华良　韩启德　韩济生　韩家淮　韩斌　程和平　舒红兵　童坦君　曾益新　曾毅
谢华安　谢联辉　谢道昕　强伯勤　蒲慕明　赫捷　裴钢　翟中和　樊嘉　鞠躬
魏于全　魏江春　魏辅文

四、地学部(138人)

丁仲礼　丁　林　丁国瑜　于贵瑞　万卫星　马宗晋　王　水　王成善　王会军　王　赤
王铁冠　王焰新　王　颖（女）　王德滋　文圣常　丑纪范　石广玉　石耀霖　叶大年　叶嘉安
冯士筰　戎嘉余　成秋明　吕达仁　朱日祥　朱永官　伍荣生　任纪舜　刘丛强　刘昌明
刘宝珺　刘嘉麒　安芷生　许志琴（女）　许厚泽　孙和平　孙鸿烈　苏纪兰　李吉均　李廷栋
李崇银　李献华　李德仁　李德生　李曙光　杨元喜　杨文采　杨经绥　杨树锋　肖文交
肖序常　吴立新　吴国雄　吴新智　吴福元　邱占祥　邹才能　汪品先　汪集旸　沈其韩
沈树忠　张人禾　张宏福　张国伟　张弥曼（女）　张　经　张培震　陆大道　陈大可　陈发虎
陈　旭　陈运泰　陈俊勇　陈晓非　陈　骏　陈　颙　邵明安　林学钰（女）　欧阳自远　金之钧
金振民　周卫健（女）　周成虎　周志炎　周秀骥　周忠和　於崇文　郑永飞　郑　度　赵其国
赵国春　赵柏林　赵鹏大　郝　芳　胡敦欣　钟大赉　侯增谦　姚振兴　姚檀栋　秦大河
袁道先　莫宣学　贾承造　夏　军　徐义刚　徐冠华　殷鸿福　高　俊　高　锐　郭正堂
郭华东　涂传诒　陶　澍　黄荣辉　龚健雅　常印佛　崔　鹏　符淙斌　巢纪平　彭平安
彭建兵　程国栋　傅伯杰　焦念志　舒德干　童庆禧　曾庆存　窦贤康　翟明国　翟裕生
滕吉文　潘永信　薛禹群　穆　穆　戴永久　戴民汉　戴金星　魏奉思

五、信息技术科学部(99人)

干福熹　王之江　王占国　王立军　王永良　王　圩　王阳元　王怀民　王启明　王金龙
王育竹　王建宇　王家骐　王　越　王　巍　毛军发　尹　浩　包为民　冯登国　匡定波
吕　建　朱中梁　刘永坦　刘国治　刘　明（女）　刘颂豪　刘盛纲　江风益　许宁生　李　未
李启虎　李树深　李衍达　杨芙清（女）　杨学军　杨德仁　吴一戎　吴宏鑫　吴培亨　吴朝晖
吴德馨（女）　何积丰　沈绪榜　怀进鹏　宋　健　张　钹　张景中　陆元九　陆汝钤　陆建华
陈国良　陈定昌　陈星旦　陈俊亮　陈桂林　陈翰馥　林惠民　金亚秋　周兴铭　周志鑫
周炳琨　周巢尘　郑有炓　郑志明　郑建华　郑耀宗　房建成　郝　跃　相里斌　段广仁
保　铮　侯　洵　侯朝焕　姜　杰（女）　姚建铨　姚期智　秦国刚　夏建白　顾　瑛（女）　徐宗本
郭光灿　郭　雷　黄民强　黄　如（女）　黄宏嘉　黄　维　黄　琳　梅　宏　龚旗煌　崔铁军
彭堃墀　董韫美　雷啸霖　简水生　褚君浩　管晓宏　谭铁牛　薛永祺　戴汝为

六、技术科学部(150人)

丁　汉　于起峰　王大中　王立鼎　王光谦　王自强　王希季　王秋良　王崇愚　王淀佐
王锡凡　王　曦　毛　明　方岱宁　卢　柯　卢　强　叶志镇　叶恒强　叶培建　申长雨
田永君　邢球痕　过增元　成会明　朱位秋　朱美芳（女）　朱　荻　朱森元　朱　静（女）　伍小平（女）
任露泉　庄逢辰　刘广均　刘竹生　刘昌胜　刘宝镛　刘维民　齐　康　闫楚良　孙　钧
孙家栋　芮筱亭　严陆光　李东旭（女）　李应红　李述汤　李依依（女）　杨　卫　杨　伟　杨叔子
杨孟飞　杨　槱　吴良镛　吴宜灿　吴承康　吴硕贤　邱大洪　邱　勇　何雅玲（女）　何满潮
余梦伦　邹世昌　邹志刚　闵桂荣　汪卫华　汪　耕　沈志云　沈保根　宋振骐　宋家树
张兴钤　张佑启　张　泽　张统一　张　跃　张清杰　张楚汉　陈云敏　陈祖煜　陈维江
范守善　林　皋　欧阳予　欧阳明高　金红光　金展鹏　周　远　周孝信　周国治　郑　平
郑时龄　郑泉水　郑哲敏　赵天寿　赵阳升　赵淳生　胡文瑞　胡聿贤　胡海岩　南策文
柳百新　钟万勰　段文晖　段　进　俞大鹏　俞鸿儒　闻邦椿　姜中宏　宣益民　祝世宁
祝学军（女）　姚　熹　都有为　贾振元　顾秉林　顾诵芬　顾逸东　倪晋仁　徐性初　徐建中
高镇同　高德利　郭万林　郭烈锦　唐叔贤　陶文铨　黄克智　曹春晓　曹楚南　常　青
彭一刚　彭练矛　葛昌纯　韩杰才　韩祯祥　程时杰　程耿东　温诗铸　蒙大桥　赖远明
路甬祥　蔡其巩　雒建斌　翟婉明　熊有伦　滕锦光　潘际銮　薛其坤　魏炳波　魏悦广

注：名单截止到2019年12月31日。
Note: List at December 31th, 2019.

1-24 中国工程院全体院士名单

一、机械与运载工程学部(129人)

曹喜滨 陈学东 单忠德 邓宗全 丁荣军 董春鹏 樊会涛 冯培德 冯煜芳 甘晓华
高金吉 郭东明 何 琳 侯 晓 黄庆学 蒋庄德 金东寒 李德群 李 骏 李魁武
李培根 林忠钦 刘怡昕 刘永才 卢秉恒 路甬祥 马伟明 邱志明 邵新宇 孙 聪
孙逢春 谭建荣 唐长红 田红旗(女) 王华明 王玉明 王振国 吴光辉 吴有生 夏长亮
项昌乐 向锦武 肖龙旭 徐 青 严新平 杨德森 杨凤田 杨华勇 杨绍卿 杨树兴
尹泽勇 尤 政 张 军 钟志华 周 济 周志成 朱广生 朱英富

资深院士:

陈懋章 陈一坚 陈予恕 丁衡高 杜善义 朵英贤 范本尧 顾国彪 顾诵芬 关 杰
关 桥 郭重庆 郭孔辉 胡正寰 黄崇祺 黄瑞松 黄文虎 黄先祥 黄旭华 乐嘉陵
李椿萱 李鹤林 李鸿志 李 明 李 钊 梁晋才 林尚扬 柳百成 刘大响 刘人怀
刘友梅 龙乐豪 陆元九 闵桂荣 潘健生 潘镜芙 戚发轫 钱清泉 饶芳权 沈闻孙
沈志云 苏哲子 孙敬良 唐任远 王 浚 汪顺亭 王兴治 王永志 汪槱生 王哲荣
温俊峰 谢友柏 徐滨士 徐德民 徐芑南 徐志磊 杨士莪 于本水 臧克茂 曾广商
张福泽 张贵田 张金麟 张立同(女) 张彦仲 赵 煦 钟 掘(女) 钟群鹏 周勤之 朱能鸿
朱英浩

二、信息与电子工程学部(131人)

柴天佑 陈 纯 陈 杰 陈 鲸 陈志杰 陈左宁(女) 戴 浩 戴琼海 邓中翰 丁文华
段宝岩 樊邦奎 方滨兴 费爱国 封锡盛 高 文 桂卫华 何 友 姜会林 李德毅
李国杰 李天初 李同保 廖湘科 刘 玠 刘永坚 刘韵洁 刘泽金 陆 军 卢锡城
罗先刚 吕跃广 潘云鹤 沈昌祥 苏东林(女) 孙家广 孙凝晖 孙优贤 谭久彬 王恩东
王沙飞 王天然 王耀南 魏毅寅 吴汉明 邬贺铨 邬江兴 吴建平 吴曼青 吴伟仁
吾守尔·斯拉木 徐扬生 杨小牛 姚富强 于 全 余少华 张广军 张 平 张尧学
赵沁平 郑南宁 郑纬民

资深院士:

贲 德 蔡鹤皋 蔡吉人 陈敬熊 陈俊亮 陈良惠 范滇元 方家熊 高 洁 龚惠兴
宫先仪 龚知本 郭桂蓉 何德全 何新贵 胡光镇 胡启恒(女) 黄培康 姜景山 姜文汉
金国藩 金怡濂 李伯虎 李德仁 李乐民 李三立 李幼平 梁骏吾 林永年 凌永顺
刘尚合 刘永坦 陆建勋 马远良 毛二可 倪光南 潘君骅 宋 健 苏君红 孙 玉
汪成为 王任享 王小谟 王 越 王子才 韦 钰(女) 魏正耀 魏子卿 吴 澄 许居衍
许祖彦 杨士中 姚骏恩 叶铭汉 叶尚福 叶声华 张光义 张履谦 张明高 张锡祥
张钟华 赵伊君 赵梓森 钟 山 周立伟 周寿桓 周仲义 朱高峰 庄松林

三、化工、冶金与材料工程学部(115人)

曹湘洪 柴立元 陈芬儿 陈建峰 陈祥宝 戴厚良 丁文江 董绍明 付贤智 干 勇
高从堦 宫声凯 何季麟 黄伯云 黄小卫(女) 蹇锡高 姜德生 李贺军 李 卫 李言荣
李元元 李仲平 刘炯天 刘正东 刘中民 毛新平 聂祚仁 欧阳平凯 潘复生 彭金辉
彭 寿 钱 锋 钱旭红 邱定蕃 邱冠周 任其龙 桑凤亭 孙传尧 谭天伟 屠海令
涂善东 王国栋 王迎军(女) 王玉忠 王震西 吴 锋 吴以成 谢建新 徐惠彬 徐南平
薛群基 张联盟 张平祥 张耀明 郑裕国 周 济 周克崧 周 玉

资深院士:

才鸿年 陈丙珍(女) 陈 景 陈立泉 陈清如 陈蕴博 崔 崑 戴永年 丁传贤 傅恒志
顾真安 关兴亚 胡永康 江东亮 金 涌 柯 伟 李大东 李东英 李冠兴 李俊贤
李龙土 李正名 刘业翔 毛炳权 沈寅初 舒兴田 唐明述 王淀佐 王海舟 王静康(女)
汪燮卿 汪旭光 王一德 王泽山 翁宇庆 武 胜 吴慰祖 徐承恩 徐匡迪 杨启业
殷国茂 殷瑞钰 余永富 袁晴棠(女) 袁渭康 张国成 张生勇 张寿荣 张文海 张兴栋
赵连城 赵振业 周光耀 周 廉 朱永濬 邹 竞(女) 左铁镛

四、能源与矿业工程学部(125人)

蔡美峰 陈念念 陈 勇 邓建军 邓运华 多 吉 樊明武 范维澄 顾大钊 郭剑波
郭旭升 黄其励 黄 震 康红普 李根生 李建刚 李立浧 李 宁 李晓红 李 阳
李焯芬 林 君 刘吉臻 罗 安 罗 琦 马永生 毛景文 欧阳晓平 彭苏萍 彭先觉
邱爱慈(女) 沈国荣 舒印彪 苏万华 苏义脑 孙金声 孙龙德 汤广福 唐 立 王国法
王双明 王运敏 闻雪友 武 强 夏佳文 谢和平 谢克昌 薛禹胜 杨春和 于俊崇
袁 亮 袁士义 岳光溪 张铁岗 张玉卓 赵文智 赵宪庚 赵振堂 周守为

资深院士:

安继刚 陈清泉 岑可法 常印佛 陈森玉 陈毓川 杜祥琬 范维唐 傅依备 古德生
顾金才 顾心怿 韩大匡 韩英铎 何多慧 何继善 洪伯潜 胡见义 胡思得 金庆焕
康玉柱 雷清泉 李庆忠 罗平亚 毛用泽 倪维斗 潘 垣 潘自强 裴荣富 彭士禄
钱皋韵 钱鸣高 钱绍钧 秦裕琨 邱中建 沈忠厚 孙承纬 孙玉发 唐西生 汤中立
童晓光 万元熙 王德民 王思敬 王仲奇 翁史烈 鲜学福 徐大懋 徐 銤 许绍燮
杨奇逊 杨裕生 叶奇蓁 衣宝廉 于润沧 余贻鑫 曾恒一 翟光明 张信威 张勇传
赵文津 郑健超 郑绵平 周邦新 周世宁 周永茂

五、土木、水利与建筑工程学部(104人)

陈　军	陈湘生	陈政清	崔　愷	邓铭江	杜彦良	冯夏庭	龚晓南	郭仁忠	何华武
胡春宏	黄　卫	江　亿	孔宪京	李华军	李建成	李术才	梁文灏	刘加平	刘经南
吕西林	马国馨	马洪琪	马　军	孟建民	缪昌文	聂建国	钮新强	欧进萍	彭永臻
秦顺全	任辉启	任南琪	谭述森	王　超	王复明	王　浩	王建国	吴志强	肖绪文
谢先启	徐　建	杨秀敏	杨永斌	岳清瑞	张超然	张建民	张建云	张喜刚	郑健龙
郑皆连	钟登华	周绪红	庄惟敏						

资深院士:

陈厚群	程泰宁	崔俊芝	董石麟	冯叔瑜	傅熹年	葛修润	关肇邺	何镜堂	黄熙龄
江欢成	李圭白	李猷嘉	廖振鹏	林元培	刘先林	龙驭球	卢耀如	罗绍基	马克俭
茆　智	孟兆祯	钱七虎	钱正英(女)	沈世钊	施仲衡	王光远	王家耀	王景全	王瑞珠
王小东	魏敦山	文伏波	吴良镛	吴中如	项海帆	谢礼立	叶可明	张　杰	张锦秋(女)
张祖勋	郑颖人	郑哲敏	钟训正	周丰峻	周福霖	周　镜	周君亮	朱伯芳	邹德慈

六、环境与轻纺工程学部(60人)

陈　坚	陈克复	陈　卫	陈文兴	丁德文	段　宁	郝吉明	贺　泓	贺克斌	侯保荣
侯立安	蒋兴伟	李家彪	刘文清	潘德炉	庞国芳	瞿金平	曲久辉	任发政	任洪强
石　碧	宋君强	孙宝国	孙晋良	王　琪(女)	王　桥	吴丰昌	吴清平	谢剑平	许健民
徐祥德	徐祖信(女)	杨志峰	俞建勇	岳国君	张　偲	张小曳	张远航	朱蓓薇(女)	朱利中

资深院士:

蔡道基	陈联寿	丁一汇	方国洪	蒋士成	金翔龙	李泽椿	刘鸿亮	伦世仪	钱　易(女)
任阵海	汤鸿霄	唐孝炎(女)	王文兴	魏复盛	姚　穆	袁业立	张全兴	张　懿(女)	周　翔(女)

七、农业学部(83人)

包振民	曹福亮	陈焕春	陈剑平	陈温福	陈学庚	邓秀新	胡培松	蒋剑春	金宁一
康绍忠	康振生	李德发	李　坚	李培武	李天来	李　玉	刘少军	刘秀梵	刘　旭
刘仲华	罗锡文	麦康森	南志标	沈建忠	宋宝安	宋湛谦	唐华俊	唐启升	万建民
王汉中	吴孔明	辛世文	姚　斌	尹伟伦	印遇龙	喻树迅	于振文	张福锁	张改平
张洪程	张佳宝	张守攻	张新友	张　涌	赵春江	赵振东	朱有勇	邹学校	

资深院士:

陈宗懋	程顺和	戴景瑞	范云六(女)	方智远	傅廷栋	盖钧镒	官春云	管华诗	侯　锋
李佩成	李文华	林浩然	刘守仁	刘兴土	马建章	任继周	荣廷昭	山　仑	沈国舫
石元春	石玉林	束怀瑞	孙九林	汪懋华	王明庥	吴明珠(女)	夏咸柱	向仲怀	徐　洵(女)
颜龙安	袁隆平	张子仪	赵法箴						

八、医药卫生学部(122人)

曹雪涛	陈赛娟(女)	陈　薇(女)	陈香美(女)	陈肇隆	陈志南	程　京	从　斌	丁　健	董家鸿
樊代明	范上达	付小兵	高润霖	顾晓松	韩德民	韩雅玲(女)	郝希山	侯惠民	胡盛寿
黄璐琦	李大鹏	李兰娟(女)	李　松	李校堃	李兆申	林东昕	刘昌孝	刘德培	刘　良
刘志红(女)	马　丁	宁　光	乔　杰(女)	邱贵兴	桑国卫	尚　红(女)	沈倍奋(女)	沈洪兵	沈祖尧
田　伟	田志刚	王　辰	王广基	王红阳(女)	王　俊	王军志	王　琦	王　锐	王学浩
吴以岭	夏照帆(女)	谢立信	徐建国	杨宝峰	杨胜利	于金明	袁国勇	詹启敏	张伯礼
张心湜	张　学	张英泽	张　运	张志愿	郑树森	周良辅			

资深院士:

巴德年	陈灏珠	陈洪铎	陈冀胜	陈君石	陈亚珠(女)	程书钧	程天民	戴尅戎	顾健人
顾玉东	郭应禄	洪　涛	侯云德	胡之璧(女)	郎景和	李春岩	黎介寿	廖万清	刘　耀
刘玉清	陆道培	秦伯益	邱蔚六	阮长耿	沈渔邨(女)	盛志勇	石学敏	孙　燕	唐希灿
汤钊猷	王琳芳(女)	王威琪	王永炎	王正国	王振义	闻玉梅(女)	吴天一	吴咸中	夏家辉
项坤三	肖培根	姚新生	于德泉	俞梦孙	俞永新	曾溢滔	张金哲	赵　铠	甄永苏
钟南山	钟世镇	周宏灏	朱晓东	庄　辉					

九、工程管理学部(39人，其他31人为跨学部院士)

曹建国	曹耀峰	柴洪峰	陈晓红(女)	丁烈云	董尔丹	范国滨	胡文瑞	黄维和	金智新
李家彪	李贤玉(女)	凌　文	刘德培	刘　合	刘　玠	刘　旭	卢春房	栾恩杰	麦康森
邵安林	孙丽丽(女)	孙永福	唐立新	屠海令	王　安	王　坚	王基铭	王金南	王陇德
王玉普	向　巧(女)	杨善林	岳国君	张守攻	赵晓哲	郑静晨	郑南宁	周建平	

资深院士:

巴德年	陈清泉	程天民	杜祥琬	傅志寰	郭重庆	郭桂蓉	何继善	蒋士成	李东英
李京文	刘人怀	陆佑楣	罗绍基	钱七虎	饶芳权	沈荣骏	王礼恒	汪应洛	王众托
徐滨士	徐匡迪	许庆瑞	徐寿波	叶可明	殷瑞钰	袁晴棠(女)	翟光明	张寿荣	朱高峰
朱晓东									

注：名单截止到2020年8月20日。

Note: List at August 20th, 2020.

二、工业企业
Industrial Enterprises

2-1 规模以上工业企业
Basic Statistics on Science and Technology Activities

指　　标	Item	2000	2004	2008
企业基本情况	**Statistics on Industrial Enterprises**			
有R&D活动企业数(个)	Number of Enterprises Having R&D Activities(unit)	17272	17075	27278
有R&D活动企业所占比重(%)	Percentage of Enterprises Having R&D Activities to Total Number of Enterprises(%)	10.6	6.2	6.5
研究与试验发展(R&D)活动情况	**Statitstics on R&D Activities**			
R&D人员全时当量(万人年)	Full-time Equivalent of R&D Personnel (10 000 man-years)	43.9	54.2	123.0
R&D经费内部支出(亿元)	Expenditure on R&D(100 million yuan)	489.7	1104.5	3073.1
R&D经费内部支出与营业收入之比 (%)	Percentage of Expenditure on R&D to Business Revenue(%)			
R&D项目数(项)	R&D Projects(item)	65289	53641	143448
R&D项目经费内部支出(亿元)	Expenditure on R&D Projects (100 million yuan)	417.6	921.2	2902.0
企业办R&D机构情况	**Statistics on R&D Institutions**			
机构数(个)	Number of R&D Institutions(unit)	15529	17555	26177
机构人员数(万人)	R&D Personnel(10 000 persons)	60.1	64.4	130.4
机构经费支出(亿元)	Expenditure on R&D(100 million yuan)	435.8	841.6	2634.8
新产品开发及生产情况	**Statitstics on New Products Development and Production**			
新产品开发项目数(个)	Number of New Products(unit)	91880	76176	184859
新产品开发经费支出(亿元)	Expenditure on New Products Development (100 million yuan)	529.5	965.7	3676.0
新产品销售收入(亿元)	Sales Revenue of New Products (100 million yuan)	9369.5	22808.6	57027.1
#新产品出口	Export	1728.4	5312.2	14081.6
专利情况	**Statistics on Patents**			
专利申请数(件)	Patent Applications(piece)	26184	64569	173573
#发明专利	Inventions	7970	20456	59254
有效发明专利数(件)	Inventions In Force(piece)	15333	30315	80252
技术获取和技术改造情况	**Statistics on Technology Acquisition and Technology Reconstruction**			
引进国外技术经费支出(亿元)	Expenditure for Acquisition of Foreign Technology (100 million yuan)	304.9	397.4	466.9
引进技术消化吸收经费支出(亿元)	Expenditure for Assimilation of Technology (100 million yuan)	22.8	61.2	122.7
购买国内技术经费支出(亿元)	Expenditure for Purchase of Domestic Technology (100 million yuan)	34.5	82.5	184.2
技术改造经费支出(亿元)	Expenditure for Technical Renovation (100 million yuan)	1291.5	2953.5	4672.7

注：从2011年起，规模以上工业企业的统计范围从年主营业务收入为500万元及以上的法人工业企业调整为年主营业务收入为2000万元及以上的法人工业企业。以下各表同。

的科技活动基本情况
of Industrial Enterprises above Designated Size

2011	2012	2013	2014	2015	2016	2017	2018	2019
37467	47204	54832	63676	73570	86891	102218	104820	129198
11.5	13.7	14.8	16.9	19.2	23.0	27.4	28.0	34.2
193.9	224.6	249.4	264.2	263.8	270.2	273.6	298.1	315.2
5993.8	7200.6	8318.4	9254.3	10013.9	10944.7	12013.0	12954.8	13971.1
							1.23	1.31
232158	287524	322567	342507	309895	360997	445029	472299	598072
5052.0	6230.6	7294.5	8163.0	9146.7	10064.3	11990.2	12333.5	14236.9
31320	45937	51625	57199	62954	72963	82667	83115	95459
181.6	226.8	238.8	246.4	266.8	292.4	325.4	318.3	341.6
3957.0	5233.4	5941.5	6257.6	6793.9	7664.5	8955.5	10321.3	12175.5
266232	323448	358287	375863	326286	391872	477861	558305	671799
6845.9	7998.5	9246.7	10123.2	10270.8	11766.3	13497.8	14987.2	16985.7
100582.7	110529.8	128460.7	142895.3	150856.5	174604.2	191568.7	197094.1	212060.3
20223.1	21894.2	22853.5	26904.4	29132.7	32713.1	34944.8	36160.8	39269.3
386075	489945	560918	630561	638513	715397	817037	957298	1059808
134843	176167	205146	239925	245688	286987	320626	371569	398802
201089	277196	335401	448885	573765	769847	933990	1094200	1218074
449.0	393.9	393.9	387.5	414.1	475.4	399.3	465.3	476.7
202.2	156.8	150.6	143.2	108.4	109.2	118.5	91.0	96.8
220.5	201.7	214.4	213.5	229.9	208.0	200.9	440.2	537.4
4293.7	4161.8	4072.1	3798.0	3147.6	3016.6	3103.4	3233.4	3740.2

Note: From 2011, the statistics range of industrial enterprises above designated size change form the industrial enterprises with the sales revenue above 5 million RMB to the industrial enterprises with the sales revenue above 20 million RMB. The same applies to the following table.

2-2 按企业规模及登记注册类型分规上工业企业数量情况(2019年)
Number of Enterprises on Industrial Enterprises above Designated Size by Scale and Registration Status (2019)

单位：个 (unit)

注册类型	Type of Registration	有研发机构的企业数 Number of Enterprises Having R&D Institutions	有R&D活动的企业数 Number of Enterprises Having R&D Activities
总　计	**Total**	**85274**	**129198**
#大型企业	Large-sized Industrial Enterprises	4339	5607
中型企业	Medium-sized Industrial Enterprises	14806	20886
内资企业	**Domestic Funded**	**73205**	**113548**
国有企业	State-owned Enterprises	147	277
集体企业	Collective-owned Enterprises	80	130
股份合作企业	Cooperative Enterprises	116	242
联营企业	Joint Ownership Enterprises	7	9
国有联营企业	State Joint Ownership Enterprises	2	2
集体联营企业	Collective Joint Ownership Enterprises	3	5
国有与集体联营企业	Joint State-collective Enterprises		1
其他联营企业	Other Joint Ownership Enterprises	2	1
有限责任公司	Limited Liability Corporations	15685	24652
国有独资公司	State Sole Funded Corporations	763	1238
其他有限责任公司	Other Limited Liability Corporations	14922	23414
股份有限公司	Share-holding Corporations Ltd.	4782	6733
私营企业	Private Enterprises	52384	81501
私营独资企业	Private-funded Enterprises	782	1313
私营合伙企业	Private Partnership Enterprises	84	203
私营有限责任公司	Private Limited Liability Corporations	48033	74663
私营股份有限公司	Private Share-holding Corporations Ltd.	3485	5322
其他企业	Other Enterprises	4	4
港澳台商投资企业	**Enterprises with Funds from Hong Kong, Macau and Taiwan**	**6130**	**7418**
与港澳台商合资经营企业	Joint-venture Enterprises with Funds from Hong Kong, Macau and Taiwan	1894	2533
与港澳台商合作经营企业	Cooperative Enterprises with Funds from Hong Kong, Macau and Taiwan	82	93
港澳台商独资经营企业	Enterprises with Sole Funds from Hong Kong, Macau and Taiwan	3910	4481
港澳台商投资股份有限公司	Share-holding Corporations Ltd. with Funds from Hong Kong, Macau and Taiwan	196	245
外商投资企业	**Foreign Funded Enterprises**	**5939**	**8232**
中外合资经营企业	Joint-venture Enterprises	2165	3279
中外合作经营	Cooperation Enterprises	72	111
外资企业	Enterprises with Sole Foreign Funds	3463	4556
外商投资股份有限公司	Share-holding Corporations Ltd.with Foreign Funds	161	190

注：大型企业指同时满足年末从业人员人数在1000人及以上、年主营业务收入在4亿元及以上的工业企业；中型企业指年末从业人员人数介于300人(含)至1000人(不含),并且年主营业务收入介于2000万元(含)至4亿元(不含)的工业企业。

Note: Large-sized Industrial Enterprises: Industrial Enterprises with Employes above 1000 persons and sales revenue abore 400 million RMB. Medium-sized Industrial Enterprises: Industrial Enterprises with Employes between 300 Persons (including) and 1000 Persons (excluding), and sales revenue between 20 million RMB (including) and 400 million RMB (excluding).

2-3 按行业分规上工业企业数量情况(2019年)
Number of Enterprises on Industrial Enterprises above Designated Size by Industrial Sector (2019)

单位：个 (unit)

行　业	Industry	有研发机构的企业数 Number of Enterprises Having R&D Institutions	有R&D活动的企业数 Number of Enterprises Having R&D Activities
总　计	**Total**	**85274**	**129198**
煤炭开采和洗选业	Mining and Washing of Coal	102	318
石油和天然气开采业	Extraction of Petroleum and Natural Gas	24	41
黑色金属矿采选业	Mining and Processing of Ferrous Metal Ores	50	94
有色金属矿采选业	Mining and Processing of Non-Ferrous Metal Ores	77	195
非金属矿采选业	Mining and Processing of Non-metal Ores	175	333
农副食品加工业	Processing of Food from Agricultural Products	2450	4478
食品制造业	Manufacture of Foods	1460	2408
酒、饮料和精制茶制造业	Manufacture of Liquor, Beverages and Refined Tea	768	1428
烟草制品业	Manufacture of Tobacco	46	56
纺织业	Manufacture of Textile	3456	5227
纺织服装、服饰业	Manufacture of Textile, Wearing Apparel and Accessories	1580	2579
皮革、毛皮、羽毛及其制品和制鞋业	Manufacture of Leather, Fur, Feather and Related Products and Footwear	1274	2139
木材加工和木、竹、藤、棕、草制品业	Processing of Timbers and Manufacture of Wood,Bamboo, Rattan, Palm and Straw Products	898	1707
家具制造业	Manufacture of Furniture	1209	1623
造纸和纸制品业	Manufacture of Paper and Paper Products	1092	1640
印刷和记录媒介复制业	Printing and Reproduction of Recording Media	1049	1638
文教、工美、体育和娱乐用品制造业	Manufacture of Articles for Culture, Education, Arts and Crafts, Sport and Entertainment Activities	1866	2792
石油、煤炭及其他燃料加工业	Processing of Petroleum, Coal and Other Fuels	308	508
化学原料和化学制品制造业	Manufacture of Raw Chemical Materials and Chemical Products	5806	8925
医药制造业	Manufacture of Medicines	2650	4197
化学纤维制造业	Manufacture of Chemical Fibres	549	841
橡胶和塑料制品业	Manufacture of Rubber and Plastics Products	4670	6434
非金属矿物制品业	Manufacture of Non-metallic Mineral Products	4640	8276
黑色金属冶炼和压延加工业	Smelting and Pressing of Ferrous Metals	920	1373
有色金属冶炼和压延加工业	Smelting and Pressing of Non-Ferrous Metals	1677	2672
金属制品业	Manufacture of Metal Products	5688	8246
通用设备制造业	Manufacture of General Purpose Machinery	7667	11951
专用设备制造业	Manufacture of Special Purpose Machinery	6510	9959
汽车制造业	Manufacture of Automobiles	4083	6615
铁路、船舶、航空航天和其他运输设备制造业	Manufacture of Railway, Ship, Aerospace and Other Transport Equipments	1271	2152
电气机械和器材制造业	Manufacture of Electrical Machinery and Apparatus	9573	12597
计算机、通信和其他电子设备制造业	Manufacture of Computer, Communication and Other Electronic Equipment	8289	10268
仪器仪表制造业	Manufacture of Measuring Instrument and Machinery	2024	2966
其他制造业	Other Manufacture	401	564
金属制品、机械和设备修理业	Repaire Service of Metal Products, Machinery and Equipment	71	128
电力、热力生产和供应业	Production and Supply of Electric Power and Heat Power	381	867
燃气生产和供应业	Production and Supply of Gas	97	186
水的生产和供应业	Production and Supply of Water	147	275

2-4 各地区规上工业企业数量情况(2019年)
Number of Enterprises on Industrial Enterprises above Designated Size by Region (2019)

单位：个，人，万元 (unit)

		有研发机构的企业数 Number of Enterprises Having R&D Institutions	有R&D活动的企业数 Number of Enterprises Having R&D Activities
全 国	**National Total**	**85274**	**129198**
东部地区	Eastern Region	65842	88124
中部地区	Middle Region	14155	27247
西部地区	Western Region	4521	11545
东北地区	Northeast Region	756	2282
北 京	Beijing	447	1127
天 津	Tianjin	433	1298
河 北	Hebei	1849	2351
山 西	Shanxi	466	530
内 蒙 古	Inner Mongolia	93	292
辽 宁	Liaoning	487	1629
吉 林	Jilin	136	323
黑 龙 江	Heilongjiang	133	330
上 海	Shanghai	642	2349
江 苏	Jiangsu	21303	27365
浙 江	Zhejiang	13274	20217
安 徽	Anhui	4812	5925
福 建	Fujian	1703	5305
江 西	Jiangxi	3467	4335
山 东	Shandong	2566	7114
河 南	Henan	1626	4458
湖 北	Hubei	2012	4877
湖 南	Hunan	1772	7122
广 东	Guangdong	23592	20922
广 西	Guangxi	263	615
海 南	Hainan	33	76
重 庆	Chongqing	995	2581
四 川	Sichuan	1237	3448
贵 州	Guizhou	520	1078
云 南	Yunnan	465	1243
西 藏	Tibet	5	9
陕 西	Shaanxi	459	1250
甘 肃	Gansu	133	416
青 海	Qinghai	29	99
宁 夏	Ningxia	239	361
新 疆	Xinjiang	83	153

2-5 按企业规模及登记注册类型分规上工业企业R&D人员(2019年)
R&D Personnel in Industrial Enterprises above Designated Size by Scale and Registration Status(2019)

单位：人，人年 (person, man-year)

注册类型	Type of Registration	R&D人员 R&D Personnel	#女性 Female	R&D人员折合全时当量 Full-time Equivalent	#研究人员 Researchers
总　计	**Total**	**4440550**	**972400**	**3151828**	**971106**
#大型企业	Large-sized Industrial Enterprises	1631071	346088	1174900	432816
中型企业	Medium-sized Industrial Enterprises	1161084	267605	821271	231893
内资企业	**Domestic Funded**	**3583372**	**771514**	**2515116**	**782540**
国有企业	State-owned Enterprises	33582	7672	23575	10840
集体企业	Collective-owned Enterprises	2606	732	1738	492
股份合作企业	Cooperative Enterprises	3410	779	2598	588
联营企业	Joint Ownership Enterprises	152	70	93	20
国有联营企业	State Joint Ownership Enterprises	31	6	19	4
集体联营企业	Collective Joint Ownership Enterprises	60	24	39	10
国有与集体联营企业	Joint State-collective Enterprises	4	1	3	1
其他联营企业	Other Joint Ownership Enterprises	57	39	32	5
有限责任公司	Limited Liability Corporations	1208077	249950	831757	294046
国有独资公司	State Sole Funded Corporations	168225	33463	106605	47251
其他有限责任公司	Other Limited Liability Corporations	1039852	216487	725152	246795
股份有限公司	Share-holding Corporations Ltd.	630022	138342	451358	173054
私营企业	Private Enterprises	1702365	373212	1202413	302651
私营独资企业	Private-funded Enterprises	11420	2654	7620	1888
私营合伙企业	Private Partnership Enterprises	1846	386	1124	223
私营有限责任公司	Private Limited Liability Corporations	1477442	324300	1042648	255012
私营股份有限公司	Private Share-holding Corporations Ltd.	211657	45872	151021	45529
其他企业	Other Enterprises	3158	757	1583	849
港澳台商投资企业	**Enterprises with Funds from Hong Kong, Macau and Taiwan**	**412326**	**99169**	**314242**	**84451**
与港澳台商合资经营企业	Joint-venture Enterprises with Funds from Hong Kong, Macau and Taiwan	142937	30984	108248	32059
与港澳台商合作经营企业	Cooperative Enterprises with Funds from Hong Kong, Macau and Taiwan	3913	883	2790	499
港澳台商独资经营企业	Enterprises with Sole Funds from Hong Kong, Macau and Taiwan	241920	61280	185489	46814
港澳台商投资股份有限公司	Share-holding Corporations Ltd. with Funds from Hong Kong, Macau and Taiwan	20988	5428	15758	4695
外商投资企业	**Foreign Funded Enterprises**	**444852**	**101717**	**322470**	**104114**
中外合资经营企业	Joint-venture Enterprises	189466	41103	134700	49072
中外合作经营	Cooperation Enterprises	4996	1008	3422	945
外资企业	Enterprises with Sole Foreign Funds	226119	53875	166146	47960
外商投资股份有限公司	Share-holding Corporations Ltd.with Foreign Funds	19582	4587	15169	5296

2-6　按行业分规上工业企业R&D人员(2019年)
R&D Personnel in Industrial Enterprises above Designated Size by Industrial Sector(2018)

单位：人，人年　　(person, man-year)

行　业	Industry	R&D人员 R&D Personnel	#女性 Female	R&D人员折合全时当量 Full-time Equivalent	#研究人员 Researchers
总　计	**Total**	**4440550**	**972400**	**3151828**	**971106**
煤炭开采和洗选业	Mining and Washing of Coal	59232	3773	33947	10998
石油和天然气开采业	Extraction of Petroleum and Natural Gas	22813	7551	15512	8488
黑色金属矿采选业	Mining and Processing of Ferrous Metal Ores	4887	661	3047	1127
有色金属矿采选业	Mining and Processing of Non-Ferrous Metal Ores	9133	1088	5689	1535
非金属矿采选业	Mining and Processing of Non-metal Ores	6632	1325	4498	1180
农副食品加工业	Processing of Food from Agricultural Products	78401	22358	52292	13788
食品制造业	Manufacture of Foods	61001	21825	40227	11088
酒、饮料和精制茶制造业	Manufacture of Liquor, Beverages and Refined Tea	38834	11027	22132	6601
烟草制品业	Manufacture of Tobacco	6354	1751	4256	1863
纺织业	Manufacture of Textile	129566	47106	91364	16739
纺织服装、服饰业	Manufacture of Textile, Wearing Apparel and Accessories	59660	28177	42368	8610
皮革、毛皮、羽毛及其制品和制鞋业	Manufacture of Leather, Fur, Feather and Related Products and Footwear	44407	16325	32106	5428
木材加工和木、竹、藤、棕、草制品业	Processing of Timbers and Manufacture of Wood,Bamboo, Rattan, Palm and Straw Products	25089	6121	17029	3564
家具制造业	Manufacture of Furniture	41623	10408	30023	5967
造纸和纸制品业	Manufacture of Paper and Paper Products	46851	9643	33001	6178
印刷和记录媒介复制业	Printing and Reproduction of Recording Media	36707	9536	26651	5455
文教、工美、体育和娱乐用品制造业	Manufacture of Articles for Culture, Education, Arts and Crafts, Sport and Entertainment Activities	63410	19323	45498	9237
石油、煤炭及其他燃料加工业	Processing of Petroleum, Coal and Other Fuels	25265	4551	15422	5434
化学原料和化学制品制造业	Manufacture of Raw Chemical Materials and Chemical Products	239513	55469	164749	51703
医药制造业	Manufacture of Medicines	176589	75671	122720	49433
化学纤维制造业	Manufacture of Chemical Fibres	32596	8586	21565	4778
橡胶和塑料制品业	Manufacture of Rubber and Plastics Products	151932	32574	107936	23270
非金属矿物制品业	Manufacture of Non-metallic Mineral Products	181705	35726	122263	30110
黑色金属冶炼和压延加工业	Smelting and Pressing of Ferrous Metals	124653	15984	85657	24703
有色金属冶炼和压延加工业	Smelting and Pressing of Non-Ferrous Metals	105931	17066	68701	18305
金属制品业	Manufacture of Metal Products	190044	33837	134219	30987
通用设备制造业	Manufacture of General Purpose Machinery	333266	55724	240908	72937
专用设备制造业	Manufacture of Special Purpose Machinery	295002	49147	212802	72984
汽车制造业	Manufacture of Automobiles	354306	57533	250600	89212
铁路、船舶、航空航天和其他运输设备制造业	Manufacture of Railway, Ship, Aerospace and Other Transport Equipments	130412	27005	93280	37838
电气机械和器材制造业	Manufacture of Electrical Machinery and Apparatus	453178	93570	327690	97195
计算机、通信和其他电子设备制造业	Manufacture of Computer, Communication and Other Electronic Equipment	709363	155009	543781	191472
仪器仪表制造业	Manufacture of Measuring Instrument and Machinery	102644	18959	77108	29709
其他制造业	Other Manufacture	17369	4109	13206	4117
金属制品、机械和设备修理业	Repaire Service of Metal Products, Machinery and Equipment	7576	960	5364	2159
电力、热力生产和供应业	Production and Supply of Electric Power and Heat Power	43350	6654	23762	9656
燃气生产和供应业	Production and Supply of Gas	6822	1183	5123	1473
水的生产和供应业	Production and Supply of Water	5621	1444	3640	1370

2-7　各地区规上工业企业R&D人员(2019年)

R&D Personnel in Industrial Enterprises above Designated Size by Region(2019)

单位：人，人年　　(person, man-year)

地　区	Region	R&D人员 R&D Personnel	#女性 Female	R&D人员折合全时当量 Full-time Equivalent	#研究人员 Researchers
全　国	**National Total**	**4440550**	**972400**	**3151828**	**971106**
东部地区	Eastern Region	2956345	656368	2175406	639397
中部地区	Middle Region	893906	185776	600051	193562
西部地区	Western Region	468239	102224	297364	105932
东北地区	Northeast Region	122060	28032	79007	32213
北　京	Beijing	65486	18118	44241	20667
天　津	Tianjin	66307	15999	45685	16286
河　北	Hebei	116854	21557	76096	22947
山　西	Shanxi	44740	7386	27478	9225
内蒙古	Inner Mongolia	21931	4131	15001	5733
辽　宁	Liaoning	78128	16972	52104	19865
吉　林	Jilin	20809	5183	11849	5447
黑龙江	Heilongjiang	23123	5877	15054	6901
上　海	Shanghai	113425	25804	80694	32882
江　苏	Jiangsu	693442	161022	508375	154847
浙　江	Zhejiang	574571	129214	451752	99363
安　徽	Anhui	183580	33506	124491	39045
福　建	Fujian	180365	42187	126089	38899
江　西	Jiangxi	122207	27738	85032	24521
山　东	Shandong	304172	71479	198205	66849
河　南	Henan	206775	42550	140361	43513
湖　北	Hubei	175724	39177	115743	38347
湖　南	Hunan	160880	35419	106946	38911
广　东	Guangdong	838891	169932	642490	186054
广　西	Guangxi	32429	6179	22102	8348
海　南	Hainan	2832	1056	1779	603
重　庆	Chongqing	98563	21259	62424	20603
四　川	Sichuan	128713	28458	78289	28177
贵　州	Guizhou	37644	7648	23164	6872
云　南	Yunnan	44533	9959	29440	8303
西　藏	Tibet	348	120	264	128
陕　西	Shaanxi	63105	15540	42983	18999
甘　肃	Gansu	15688	3537	8547	3669
青　海	Qinghai	3948	1017	2379	943
宁　夏	Ningxia	13460	2711	8073	2238
新　疆	Xinjiang	7877	1665	4698	1919

2-8 按企业规模及登记注册类型分规上
Intramural Expenditure on R&D in Industrial Enterprises

单位：万元

注册类型	Type of Registration	R&D经费内部支出 Intramural Expenditure on R&D	#试验发展支出 Experimental Development	日常性支出 Routine Expenses
总　计	**Total**	**139710989**	**135665512**	**129186676**
#大型企业	Large-sized Industrial Enterprises	67378656	64912375	62078515
中型企业	Medium-sized Industrial Enterprises	32590648	31932141	30146979
内资企业	**Domestic Funded**	**112189638**	**108490027**	**103723390**
国有企业	State-owned Enterprises	831846	776836	771872
集体企业	Collective-owned Enterprises	57356	55815	53218
股份合作企业	Cooperative Enterprises	63154	62517	61128
联营企业	Joint Ownership Enterprises	4497	4497	4204
国有联营企业	State Joint Ownership Enterprises	1056	1056	1042
集体联营企业	Collective Joint Ownership Enterprises	1036	1036	970
国有与集体联营企业	Joint State-collective Enterprises	180	180	174
其他联营企业	Other Joint Ownership Enterprises	2226	2226	2018
有限责任公司	Limited Liability Corporations	44497931	42490455	40517719
国有独资公司	State Sole Funded Corporations	6233484	5933795	5865822
其他有限责任公司	Other Limited Liability Corporations	38264447	36556660	34651897
股份有限公司	Share-holding Corporations Ltd.	21391117	20642709	20308439
私营企业	Private Enterprises	45167497	44286026	41833519
私营独资企业	Private-funded Enterprises	327221	316497	308896
私营合伙企业	Private Partnership Enterprises	36546	35622	33708
私营有限责任公司	Private Limited Liability Corporations	38621046	37816074	35930399
私营股份有限公司	Private Share-holding Corporations Ltd.	6182684	6117833	5560516
其他企业	Other Enterprises	176240	171172	173291
港澳台商投资企业	**Enterprises with Funds from Hong Kong, Macau and Taiwan**	**11383701**	**11277963**	**10639512**
与港澳台商合资经营企业	Joint-venture Enterprises with Funds from Hong Kong, Macau and Taiwan	4182362	4136188	3867620
与港澳台商合作经营企业	Cooperative Enterprises with Funds from Hong Kong, Macau and Taiwan	139394	138146	137938
港澳台商独资经营企业	Enterprises with Sole Funds from Hong Kong, Macau and Taiwan	6346976	6299995	5965065
港澳台商投资股份有限公司	Share-holding Corporations Ltd. with Funds from Hong Kong, Macau and Taiwan	658969	651359	616705
外商投资企业	**Foreign Funded Enterprises**	**16137651**	**15897521**	**14823774**
中外合资经营企业	Joint-venture Enterprises	8446693	8375686	7588501
中外合作经营	Cooperation Enterprises	177970	158852	171836
外资企业	Enterprises with Sole Foreign Funds	6652550	6518303	6235026
外商投资股份有限公司	Share-holding Corporations Ltd.with Foreign Funds	710382	696023	684763

工业企业R&D经费内部支出(2019年)
above Designated Size by Scale and Registration Status(2019)

(10 000 yuan)

#人员劳务费 Labor Cost	资产性支出 Assets Expenditure	#仪器和设备 Equipment	政府资金 Government Funds	企业资金 Self-raised Funds by Enterprises	境外资金 Foreign Funds	其他资金 Other Funds
41311298	**10524314**	**10203169**	**5747869**	**133942131**	**12807**	**8182**
21703732	5300141	5153631	3961018	63405204	9338	3097
9556880	2443668	2367131	959847	31625930	1580	3291
31984040	**8466248**	**8196479**	**5156417**	**107015751**	**10666**	**6804**
218037	59974	59150	93383	738335		128
13369	4138	3986	336	57021		
20284	2026	1925	1002	62152		
1148	294	237		4497		
228	13	4		1056		
303	66	65		1036		
19	6			180		
597	209	168		2226		
12639937	3980211	3859909	2609358	41885138	2019	1415
1628034	367661	352917	754265	5478140	741	337
11011903	3612550	3506992	1855093	36406998	1278	1078
7688952	1082678	1036346	1062161	20319738	6946	2273
11378502	3333977	3231998	1382557	43780252	1701	2987
42394	18325	17071	1555	325666		
5873	2838	2721	303	36243		
9418215	2690646	2603503	1131230	37485143	1686	2987
1912021	622168	608703	249469	5933200	16	
23811	2949	2928	7622	168618		
3849975	**744189**	**720601**	**213524**	**11169403**	**306**	**468**
1257568	314741	305369	102310	4079933		119
24929	1456	1390	406	138988		
2335963	381911	368653	99350	6246972	306	350
216274	42264	41408	10484	648485		
5477283	**1313877**	**1286089**	**377928**	**15756976**	**1835**	**911**
2521380	858192	845866	265531	8180683	348	132
52773	6134	5774	9063	168891		17
2625465	417523	403919	68834	6582644	308	763
245454	25619	24995	32090	678292		

2-9 按行业分规上工业

Intramural Expenditure on R&D in Industrial Enterprises

单位：万元

行业	Industry	R&D经费内部支出 Intramural Expenditure on R&D	#试验发展支出 Experimental Development
总 计	**Total**	**139710989**	**135665512**
煤炭开采和洗选业	Mining and Washing of Coal	1092399	935974
石油和天然气开采业	Extraction of Petroleum and Natural Gas	937990	721246
黑色金属矿采选业	Mining and Processing of Ferrous Metal Ores	134369	126629
有色金属矿采选业	Mining and Processing of Non-Ferrous Metal Ores	217864	203616
非金属矿采选业	Mining and Processing of Non-metal Ores	185833	178301
农副食品加工业	Processing of Food from Agricultural Products	2619763	2502972
食品制造业	Manufacture of Foods	1562120	1506884
酒、饮料和精制茶制造业	Manufacture of Liquor, Beverages and Refined Tea	1075597	1019617
烟草制品业	Manufacture of Tobacco	303865	281319
纺织业	Manufacture of Textile	2658673	2604399
纺织服装、服饰业	Manufacture of Textile, Wearing Apparel and Accessories	1056349	1035265
皮革、毛皮、羽毛及其制品和制鞋业	Manufacture of Leather, Fur, Feather and Related Products and Footwear	803482	792926
木材加工和木、竹、藤、棕、草制品业	Processing of Timbers and Manufacture of Wood,Bamboo, Rattan, Palm and Straw Products	631502	614528
家具制造业	Manufacture of Furniture	735978	725633
造纸和纸制品业	Manufacture of Paper and Paper Products	1576680	1556547
印刷和记录媒介复制业	Printing and Reproduction of Recording Media	795816	779977
文教、工美、体育和娱乐用品制造业	Manufacture of Articles for Culture, Education, Arts and Crafts, Sport and Entertainment Activities	1182174	1162591
石油、煤炭及其他燃料加工业	Processing of Petroleum, Coal and Other Fuels	1846976	1647089
化学原料和化学制品制造业	Manufacture of Raw Chemical Materials and Chemical Products	9234036	9051244
医药制造业	Manufacture of Medicines	6095605	5886362
化学纤维制造业	Manufacture of Chemical Fibres	1236880	1231465
橡胶和塑料制品业	Manufacture of Rubber and Plastics Products	3576060	3522677
非金属矿物制品业	Manufacture of Non-metallic Mineral Products	5200941	5050049
黑色金属冶炼和压延加工业	Smelting and Pressing of Ferrous Metals	8863003	8617633
有色金属冶炼和压延加工业	Smelting and Pressing of Non-Ferrous Metals	4798098	4592813
金属制品业	Manufacture of Metal Products	4663828	4564645
通用设备制造业	Manufacture of General Purpose Machinery	8228766	8069078
专用设备制造业	Manufacture of Special Purpose Machinery	7767235	7663972
汽车制造业	Manufacture of Automobiles	12896141	12671105
铁路、船舶、航空航天和其他运输设备制造业	Manufacture of Railway, Ship, Aerospace and Other Transport Equipments	4290876	4178870
电气机械和器材制造业	Manufacture of Electrical Machinery and Apparatus	14061749	13894673
计算机、通信和其他电子设备制造业	Manufacture of Computer, Communication and Other Electronic Equipment	24480937	23493265
仪器仪表制造业	Manufacture of Measuring Instrument and Machinery	2290754	2255294
其他制造业	Other Manufacture	398115	386072
金属制品、机械和设备修理业	Repaire Service of Metal Products, Machinery and Equipment	170592	167978
电力、热力生产和供应业	Production and Supply of Electric Power and Heat Power	1130497	1103658
燃气生产和供应业	Production and Supply of Gas	170177	151447
水的生产和供应业	Production and Supply of Water	144402	133987

企业R&D经费内部支出(2019年)
above Designated Size by Industrial Sector(2019)

(10 000 yuan)

日常性支出 Routine Expenses	#人员劳务费 Labor Cost	资产性支出 Assets Expenditure	#仪器和设备 Equipment	政府资金 Government Funds	企业资金 Self-raised Funds by Enterprises	境外资金 Foreign Funds	其他资金 Other Funds
129186676	**41311298**	**10524314**	**10203169**	**5747869**	**133942131**	**12807**	**8182**
1004666	366600	87734	85039	19914	1072061		424
901123	393291	36868	36018	69420	867190		1380
127519	46467	6850	6616	1488	132882		
208205	60993	9659	9029	3232	214632		
169787	35830	16047	15087	2429	183329		76
2468366	414333	151397	144017	46797	2567767	5094	105
1428792	384233	133328	129126	42278	1519819		23
1017632	236047	57965	54611	21899	1052682	1002	14
282335	155827	21530	20591	84972	218848		46
2457890	629937	200783	191732	43317	2614872	116	367
1003186	339680	53162	50515	13293	1043054		2
763588	238166	39894	38534	7478	796004		
588180	110228	43322	39972	9996	621501	5	
700645	254861	35333	33655	4202	731723		52
1488586	276085	88094	84345	10432	1566248		
713614	223947	82202	79296	11880	783930		7
1116343	332975	65832	62809	18717	1163139	319	
1737828	206081	109147	105793	89838	1757138		
8562297	1968452	671739	648049	158253	9074880	179	723
5631414	1616443	464191	452375	292811	5802767	17	10
1122379	179214	114500	111628	32165	1204714		
3319484	954566	256576	247034	54579	3521355	81	46
4819666	1035170	381275	365931	75896	5124828	112	105
8057218	908349	805786	786780	519151	8343852		0
4508061	692985	290036	278073	86371	4711599	128	
4253381	1096822	410447	400144	137027	4523506	43	3252
7730178	2838121	498587	482961	221432	8006303	936	94
7372078	2715166	395158	381256	290344	7475540	1215	137
11925638	4402681	970503	940935	562342	12332155	1350	294
4057640	1289305	233236	223439	774676	3515084	915	201
13007744	4056369	1054005	1023579	447120	13613526	693	411
22118227	11058669	2362710	2313208	1400593	23079354	591	399
2178475	1088487	112279	109272	104320	2186428		6
382587	116349	15529	14136	37648	360467		
157935	70738	12658	12228	1740	168845		7
952726	292484	177771	170627	26757	1103740		
162382	54276	7795	6735	570	169607		
129013	40888	15389	14787	3009	141393		

2-10 各地区规上工业

Intramural Expenditure on R&D in Industrial Enterprises

单位：万元

地区	Region	R&D经费内部支出 Intramural Expenditure on R&D	#试验发展支出 Experimental Development	日常性支出 Routine Expenses	#人员劳务费 Labor Cost
全国	**National Total**	**139710989**	**135665512**	**129186676**	**41311298**
东部地区	Eastern Region	91433695	89117832	83882514	29792267
中部地区	Middle Region	28232114	27240387	26653291	6648728
西部地区	Western Region	15543750	15026503	14355065	3754308
东北地区	Northeast Region	4501430	4280790	4295805	1115994
北京	Beijing	2851859	2661615	2719498	1168794
天津	Tianjin	2134320	2086038	1899876	636153
河北	Hebei	4385826	4066222	3781776	753813
山西	Shanxi	1380813	1315444	1250183	295942
内蒙古	Inner Mongolia	1183625	1150821	1116417	214922
辽宁	Liaoning	3102482	2934252	2970308	734293
吉林	Jilin	684086	659738	644359	206894
黑龙江	Heilongjiang	714862	686800	681138	174808
上海	Shanghai	5906504	5849425	5604348	2332770
江苏	Jiangsu	22061581	21741658	20048199	5328221
浙江	Zhejiang	12742260	12643958	12107556	4745607
安徽	Anhui	5765371	5641091	5364112	1696646
福建	Fujian	5985139	5936165	5471894	2048973
江西	Jiangxi	3202151	3155233	3000154	605933
山东	Shandong	12109485	11731401	11044986	2993416
河南	Henan	6087153	5860208	5832769	1641541
湖北	Hubei	5865143	5691029	5467079	1228424
湖南	Hunan	5931485	5577382	5738996	1180242
广东	Guangdong	23148566	22293518	21114589	9758850
广西	Guangxi	1044742	1032353	990996	288472
海南	Hainan	108154	107834	89792	25670
重庆	Chongqing	3358918	3312302	3140346	954237
四川	Sichuan	3878572	3741618	3613743	961736
贵州	Guizhou	910206	851957	806103	220584
云南	Yunnan	1297741	1273602	1174785	224508
西藏	Tibet	5574	5574	5389	2587
陕西	Shaanxi	2408037	2253922	2187572	611119
甘肃	Gansu	505544	485837	425657	110642
青海	Qinghai	93712	89316	91388	23140
宁夏	Ningxia	415733	405714	381728	53480
新疆	Xinjiang	441347	423488	420942	88883

企业R&D经费内部支出(2019年)
above Designated Size by Region(2019)

(10 000 yuan)

资产性支出 Assets Expenditure	#仪器和设备 Equipment	政府资金 Government Funds	企业资金 Self-raised Funds by Enterprises	境外资金 Foreign Funds	其他资金 Other Funds
10524314	**10203169**	**5747869**	**133942131**	**12807**	**8182**
7551181	7360509	3201947	88221411	3862	6474
1578823	1492318	982074	27242063	7221	756
1188685	1150929	1110591	14431334	1068	758
205625	199413	453257	4047323	657	195
132361	128617	193114	2658745		
234444	230778	40191	2094002	124	3
604051	587798	80846	4304798	0	183
130630	128625	58735	1322046		32
67208	65021	27085	1156533	6	0
132174	129565	164279	2937376	657	170
39728	36748	205680	478382		25
33724	33101	83298	631564		
302156	295475	627785	5278459	220	40
2013382	1971359	286059	21770619	2514	2389
634704	614202	210359	12531746	155	0
401259	380890	171080	5593904	379	7
513245	498666	115520	5869604		16
201997	187911	171878	3030229	44	
1064499	1039608	378750	11728413	469	1854
254384	232148	135195	5946405	4860	693
398064	381957	321279	5542684	1180	
192489	180787	123909	5806795	757	24
2033976	1975653	1266825	21879371	380	1990
53746	50619	45067	999672		3
18362	18356	2499	105655		
218572	208105	119739	3238798	376	5
264829	254460	245931	3631618	628	395
104103	102488	76307	833899		
122956	120171	98674	1198975		93
184	184	92	5481		
220465	216807	350408	2057365	3	262
79888	78149	97066	408424	55	
2324	2162	3613	90099		
34005	32493	31833	383900		
20405	20271	14778	426569		

2-11 按企业规模及登记注册类型分规上工业企业R&D经费外部支出(2019年)

External Expenditure on R&D in Industrial Enterprises above Designated Size by Scale and Registration Status(2019)

单位：万元 (10 000 yuan)

注册类型	Type of Registration	R&D经费外部支出 External Expenditure on R&D	#对境内研究机构支出 to Domestic Research Institutions	#对境内高校支出 to Domestic Higher Education
总 计	**Total**	**8930340**	**3138621**	**603636**
#大型企业	Large-sized Industrial Enterprises	6166458	2451806	320064
中型企业	Medium-sized Industrial Enterprises	1529367	404107	104736
内资企业	**Domestic Funded**	**7057264**	**2756217**	**555818**
国有企业	State-owned Enterprises	146813	53044	25868
集体企业	Collective-owned Enterprises	532	234	270
股份合作企业	Cooperative Enterprises	230	32	166
联营企业	Joint Ownership Enterprises	12		
国有联营企业	State Joint Ownership Enterprises			
集体联营企业	Collective Joint Ownership Enterprises	12		
国有与集体联营企业	Joint State-collective Enterprises			
其他联营企业	Other Joint Ownership Enterprises			
有限责任公司	Limited Liability Corporations	3328103	1183877	226583
国有独资公司	State Sole Funded Corporations	804073	148499	58535
其他有限责任公司	Other Limited Liability Corporations	2524031	1035378	168048
股份有限公司	Share-holding Corporations Ltd.	1462920	272230	150325
私营企业	Private Enterprises	2110962	1242484	152452
私营独资企业	Private-funded Enterprises	2428	980	627
私营合伙企业	Private Partnership Enterprises	163	18	39
私营有限责任公司	Private Limited Liability Corporations	1941671	1197320	129125
私营股份有限公司	Private Share-holding Corporations Ltd.	166700	44166	22662
其他企业	Other Enterprises	7692	4317	153
港澳台商投资企业	**Enterprises with Funds from Hong Kong, Macau and Taiwan**	**572765**	**146038**	**22055**
与港澳台商合资经营企业	Joint-venture Enterprises with Funds from Hong Kong, Macau and Taiwan	177563	70820	10737
与港澳台商合作经营企业	Cooperative Enterprises with Funds from Hong Kong, Macau and Taiwan	646		455
港澳台商独资经营企业	Enterprises with Sole Funds from Hong Kong, Macau and Taiwan	370771	72862	9951
港澳台商投资股份有限公司	Share-holding Corporations Ltd. with Funds from Hong Kong, Macau and Taiwan	23614	2318	882
外商投资企业	**Foreign Funded Enterprises**	**1300312**	**236366**	**25763**
中外合资经营企业	Joint-venture Enterprises	597744	113862	16045
中外合作经营	Cooperation Enterprises	5346	1204	500
外资企业	Enterprises with Sole Foreign Funds	635388	99280	4713
外商投资股份有限公司	Share-holding Corporations Ltd.with Foreign Funds	47925	20426	1647

2-12 按行业分规上工业企业R&D经费外部支出(2019年)

External Expenditure on R&D in Industrial Enterprises above Designated Size by Industrial Sector(2019)

单位：万元 (10 000 yuan)

行业	Industry	R&D经费外部支出 External Expenditure on R&D	#对境内研究机构支出 to Domestic Research Institutions	#对境内高校支出 to Domestic Higher Education
总计	**Total**	**8930340**	**3138621**	**603636**
煤炭开采和洗选业	Mining and Washing of Coal	92859	27517	28129
石油和天然气开采业	Extraction of Petroleum and Natural Gas	138803	28182	44682
黑色金属矿采选业	Mining and Processing of Ferrous Metal Ores	9165	3246	1329
有色金属矿采选业	Mining and Processing of Non-Ferrous Metal Ores	14276	4820	5059
非金属矿采选业	Mining and Processing of Non-metal Ores	3515	531	1159
农副食品加工业	Processing of Food from Agricultural Products	46632	16388	17385
食品制造业	Manufacture of Foods	58212	15282	16005
酒、饮料和精制茶制造业	Manufacture of Liquor, Beverages and Refined Tea	32181	11459	11543
烟草制品业	Manufacture of Tobacco	45075	11215	7661
纺织业	Manufacture of Textile	33418	6927	8500
纺织服装、服饰业	Manufacture of Textile, Wearing Apparel and Accessories	9666	4381	1912
皮革、毛皮、羽毛及其制品和制鞋业	Manufacture of Leather, Fur, Feather and Related Products and Footwear	23565	2510	1395
木材加工和木、竹、藤、棕、草制品业	Processing of Timbers and Manufacture of Wood,Bamboo, Rattan, Palm and Straw Products	4984	1275	1655
家具制造业	Manufacture of Furniture	15276	589	1521
造纸和纸制品业	Manufacture of Paper and Paper Products	8360	2562	2511
印刷和记录媒介复制业	Printing and Reproduction of Recording Media	7521	900	2236
文教、工美、体育和娱乐用品制造业	Manufacture of Articles for Culture, Education, Arts and Crafts, Sport and Entertainment Activities	19327	5580	4079
石油、煤炭及其他燃料加工业	Processing of Petroleum, Coal and Other Fuels	48236	17060	12777
化学原料和化学制品制造业	Manufacture of Raw Chemical Materials and Chemical Products	258546	70172	47620
医药制造业	Manufacture of Medicines	1106220	415459	48434
化学纤维制造业	Manufacture of Chemical Fibres	15153	6737	4756
橡胶和塑料制品业	Manufacture of Rubber and Plastics Products	88124	16646	10445
非金属矿物制品业	Manufacture of Non-metallic Mineral Products	53477	20143	13435
黑色金属冶炼和压延加工业	Smelting and Pressing of Ferrous Metals	98333	38561	22737
有色金属冶炼和压延加工业	Smelting and Pressing of Non-Ferrous Metals	53519	21875	10556
金属制品业	Manufacture of Metal Products	48821	9985	9533
通用设备制造业	Manufacture of General Purpose Machinery	272703	49103	30046
专用设备制造业	Manufacture of Special Purpose Machinery	214280	29815	23603
汽车制造业	Manufacture of Automobiles	1492861	295427	28481
铁路、船舶、航空航天和其他运输设备制造业	Manufacture of Railway, Ship, Aerospace and Other Transport Equipments	867779	174698	60525
电气机械和器材制造业	Manufacture of Electrical Machinery and Apparatus	359068	65830	27020
计算机、通信和其他电子设备制造业	Manufacture of Computer, Communication and Other Electronic Equipment	2840078	1668939	25819
仪器仪表制造业	Manufacture of Measuring Instrument and Machinery	125648	15505	11095
其他制造业	Other Manufacture	31408	8509	2524
金属制品、机械和设备修理业	Repaire Service of Metal Products, Machinery and Equipment	2200	527	292
电力、热力生产和供应业	Production and Supply of Electric Power and Heat Power	359667	62830	50528
燃气生产和供应业	Production and Supply of Gas	4416	862	813
水的生产和供应业	Production and Supply of Water	2491	319	695

2-13 各地区规上工业企业R&D经费外部支出(2019年)
External Expenditure on R&D in Industrial Enterprises above Designated Size by Region(2019)

单位：万元 (10 000 yuan)

地区	Region	R&D经费外部支出 External Expenditure on R&D	#对境内研究机构支出 to Domestic Research Institutions	#对境内高校支出 to Domestic Higher Education
全国	**National Total**	**8930340**	**3138621**	**603636**
东部地区	Eastern Region	6208346	2482170	321893
中部地区	Middle Region	1305487	314439	134646
西部地区	Western Region	1001640	272211	118341
东北地区	Northeast Region	414867	69802	28756
北京	Beijing	289539	84671	26259
天津	Tianjin	149956	10268	15675
河北	Hebei	176629	65017	11339
山西	Shanxi	97029	48596	9316
内蒙古	Inner Mongolia	44356	14953	6420
辽宁	Liaoning	142627	28543	12503
吉林	Jilin	200989	23023	5776
黑龙江	Heilongjiang	71251	18236	10478
上海	Shanghai	666924	86340	16992
江苏	Jiangsu	965234	216352	80400
浙江	Zhejiang	521835	94820	48621
安徽	Anhui	283142	66376	32328
福建	Fujian	203130	26527	20829
江西	Jiangxi	85580	24619	8500
山东	Shandong	612584	181807	64143
河南	Henan	173172	38190	24856
湖北	Hubei	370720	62056	24852
湖南	Hunan	295844	74601	34795
广东	Guangdong	2595507	1701166	37488
广西	Guangxi	74193	27244	3215
海南	Hainan	27009	15202	148
重庆	Chongqing	145723	32661	11733
四川	Sichuan	253216	52280	25453
贵州	Guizhou	57893	25711	7115
云南	Yunnan	90517	16716	13136
西藏	Tibet	483	478	5
陕西	Shaanxi	242320	67055	22786
甘肃	Gansu	15967	4739	5430
青海	Qinghai	4274	811	921
宁夏	Ningxia	15160	3856	4345
新疆	Xinjiang	57538	25708	17783

2-14 按企业规模及登记注册类型分规上工业企业R&D项目情况(2019年)
R&D Projects in Industrial Enterprises above Designated Size by Scale and Registration Status(2019)

注册类型	Type of Registration	项目数(项) R&D Projects (item)	项目人员折合全时当量(人年) FTE of R&D Personnel (man-year)	项目经费支出(万元) Expenditure on R&D Project (10 000 yuan)
总计	**Total**	**598072**	**2925786**	**142369055**
#大型企业	Large-sized Industrial Enterprises	105768	1099989	69569371
中型企业	Medium-sized Industrial Enterprises	137038	763365	32942730
内资企业	**Domestic Funded**	**510509**	**2332340**	**113919779**
国有企业	State-owned Enterprises	3890	21917	833935
集体企业	Collective-owned Enterprises	347	1589	55211
股份合作企业	Cooperative Enterprises	724	2418	66227
联营企业	Joint Ownership Enterprises	27	83	4467
国有联营企业	State Joint Ownership Enterprises	7	18	1144
集体联营企业	Collective Joint Ownership Enterprises	14	34	1023
国有与集体联营企业	Joint State-collective Enterprises	1	3	199
其他联营企业	Other Joint Ownership Enterprises	5	28	2102
有限责任公司	Limited Liability Corporations	145405	771932	45183195
国有独资公司	State Sole Funded Corporations	17676	97567	6538010
其他有限责任公司	Other Limited Liability Corporations	127729	674365	38645185
股份有限公司	Share-holding Corporations Ltd.	65058	421073	22398182
私营企业	Private Enterprises	294868	1111857	45192940
私营独资企业	Private-funded Enterprises	2040	7032	325071
私营合伙企业	Private Partnership Enterprises	280	1035	36544
私营有限责任公司	Private Limited Liability Corporations	260998	963891	38794801
私营股份有限公司	Private Share-holding Corporations Ltd.	31550	139900	6036524
其他企业	Other Enterprises	190	1472	185621
港澳台商投资企业	**Enterprises with Funds from Hong Kong, Macau and Taiwan**	**40931**	**293721**	**11484669**
与港澳台商合资经营企业	Joint-venture Enterprises with Funds from Hong Kong, Macau and Taiwan	15493	100574	4288999
与港澳台商合作经营企业	Cooperative Enterprises with Funds from Hong Kong, Macau and Taiwan	395	2624	147289
港澳台商独资经营企业	Enterprises with Sole Funds from Hong Kong, Macau and Taiwan	22539	174057	6322889
港澳台商投资股份有限公司	Share-holding Corporations Ltd. with Funds from Hong Kong, Macau and Taiwan	2187	14789	669183
外商投资企业	**Foreign Funded Enterprises**	**46632**	**299726**	**16964608**
中外合资经营企业	Joint-venture Enterprises	20498	124819	8826020
中外合作经营	Cooperation Enterprises	569	3208	184522
外资企业	Enterprises with Sole Foreign Funds	22969	154822	7049513
外商投资股份有限公司	Share-holding Corporations Ltd.with Foreign Funds	2086	14092	772087

2-15 按行业分规上工业企业R&D项目情况(2019年)

R&D Projects in Industrial Enterprises above Designated Size by Industrial Sector(2019)

行 业	Industry	项目数(项) R&D Projects (item)	项目人员折合全时当量(人年) FTE of R&D Personnel (man-year)	项目经费支出(万元) Expenditure on R&D Project (10 000 yuan)
总 计	**Total**	**598072**	**2925786**	**142369055**
煤炭开采和洗选业	Mining and Washing of Coal	2952	31060	1120649
石油和天然气开采业	Extraction of Petroleum and Natural Gas	2502	13490	694159
黑色金属矿采选业	Mining and Processing of Ferrous Metal Ores	523	2621	135222
有色金属矿采选业	Mining and Processing of Non-Ferrous Metal Ores	924	5162	230066
非金属矿采选业	Mining and Processing of Non-metal Ores	900	4012	182802
农副食品加工业	Processing of Food from Agricultural Products	12736	47687	2625028
食品制造业	Manufacture of Foods	9491	37013	1551071
酒、饮料和精制茶制造业	Manufacture of Liquor, Beverages and Refined Tea	4514	20105	1068130
烟草制品业	Manufacture of Tobacco	1496	3912	266451
纺织业	Manufacture of Textile	15963	84843	2618894
纺织服装、服饰业	Manufacture of Textile,Wearing Apparel and Accessories	6294	39444	1027292
皮革、毛皮、羽毛及其制品和制鞋业	Manufacture of Leather, Fur, Feather and Related Products and Footwear	4946	29518	814315
木材加工和木、竹、藤、棕、草制品业	Processing of Timbers and Manufacture of Wood, Bamboo,Rattan, Palm and Straw Products	3882	15769	612745
家具制造业	Manufacture of Furniture	5944	27642	737889
造纸和纸制品业	Manufacture of Paper and Paper Products	6455	30783	1628580
印刷和记录媒介复制业	Printing and Reproduction of Recording Media	5468	24727	773403
文教、工美、体育和娱乐用品制造业	Manufacture of Articles for Culture, Education, Arts and Crafts, Sport and Entertainment Activities	8936	42129	1176724
石油、煤炭及其他燃料加工业	Processing of Petroleum, Coal and Other Fuels	3307	14064	1852687
化学原料和化学制品制造业	Manufacture of Raw Chemical Materials and Chemical Products	42246	151851	9292800
医药制造业	Manufacture of Medicines	32296	113608	6844199
化学纤维制造业	Manufacture of Chemical Fibres	3880	20287	1219605
橡胶和塑料制品业	Manufacture of Rubber and Plastics Products	25490	99398	3626490
非金属矿物制品业	Manufacture of Non-metallic Mineral Products	26859	112666	5145847
黑色金属冶炼和压延加工业	Smelting and Pressing of Ferrous Metals	12180	79906	8628070
有色金属冶炼和压延加工业	Smelting and Pressing of Non-Ferrous Metals	13567	63831	4867419
金属制品业	Manufacture of Metal Products	31787	124045	4527122
通用设备制造业	Manufacture of General Purpose Machinery	55929	223724	8273708
专用设备制造业	Manufacture of Special Purpose Machinery	48759	196691	7744656
汽车制造业	Manufacture of Automobiles	38395	231439	14051002
铁路、船舶、航空航天和其他运输设备制造业	Manufacture of Railway, Ship, Aerospace and Other Transport Equipments	13693	86440	4836185
电气机械和器材制造业	Manufacture of Electrical Machinery and Apparatus	64676	303290	14037209
计算机、通信和其他电子设备制造业	Manufacture of Computer, Communication and Other Electronic Equipment	59290	514212	25220640
仪器仪表制造业	Manufacture of Measuring Instrument and Machinery	16596	72482	2321035
其他制造业	Other Manufacture	2406	12008	422478
金属制品、机械和设备修理业	Repaire Service of Metal Products, Machinery and Equipment	905	4977	169436
电力、热力生产和供应业	Production and Supply of Electric Power and Heat Power	7287	22127	1083318
燃气生产和供应业	Production and Supply of Gas	785	4731	192681
水的生产和供应业	Production and Supply of Water	873	3247	139476

2-16 各地区规上工业企业R&D项目情况(2019年)
R&D Projects in Industrial Enterprises above Designated Size by Region (2019)

地 区	Region	项目数 (项) R&D Projects (item)	项目人员折合全时当量 (人年) FTE of R&D Personnel (man-year)	项目经费支出 (万元) Expenditure on R&D Project (10 000 yuan)
全 国	**National Total**	**598072**	**2925786**	**142369055**
东部地区	Eastern Region	413041	2027700	92827127
中部地区	Middle Region	110716	553882	29255143
西部地区	Western Region	58976	271906	15546824
东北地区	Northeast Region	15339	72299	4739962
北 京	Beijing	7671	39282	3015781
天 津	Tianjin	10825	42395	2016300
河 北	Hebei	13340	71046	4072153
山 西	Shanxi	3826	25439	1390869
内 蒙 古	Inner Mongolia	2283	13678	1184503
辽 宁	Liaoning	10370	47685	3178367
吉 林	Jilin	2049	10890	837119
黑 龙 江	Heilongjiang	2920	13723	724475
上 海	Shanghai	13636	74313	6536746
江 苏	Jiangsu	95240	473791	21837667
浙 江	Zhejiang	98501	423060	13414951
安 徽	Anhui	25799	115885	5859067
福 建	Fujian	21689	116320	5987556
江 西	Jiangxi	18645	79088	3333370
山 东	Shandong	45250	182024	12075205
河 南	Henan	23810	130434	6255498
湖 北	Hubei	17424	106699	5948082
湖 南	Hunan	21212	96338	6468257
广 东	Guangdong	106340	603855	23757546
广 西	Guangxi	3937	20466	1078997
海 南	Hainan	549	1614	113222
重 庆	Chongqing	14001	57330	3528801
四 川	Sichuan	17461	71140	3745081
贵 州	Guizhou	3850	20980	909088
云 南	Yunnan	6286	26995	1307802
西 藏	Tibet	46	241	6095
陕 西	Shaanxi	6098	39458	2425577
甘 肃	Gansu	1705	7829	443073
青 海	Qinghai	451	2153	103825
宁 夏	Ningxia	1789	7415	415672
新 疆	Xinjiang	1069	4220	398311

2-17 按企业规模及登记注册类型分规上工业企业办研发机构情况(2019年)
R&D Institutions in Industrial Enterprises above Designated Size by Scale and Registration Status(2019)

注册类型	Type of Registration	机构数(个) Institutions (unit)	机构人员(人) Personnel (person)	#博士和硕士 Doctor and Master	机构经费支出(万元) Expenditure on S&T Institutions (10 000 yuan)	仪器和设备原价(万元) Equipment (10 000 yuan)
总　计	**Total**	**95459**	**3416317**	**429844**	**121754828**	**94245107**
#大型企业	Large-sized Industrial Enterprises	7368	1387801	268209	68092110	39095016
中型企业	Medium-sized Industrial Enterprises	18171	894362	78451	25368832	27278048
内资企业	**Domestic Funded**	**82176**	**2672272**	**357027**	**95145340**	**73495534**
国有企业	State-owned Enterprises	213	21272	5403	534472	1088722
集体企业	Collective-owned Enterprises	82	1218	91	35185	32117
股份合作企业	Cooperative Enterprises	123	2286	82	48080	57422
联营企业	Joint Ownership Enterprises	7	153	3	3382	801
国有联营企业	State Joint Ownership Enterprises	2	36		335	119
集体联营企业	Collective Joint Ownership Enterprises	3	34	3	765	229
国有与集体联营企业	Joint State-collective Enterprises					
其他联营企业	Other Joint Ownership Enterprises	2	83		2282	453
有限责任公司	Limited Liability Corporations	18562	887701	162751	40019178	31711451
国有独资公司	State Sole Funded Corporations	1160	115837	26185	5659458	5005861
其他有限责任公司	Other Limited Liability Corporations	17402	771864	136566	34359720	26705589
股份有限公司	Share-holding Corporations Ltd.	7210	546563	106729	20110427	13044155
私营企业	Private Enterprises	55975	1210003	81391	34364032	27506873
私营独资企业	Private-funded Enterprises	791	6342	326	195225	86415
私营合伙企业	Private Partnership Enterprises	84	776	22	15479	8160
私营有限责任公司	Private Limited Liability Corporations	50891	1030155	62880	28661991	23908134
私营股份有限公司	Private Share-holding Corporations Ltd.	4209	172730	18163	5491338	3504164
其他企业	Other Enterprises	4	3076	577	30585	53993
港澳台商投资企业	**Enterprises with Funds from Hong Kong, Macau and Taiwan**	**6763**	**387441**	**28778**	**11460124**	**9703657**
与港澳台商合资经营企业	Joint-venture Enterprises with Funds from Hong Kong, Macau and Taiwan	2151	117586	9951	4128776	3266931
与港澳台商合作经营企业	Cooperative Enterprises with Funds from Hong Kong, Macau and Taiwan	88	2928	105	80327	47941
港澳台商独资经营企业	Enterprises with Sole Funds from Hong Kong, Macau and Taiwan	4195	236400	15889	6525392	5337846
港澳台商投资股份有限公司	Share-holding Corporations Ltd. with Funds from Hong Kong, Macau and Taiwan	273	28331	2748	678524	1017267
外商投资企业	**Foreign Funded Enterprises**	**6520**	**356604**	**44039**	**15149364**	**11045916**
中外合资经营企业	Joint-venture Enterprises	2467	154452	24978	8498599	5375294
中外合作经营	Cooperation Enterprises	72	3732	292	149393	106337
外资企业	Enterprises with Sole Foreign Funds	3689	177365	16361	5704187	4984236
外商投资股份有限公司	Share-holding Corporations Ltd. with Foreign Funds	199	16215	2084	654970	499221

2-18 按行业分规上工业企业办研发机构情况(2019年)
R&D Institutions in Industrial Enterprises above Designated Size by Industrial Sector(2019)

行 业	Industry	机构数(个) Institutions (unit)	机构人员(人) Personnel (person)	#博士和硕士 Doctor and Master	机构经费支出(万元) Expenditure on S&T Institutions (10 000 yuan)	仪器和设备原价(万元) Equipment (10 000 yuan)
总 计	**Total**	**95459**	**3416317**	**429844**	**121754828**	**94245107**
煤炭开采和洗选业	Mining and Washing of Coal	152	13254	2013	213642	269124
石油和天然气开采业	Extraction of Petroleum and Natural Gas	85	23249	7157	807798	439278
黑色金属矿采选业	Mining and Processing of Ferrous Metal Ores	55	2894	552	92761	116343
有色金属矿采选业	Mining and Processing of Non-Ferrous Metal Ores	99	3745	246	98290	138592
非金属矿采选业	Mining and Processing of Non-metal Ores	207	3181	203	78595	136446
农副食品加工业	Processing of Food from Agricultural Products	2670	46230	6377	1433975	1077273
食品制造业	Manufacture of Foods	1689	43686	5421	1141166	1323953
酒、饮料和精制茶制造业	Manufacture of Liquor, Beverages and Refined Tea	962	27074	2671	741374	682495
烟草制品业	Manufacture of Tobacco	54	3420	1356	369374	477634
纺织业	Manufacture of Textile	3621	82250	2851	1793670	1434080
纺织服装、服饰业	Manufacture of Textile,Wearing Apparel and Accessories	1667	38391	1205	758624	471336
皮革、毛皮、羽毛及其制品和制鞋业	Manufacture of Leather, Fur, Feather and Related Products and Footwear	1298	28303	476	522534	230665
木材加工和木、竹、藤、棕、草制品业	Processing of Timbers and Manufacture of Wood, Bamboo,Rattan, Palm and Straw Products	935	13932	661	363291	335758
家具制造业	Manufacture of Furniture	1261	34692	958	727765	319903
造纸和纸制品业	Manufacture of Paper and Paper Products	1183	35550	1086	1240576	985446
印刷和记录媒介复制业	Printing and Reproduction of Recording Media	1095	26624	887	583900	738738
文教、工美、体育和娱乐用品制造业	Manufacture of Articles for Culture, Education, Arts and Crafts, Sport and Entertainment Activities	1970	47789	1455	885765	509289
石油、煤炭及其他燃料加工业	Processing of Petroleum, Coal and Other Fuels	383	16271	1963	1193194	1538892
化学原料和化学制品制造业	Manufacture of Raw Chemical Materials and Chemical Products	6774	163976	20412	6136147	10271284
医药制造业	Manufacture of Medicines	3410	144469	34361	6042589	4206705
化学纤维制造业	Manufacture of Chemical Fibres	614	25832	1412	1170962	1116527
橡胶和塑料制品业	Manufacture of Rubber and Plastics Products	4976	121031	6049	3016512	3156025
非金属矿物制品业	Manufacture of Non-metallic Mineral Products	5103	114769	7152	3107934	3408977
黑色金属冶炼和压延加工业	Smelting and Pressing of Ferrous Metals	1020	62250	5210	5165818	3701203
有色金属冶炼和压延加工业	Smelting and Pressing of Non-Ferrous Metals	1961	63050	5278	2778495	2396732
金属制品业	Manufacture of Metal Products	6077	144657	7473	3566858	3515916
通用设备制造业	Manufacture of General Purpose Machinery	8480	251640	23079	6757343	6065840
专用设备制造业	Manufacture of Special Purpose Machinery	7300	227116	28392	6188844	4248741
汽车制造业	Manufacture of Automobiles	4565	278563	41454	14445035	9107548
铁路、船舶、航空航天和其他运输设备制造业	Manufacture of Railway, Ship, Aerospace and Other Transport Equipments	1472	95350	17942	3061660	3322886
电气机械和器材制造业	Manufacture of Electrical Machinery and Apparatus	10773	382162	36527	12152521	11549920
计算机、通信和其他电子设备制造业	Manufacture of Computer, Communication and Other Electronic Equipment	9603	713463	137422	31570633	13334372
仪器仪表制造业	Manufacture of Measuring Instrument and Machinery	2376	89794	11753	2187193	1259435
其他制造业	Other Manufacture	445	13126	1261	323624	317740
金属制品、机械和设备修理业	Repaire Service of Metal Products, Machinery and Equipment	89	5004	632	101774	104404
电力、热力生产和供应业	Production and Supply of Electric Power and Heat Power	465	16036	4880	480301	1495065
燃气生产和供应业	Production and Supply of Gas	107	3820	273	119192	99283
水的生产和供应业	Production and Supply of Water	160	2961	543	96398	109726

2-19 各地区规上工业企业办研发机构情况(2019年)
R&D Institutions in Industrial Enterprises above Designated Size by Region(2019)

地区	Region	机构数(个) Institutions (unit)	机构人员(人) Personnel (person)	#博士和硕士 Doctor and Master	机构经费支出(万元) Expenditure on S&T Institutions (10 000 yuan)	仪器和设备原价(万元) Equipment (10 000 yuan)
全国	**National Total**	**95459**	**3416317**	**429844**	**121754828**	**94245107**
东部地区	Eastern Region	72380	2557461	305737	92657066	66520844
中部地区	Middle Region	16666	535457	73007	17278333	17107845
西部地区	Western Region	5488	255073	37926	8285386	8020778
东北地区	Northeast Region	925	68326	13174	3534043	2595640
北京	Beijing	508	43260	14106	2462377	1281320
天津	Tianjin	515	34410	6077	1099561	965911
河北	Hebei	2154	93942	9373	3380991	2166859
山西	Shanxi	486	30886	4434	829191	1479289
内蒙古	Inner Mongolia	143	12286	1834	310643	335829
辽宁	Liaoning	591	36140	6470	1294255	1314238
吉林	Jilin	164	16430	3712	1722377	727763
黑龙江	Heilongjiang	170	15756	2992	517411	553639
上海	Shanghai	695	72886	23816	5229835	3245530
江苏	Jiangsu	23015	557433	56508	19136367	15629817
浙江	Zhejiang	13850	453819	30751	12898512	8336365
安徽	Anhui	5874	143596	17511	4483381	5027119
福建	Fujian	1879	92984	8679	2811823	2486557
江西	Jiangxi	3757	98622	7686	3344295	2326650
山东	Shandong	3822	170383	26322	6436595	10815470
河南	Henan	2141	94923	12306	2643176	2475129
湖北	Hubei	2340	95620	16024	3510741	2925047
湖南	Hunan	2068	71810	15046	2467549	2874612
广东	Guangdong	25891	1036250	129870	39134795	21562393
广西	Guangxi	323	16583	2066	637444	509960
海南	Hainan	51	2094	235	66210	30622
重庆	Chongqing	1131	49255	6351	1869942	1307415
四川	Sichuan	1497	75522	11223	2437090	2092417
贵州	Guizhou	590	18993	1874	499517	635742
云南	Yunnan	538	16085	1792	664252	613295
西藏	Tibet	5	45	6	1383	1410
陕西	Shaanxi	623	36147	7761	1063469	1496139
甘肃	Gansu	189	11309	1681	140396	261973
青海	Qinghai	47	2366	344	47868	163625
宁夏	Ningxia	268	8667	827	245731	354776
新疆	Xinjiang	134	7815	2167	367652	248199

2-20 按企业规模及登记注册类型分规上工业企业新产品开发和销售(2019年)
New Products Development and Sale of Industrial Enterprises above Designated Size by Scale and Registration Status (2019)

单位：万元 (10 000 yuan)

注册类型	Type of Registration	新产品开发项目数(项) New Products (unit)	新产品开发经费支出 Expenditure on New Products Development	新产品销售收入 Sales Revenue of New Products	#出口 Exports
总　计	**Total**	**671799**	**169857185**	**2120602638**	**392692888**
#大型企业	Large-sized Industrial Enterprises	101093	81270224	1184362707	263879813
中型企业	Medium-sized Industrial Enterprises	151965	39054557	476535887	77385250
内资企业	**Domestic Funded**	**568733**	**133642655**	**1557714924**	**217761381**
国有企业	State-owned Enterprises	3494	935778	14709021	202665
集体企业	Collective-owned Enterprises	373	68050	475073	12183
股份合作企业	Cooperative Enterprises	808	76187	830617	65488
联营企业	Joint Ownership Enterprises	28	4825	19099	2053
国有联营企业	State Joint Ownership Enterprises	7	688	4177	2053
集体联营企业	Collective Joint Ownership Enterprises	14	1219	6480	
国有与集体联营企业	Joint State-collective Enterprises	1	272	6413	
其他联营企业	Other Joint Ownership Enterprises	6	2646	2029	
有限责任公司	Limited Liability Corporations	156913	54394710	591689881	78517044
国有独资公司	State Sole Funded Corporations	16980	7616360	102803036	9879412
其他有限责任公司	Other Limited Liability Corporations	139933	46778350	488886846	68637632
股份有限公司	Share-holding Corporations Ltd.	68678	24090703	307938791	45050062
私营企业	Private Enterprises	338247	53896801	639791719	93368828
私营独资企业	Private-funded Enterprises	2106	365959	2420057	159032
私营合伙企业	Private Partnership Enterprises	279	42975	419550	17409
私营有限责任公司	Private Limited Liability Corporations	300194	46050404	546868621	76609204
私营股份有限公司	Private Share-holding Corporations Ltd.	35668	7437465	90083492	16583184
其他企业	Other Enterprises	192	175600	2260721	543058
港澳台商投资企业	**Enterprises with Funds from Hong Kong, Macau and Taiwan**	**48400**	**14875719**	**252177740**	**97354532**
与港澳台商合资经营企业	Joint-venture Enterprises with Funds from Hong Kong, Macau and Taiwan	17639	5385408	76087764	15256852
与港澳台商合作经营企业	Cooperative Enterprises with Funds from Hong Kong, Macau and Taiwan	485	141926	1572108	368765
港澳台商独资经营企业	Enterprises with Sole Funds from Hong Kong, Macau and Taiwan	27311	8240202	161478078	76799949
港澳台商投资股份有限公司	Share-holding Corporations Ltd. with Funds from Hong Kong, Macau and Taiwan	2625	1046394	12271956	4660579
外商投资企业	**Foreign Funded Enterprises**	**54666**	**21338811**	**310709974**	**77576975**
中外合资经营企业	Joint-venture Enterprises	24142	10966505	181688433	22534799
中外合作经营	Cooperation Enterprises	585	238222	4251726	1861806
外资企业	Enterprises with Sole Foreign Funds	27168	9124686	110148256	50287071
外商投资股份有限公司	Share-holding Corporations Ltd. with Foreign Funds	2149	773956	10921213	2289794

2-21 按行业分规上工业企业新产品开发和销售(2019年)
New Products Development and Sale of Industrial Enterprises above Designated Size by Industrial Sector (2019)

单位：万元 (10 000 yuan)

行业	Industry	新产品开发项目数(项) New Products (unit)	新产品开发经费支出 Expenditure on New Products Development	新产品销售收入 Sales Revenue of New Products	#出口 Exports
总　计	**Total**	**671799**	**169857185**	**2120602638**	**392692888**
煤炭开采和洗选业	Mining and Washing of Coal	1219	467256	5586542	1486275
石油和天然气开采业	Extraction of Petroleum and Natural Gas	630	237280	2257449	
黑色金属矿采选业	Mining and Processing of Ferrous Metal Ores	355	102199	835078	
有色金属矿采选业	Mining and Processing of Non-Ferrous Metal Ores	429	107003	2067434	5146
非金属矿采选业	Mining and Processing of Non-metal Ores	603	133837	1440718	34894
农副食品加工业	Processing of Food from Agricultural Products	13771	2917579	32030000	1870546
食品制造业	Manufacture of Foods	10861	1956976	18072561	1685006
酒、饮料和精制茶制造业	Manufacture of Liquor, Beverages and Refined Tea	4731	1094598	13727373	427668
烟草制品业	Manufacture of Tobacco	1404	293783	9085920	168211
纺织业	Manufacture of Textile	16792	2996885	37490323	8228462
纺织服装、服饰业	Manufacture of Textile,Wearing Apparel and Accessori	6968	1263798	16749369	4506225
皮革、毛皮、羽毛及其制品和制鞋业	Manufacture of Leather, Fur, Feather and Related Products and Footwear	5460	962667	11091906	2974744
木材加工和木、竹、藤、棕、草制品业	Processing of Timbers and Manufacture of Wood, Bamboo,Rattan, Palm and Straw Products	3715	678021	6798559	1095529
家具制造业	Manufacture of Furniture	7323	1014522	12768723	3981195
造纸和纸制品业	Manufacture of Paper and Paper Products	7232	1841321	29512526	1846276
印刷和记录媒介复制业	Printing and Reproduction of Recording Media	5916	965199	12103803	1603035
文教、工美、体育和娱乐用品制造业	Manufacture of Articles for Culture, Education, Arts and Crafts, Sport and Entertainment Activities	10356	1478514	16174316	6089282
石油、煤炭及其他燃料加工业	Processing of Petroleum, Coal and Other Fuels	2626	1222223	31879700	2994293
化学原料和化学制品制造业	Manufacture of Raw Chemical Materials and Chemical Products	42578	8783712	118385427	11371434
医药制造业	Manufacture of Medicines	36098	7325193	66734599	5537530
化学纤维制造业	Manufacture of Chemical Fibres	4032	1607881	28412217	2434445
橡胶和塑料制品业	Manufacture of Rubber and Plastics Products	30664	4639817	55264639	10681205
非金属矿物制品业	Manufacture of Non-metallic Mineral Products	26952	5543097	61740472	5739006
黑色金属冶炼和压延加工业	Smelting and Pressing of Ferrous Metals	11145	9559300	105635969	7810864
有色金属冶炼和压延加工业	Smelting and Pressing of Non-Ferrous Metals	11843	4280599	79519573	4921920
金属制品业	Manufacture of Metal Products	36399	5723342	62784691	10492486
通用设备制造业	Manufacture of General Purpose Machinery	64452	10278695	117112624	16952769
专用设备制造业	Manufacture of Special Purpose Machinery	57743	9698820	89600083	11862951
汽车制造业	Manufacture of Automobiles	45188	17351599	278720533	12760143
铁路、船舶、航空航天和其他运输设备制造业	Manufacture of Railway, Ship, Aerospace and Other Transport Equipments	15744	5418863	65595103	13550414
电气机械和器材制造业	Manufacture of Electrical Machinery and Apparatus	78462	17644378	243040112	51763381
计算机、通信和其他电子设备制造业	Manufacture of Computer, Communication and Other Electronic Equipment	76274	36778181	441509516	181935899
仪器仪表制造业	Manufacture of Measuring Instrument and Machinery	21452	3227817	23993364	3696200
其他制造业	Other Manufacture	2868	433953	3540521	787251
金属制品、机械和设备修理业	Repaire Service of Metal Products, Machinery and Equipment	1035	231609	3251922	984486
电力、热力生产和供应业	Production and Supply of Electric Power and Heat Power	5153	913684	4257914	32413
燃气生产和供应业	Production and Supply of Gas	658	127986	5655524	101
水的生产和供应业	Production and Supply of Water	592	111764	793400	1690

2-22 各地区规上工业企业新产品开发和销售(2019年)
New Products Development and Sale of Industrial Enterprise above Designated Size by Region (2019)

单位：万元 (10 000 yuan)

地区	Region	新产品开发项目数(项) New Products (unit)	新产品开发经费支出 Expenditure on New Products Development	新产品销售收入 Sales Revenue of New Products	#出口 Exports
全国	**National Total**	**671799**	**169857185**	**2120602638**	**392692888**
东部地区	Eastern Region	480725	117439218	1442268208	313414514
中部地区	Middle Region	111216	30664556	426173416	54818581
西部地区	Western Region	60477	15814831	175712870	19043510
东北地区	Northeast Region	19381	5938579	76448144	5416282
北京	Beijing	12142	4244502	52201988	7067372
天津	Tianjin	12714	2120384	38466201	6011798
河北	Hebei	14913	5046187	64847324	5989527
山西	Shanxi	4778	1403231	19892632	3957160
内蒙古	Inner Mongolia	1996	925345	11274431	648009
辽宁	Liaoning	12212	3420219	42835981	4266630
吉林	Jilin	3511	1769661	26275923	872324
黑龙江	Heilongjiang	3658	748699	7336240	277328
上海	Shanghai	20836	8516190	101409491	14115390
江苏	Jiangsu	95797	27013149	301019390	79560207
浙江	Zhejiang	110063	15316802	260993704	51421463
安徽	Anhui	27734	6192560	96985530	10627065
福建	Fujian	22275	5806318	57893119	14192569
江西	Jiangxi	20589	4584841	63281504	8088637
山东	Shandong	44196	10566243	134800845	16575057
河南	Henan	19035	4980837	67883527	21330159
湖北	Hubei	17737	6909409	97076662	5737351
湖南	Hunan	21343	6593679	81053560	5078210
广东	Guangdong	146954	38649832	429700648	118461382
广西	Guangxi	4846	1445180	18382401	1337034
海南	Hainan	835	159612	935498	19751
重庆	Chongqing	14274	3421298	43654109	8924154
四川	Sichuan	17648	4030592	42118322	4149003
贵州	Guizhou	4235	856777	8188302	417413
云南	Yunnan	5661	1227702	9395451	382403
西藏	Tibet	39	6657	230104	
陕西	Shaanxi	7595	2654451	25660429	1721383
甘肃	Gansu	1458	457278	5527138	647734
青海	Qinghai	259	91755	1233887	15972
宁夏	Ningxia	1448	310908	4476886	205480
新疆	Xinjiang	1018	386888	5571410	594923

2-23 按企业规模及登记注册类型分规上工业企业专利(2019年)

Statistics on Patent of Industrial Enterprises above Designated Size by Scale and Registration Status (2019)

单位：件 (piece)

注册类型	Type of Registration	专利申请数 Patent Applications	#发明专利 Inventions	有效发明专利数 Inventions in Force
总 计	**Total**	**1059808**	**398802**	**1218074**
#大型企业	Large-sized Industrial Enterprises	355360	191078	518778
中型企业	Medium-sized Industrial Enterprises	218956	76676	241693
内资企业	**Domestic Funded**	**912864**	**343664**	**1028567**
国有企业	State-owned Enterprises	11750	6391	14497
集体企业	Collective-owned Enterprises	352	108	320
股份合作企业	Cooperative Enterprises	673	155	739
联营企业	Joint Ownership Enterprises	30	6	33
国有联营企业	State Joint Ownership Enterprises	3	1	22
集体联营企业	Collective Joint Ownership Enterprises	17	5	11
国有与集体联营企业	Joint State-collective Enterprises	9		
其他联营企业	Other Joint Ownership Enterprises	1		
有限责任公司	Limited Liability Corporations	302457	140515	394039
国有独资公司	State Sole Funded Corporations	50486	25683	58329
其他有限责任公司	Other Limited Liability Corporations	251971	114832	335710
股份有限公司	Share-holding Corporations Ltd.	150246	68666	226204
私营企业	Private Enterprises	447064	127651	392406
私营独资企业	Private-funded Enterprises	948	272	674
私营合伙企业	Private Partnership Enterprises	172	51	39
私营有限责任公司	Private Limited Liability Corporations	383491	104800	322362
私营股份有限公司	Private Share-holding Corporations Ltd.	62453	22528	69331
其他企业	Other Enterprises	292	172	329
港澳台商投资企业	**Enterprises with Funds from Hong Kong, Macau and Taiwan**	**70919**	**25564**	**93651**
与港澳台商合资经营企业	Joint-venture Enterprises with Funds from Hong Kong, Macau and Taiwan	26670	9354	33837
与港澳台商合作经营企业	Cooperative Enterprises with Funds from Hong Kong, Macau and Taiwan	680	123	657
港澳台商独资经营企业	Enterprises with Sole Funds from Hong Kong, Macau and Taiwan	40199	14899	52504
港澳台商投资股份有限公司	Share-holding Corporations Ltd. with Funds from Hong Kong, Macau and Taiwan	3007	1122	6308
外商投资企业	**Foreign Funded Enterprises**	**76025**	**29574**	**95856**
中外合资经营企业	Joint-venture Enterprises	37195	15453	43804
中外合作经营	Cooperation Enterprises	825	256	745
外资企业	Enterprises with Sole Foreign Funds	32208	11603	43188
外商投资股份有限公司	Share-holding Corporations Ltd. with Foreign Funds	4816	1943	6671

2-24 按行业分规上工业企业专利(2019年)
Statistics on Patent of Industrial Enterprises above Designated Size by Industrial Sector (2019)

单位：件 (piece)

行业	Industry	专利申请数 Patent Applications	#发明专利 Inventions	有效发明专利数 Inventions In Force
总计	**Total**	**1059808**	**398802**	**1218074**
煤炭开采和洗选业	Mining and Washing of Coal	3547	926	3442
石油和天然气开采业	Extraction of Petroleum and Natural Gas	4069	1884	3806
黑色金属矿采选业	Mining and Processing of Ferrous Metal Ores	705	326	1359
有色金属矿采选业	Mining and Processing of Non-Ferrous Metal Ores	1030	288	994
非金属矿采选业	Mining and Processing of Non-metal Ores	702	181	781
农副食品加工业	Processing of Food from Agricultural Products	11441	3710	10805
食品制造业	Manufacture of Foods	9989	3647	12303
酒、饮料和精制茶制造业	Manufacture of Liquor, Beverages and Refined Tea	4834	1345	4428
烟草制品业	Manufacture of Tobacco	4940	1887	4454
纺织业	Manufacture of Textile	16410	4480	11897
纺织服装、服饰业	Manufacture of Textile,Wearing Apparel and Accessories	6814	1536	4462
皮革、毛皮、羽毛及其制品和制鞋业	Manufacture of Leather, Fur, Feather and Related Products and Footwear	5239	962	2556
木材加工和木、竹、藤、棕、草制品业	Processing of Timbers and Manufacture of Wood, Bamboo,Rattan, Palm and Straw Products	4388	1144	3236
家具制造业	Manufacture of Furniture	11928	1738	7178
造纸和纸制品业	Manufacture of Paper and Paper Products	8002	1880	6608
印刷和记录媒介复制业	Printing and Reproduction of Recording Media	7392	1780	6462
文教、工美、体育和娱乐用品制造业	Manufacture of Articles for Culture, Education, Arts and Crafts, Sport and Entertainment Activities	15983	2611	10041
石油、煤炭及其他燃料加工业	Processing of Petroleum, Coal and Other Fuels	3277	1187	5096
化学原料和化学制品制造业	Manufacture of Raw Chemical Materials and Chemical Products	43817	19338	65333
医药制造业	Manufacture of Medicines	23400	11883	47910
化学纤维制造业	Manufacture of Chemical Fibres	3290	1095	4067
橡胶和塑料制品业	Manufacture of Rubber and Plastics Products	34308	8857	33206
非金属矿物制品业	Manufacture of Non-metallic Mineral Products	35527	10147	31743
黑色金属冶炼和压延加工业	Smelting and Pressing of Ferrous Metals	17474	6912	18331
有色金属冶炼和压延加工业	Smelting and Pressing of Non-Ferrous Metals	15599	5239	18271
金属制品业	Manufacture of Metal Products	46181	11308	43567
通用设备制造业	Manufacture of General Purpose Machinery	95039	28030	91608
专用设备制造业	Manufacture of Special Purpose Machinery	94361	31043	107509
汽车制造业	Manufacture of Automobiles	70247	19955	62403
铁路、船舶、航空航天和其他运输设备制造业	Manufacture of Railway, Ship, Aerospace and Other Transport Equipments	28547	12718	38628
电气机械和器材制造业	Manufacture of Electrical Machinery and Apparatus	157224	51867	143142
计算机、通信和其他电子设备制造业	Manufacture of Computer, Communication and Other Electronic Equipment	204836	120512	340117
仪器仪表制造业	Manufacture of Measuring Instrument and Machinery	30626	11051	31435
其他制造业	Other Manufacture	4400	1511	5088
金属制品、机械和设备修理业	Repaire Service of Metal Products, Machinery and Equipment	1325	454	1540
电力、热力生产和供应业	Production and Supply of Electric Power and Heat Power	27165	13313	27078
燃气生产和供应业	Production and Supply of Gas	814	231	532
水的生产和供应业	Production and Supply of Water	1135	375	1070

2-25 各地区规上工业企业专利(2019年)
Statistics on Patent of Industrial Enterprises above Designated Size by Region (2019)

单位：件 (piece)

地区	Region	专利申请数 Patent Applications	#发明专利 Inventions	有效发明专利数 Inventions in Force
全国	**National Total**	**1059808**	**398802**	**1218074**
东部地区	Eastern Region	753199	282794	880801
中部地区	Middle Region	185980	69742	184632
西部地区	Western Region	96141	36825	118708
东北地区	Northeast Region	24488	9441	33933
北京	Beijing	22552	11543	48656
天津	Tianjin	15634	4676	20856
河北	Hebei	21570	8431	21487
山西	Shanxi	6201	2543	8619
内蒙古	Inner Mongolia	5064	2050	5491
辽宁	Liaoning	13783	4995	22848
吉林	Jilin	6256	2386	4853
黑龙江	Heilongjiang	4449	2060	6232
上海	Shanghai	35326	15239	53559
江苏	Jiangsu	175906	57429	180893
浙江	Zhejiang	114326	30914	75770
安徽	Anhui	55520	22975	54798
福建	Fujian	37196	11025	34668
江西	Jiangxi	27813	5768	13328
山东	Shandong	57339	21948	67896
河南	Henan	30397	8734	30245
湖北	Hubei	35149	16366	38000
湖南	Hunan	30900	13356	39642
广东	Guangdong	272616	121320	375515
广西	Guangxi	6373	2634	8176
海南	Hainan	734	269	1501
重庆	Chongqing	16650	5565	18281
四川	Sichuan	29678	11250	39658
贵州	Guizhou	6919	2985	7740
云南	Yunnan	7611	2665	10131
西藏	Tibet	51	32	156
陕西	Shaanxi	12797	5593	18774
甘肃	Gansu	3393	1292	3413
青海	Qinghai	1088	438	760
宁夏	Ningxia	2885	1087	2777
新疆	Xinjiang	3632	1234	3351

2-26 按企业规模及登记注册类型分规上工业企业技术获取和技术改造(2019年)

Technology Acquisition and Renovation of Industrial Enterprises above Designated Size by Scale and Registration Status (2019)

单位：万元 (10 000 yuan)

注册类型	Type of Registration	引进技术经费支出 Expenditure for Acquisition of Foreign Technology	消化吸收经费支出 Expenditure for Assimilation of Technology	购买境内技术经费支出 Expenditure for Purchase of Domestic Technology	技术改造经费支出 Expenditure for Technical Renovation
总　计	**Total**	**4766901**	**967692**	**5374093**	**37401531**
#大型企业	Large-sized Industrial Enterprises	4264010	886451	4656270	27914272
中型企业	Medium-sized Industrial Enterprises	360993	61984	432863	5335797
内资企业	**Domestic Funded**	**2057486**	**141764**	**4894850**	**31182278**
国有企业	State-owned Enterprises	279	77	4100	755416
集体企业	Collective-owned Enterprises			50	9698
股份合作企业	Cooperative Enterprises			63	6907
联营企业	Joint Ownership Enterprises			9	392
国有联营企业	State Joint Ownership Enterprises				
集体联营企业	Collective Joint Ownership Enterprises				346
国有与集体联营企业	Joint State-collective Enterprises				
其他联营企业	Other Joint Ownership Enterprises			9	46
有限责任公司	Limited Liability Corporations	1026007	66885	1662506	17290296
国有独资公司	State Sole Funded Corporations	682182	8278	773746	8452500
其他有限责任公司	Other Limited Liability Corporations	343825	58607	888760	8837795
股份有限公司	Share-holding Corporations Ltd.	265440	40787	607365	7182230
私营企业	Private Enterprises	765646	34017	2619216	5909051
私营独资企业	Private-funded Enterprises	40		332	19636
私营合伙企业	Private Partnership Enterprises			112	8868
私营有限责任公司	Private Limited Liability Corporations	741596	26209	2413006	4987527
私营股份有限公司	Private Share-holding Corporations Ltd.	24010	7808	205766	893021
其他企业	Other Enterprises	114		1542	28289
港澳台商投资企业	**Enterprises with Funds from Hong Kong, Macau and Taiwan**	**92448**	**26255**	**222389**	**2430982**
与港澳台商合资经营企业	Joint-venture Enterprises with Funds from Hong Kong, Macau and Taiwan	39309	8614	128282	979361
与港澳台商合作经营企业	Cooperative Enterprises with Funds from Hong Kong, Macau and Taiwan			60	13372
港澳台商独资经营企业	Enterprises with Sole Funds from Hong Kong, Macau and Taiwan	51310	2349	86179	1286911
港澳台商投资股份有限公司	Share-holding Corporations Ltd. with Funds from Hong Kong, Macau and Taiwan	1531	15292	7535	143253
外商投资企业	**Foreign Funded Enterprises**	**2616968**	**799672**	**256854**	**3788272**
中外合资经营企业	Joint-venture Enterprises	2179962	762695	179239	2575621
中外合作经营	Cooperation Enterprises	200	25	896	24038
外资企业	Enterprises with Sole Foreign Funds	418116	36669	49678	846632
外商投资股份有限公司	Share-holding Corporations Ltd. with Foreign Funds	11693	283	26234	298058

2-27 按行业分规上工业企业技术获取和技术改造(2019年)
Technology Acquisition and Renovation of Industrial Enterprises above Designated Size by Industrial Sector (2019)

单位：万元 (10 000 yuan)

行业	Industry	引进技术经费支出 Expenditure for Acquisition of Foreign Technology	消化吸收经费支出 Expenditure for Assimilation of Technology	购买境内技术经费支出 Expenditure for Purchase of Domestic Technology	技术改造经费支出 Expenditure for Technical Renovation
总　计	**Total**	**4766901**	**967692**	**5374093**	**37401531**
煤炭开采和洗选业	Mining and Washing of Coal	16608	4902	11417	917672
石油和天然气开采业	Extraction of Petroleum and Natural Gas			7288	74234
黑色金属矿采选业	Mining and Processing of Ferrous Metal Ores			1350	39604
有色金属矿采选业	Mining and Processing of Non-Ferrous Metal Ores			668	80948
非金属矿采选业	Mining and Processing of Non-metal Ores	415		399	44890
农副食品加工业	Processing of Food from Agricultural Products	2085	1196	14521	296368
食品制造业	Manufacture of Foods	35101	15331	20784	384244
酒、饮料和精制茶制造业	Manufacture of Liquor, Beverages and Refined Tea	3442	1043	9838	355296
烟草制品业	Manufacture of Tobacco	82740	530	306306	830311
纺织业	Manufacture of Textile	8522	2142	42734	366285
纺织服装、服饰业	Manufacture of Textile,Wearing Apparel and Accessories	1220	2102	7142	91194
皮革、毛皮、羽毛及其制品和制鞋业	Manufacture of Leather, Fur, Feather and Related Products and Footwear	176	11	1827	29840
木材加工和木、竹、藤、棕、草制品业	Processing of Timbers and Manufacture of Wood, Bamboo,Rattan, Palm and Straw Products	431	636	693	44114
家具制造业	Manufacture of Furniture	685		1853	84803
造纸和纸制品业	Manufacture of Paper and Paper Products	5482	4609	5911	285826
印刷和记录媒介复制业	Printing and Reproduction of Recording Media	17506		25470	281134
文教、工美、体育和娱乐用品制造业	Manufacture of Articles for Culture, Education, Arts and Crafts, Sport and Entertainment Activities	4114	2045	11380	120448
石油、煤炭及其他燃料加工业	Processing of Petroleum, Coal and Other Fuels	42870	10832	98290	1883082
化学原料和化学制品制造业	Manufacture of Raw Chemical Materials and Chemical Products	115317	12548	79207	2176946
医药制造业	Manufacture of Medicines	43147	22595	256336	1018337
化学纤维制造业	Manufacture of Chemical Fibres	2216	200	26926	219728
橡胶和塑料制品业	Manufacture of Rubber and Plastics Products	73917	3604	45673	726204
非金属矿物制品业	Manufacture of Non-metallic Mineral Products	14284	1404	41742	943789
黑色金属冶炼和压延加工业	Smelting and Pressing of Ferrous Metals	117487	7809	610571	7136961
有色金属冶炼和压延加工业	Smelting and Pressing of Non-Ferrous Metals	24057	1131	56943	1274091
金属制品业	Manufacture of Metal Products	18084	5567	38605	731576
通用设备制造业	Manufacture of General Purpose Machinery	163763	36677	73148	1056783
专用设备制造业	Manufacture of Special Purpose Machinery	64156	10613	37300	714138
汽车制造业	Manufacture of Automobiles	2690197	728108	483588	6919737
铁路、船舶、航空航天和其他运输设备制造业	Manufacture of Railway, Ship, Aerospace and Other Transport Equipments	189671	6762	380735	964092
电气机械和器材制造业	Manufacture of Electrical Machinery and Apparatus	143899	20532	278982	1731796
计算机、通信和其他电子设备制造业	Manufacture of Computer, Communication and Other Electronic Equipment	853720	63806	2311066	3427936
仪器仪表制造业	Manufacture of Measuring Instrument and Machinery	12494	845	20250	159835
其他制造业	Other Manufacture	2	2	1782	97691
金属制品、机械和设备修理业	Repaire Service of Metal Products, Machinery and Equipment	2774	2	1653	19348
电力、热力生产和供应业	Production and Supply of Electric Power and Heat Power	15447	10	60296	1590148
燃气生产和供应业	Production and Supply of Gas	100	100	15	167556
水的生产和供应业	Production and Supply of Water			224	81219

2-28 各地区规上工业企业技术获取和技术改造(2019年)
Technology Acquisition and Renovation of Industrial Enterprises above Designated Size by Region(2019)

单位：万元 (10 000 yuan)

地区	Region	引进技术经费支出 Expenditure for Acquisition of Foreign Technology	消化吸收经费支出 Expenditure for Assimilation of Technology	购买境内技术经费支出 Expenditure for Purchase of Domestic Technology	技术改造经费支出 Expenditure for Technical Renovation
全国	**National Total**	**4766901**	**967692**	**5374093**	**37401531**
东部地区	Eastern Region	3621800	870224	4025585	18458378
中部地区	Middle Region	253946	48327	367668	7001413
西部地区	Western Region	309380	33658	499120	6702613
东北地区	Northeast Region	581774	15483	481721	5239127
北京	Beijing	190392	1413	116795	326716
天津	Tianjin	39051	872	14628	326552
河北	Hebei	24475	6922	68642	1048086
山西	Shanxi	19897	5378	18729	646952
内蒙古	Inner Mongolia	37822	15383	6767	217753
辽宁	Liaoning	91812	10825	213791	1012012
吉林	Jilin	482382		201313	3897277
黑龙江	Heilongjiang	7579	4658	66618	329838
上海	Shanghai	1422801	777264	422738	1960969
江苏	Jiangsu	206955	24992	163448	3562772
浙江	Zhejiang	94292	8496	247071	2033199
安徽	Anhui	24026	4386	56299	1952119
福建	Fujian	89385	13515	80834	1221036
江西	Jiangxi	26983	2632	120861	725241
山东	Shandong	128907	15200	307818	2316033
河南	Henan	13187	1319	89988	1062054
湖北	Hubei	48162	870	42960	1088146
湖南	Hunan	121692	33742	38832	1526901
广东	Guangdong	1425542	21551	2597363	5646327
广西	Guangxi	6729	402	19973	1748773
海南	Hainan			6248	16687
重庆	Chongqing	99016	4909	18198	723308
四川	Sichuan	63651	11404	86405	1111248
贵州	Guizhou	1216	81	124098	482822
云南	Yunnan	83298	1043	116745	699957
西藏	Tibet	72			11
陕西	Shaanxi	15241	437	36324	486569
甘肃	Gansu	1015		85538	518759
青海	Qinghai	866		105	70062
宁夏	Ningxia	15		1352	417002
新疆	Xinjiang	439	0	3615	226350

三、研究与开发机构
R&D Institutions

3-1 研究与开发机构基本情况
Basic Statistics on Scientific Research and Development Institutions

指　标	Item	2012	2013	2014	2015	2016	2017	2018	2019
机构基本情况	**Basic Statistics on Institutions**								
机构数（个）	Number of R&D Institutions(unit)	3674	3651	3677	3650	3611	3547	3306	3217
#中央属	Subordinated to Central Level	710	711	720	715	734	728	717	726
地方属	Subordinated to Local Level	2964	2940	2957	2935	2877	2819	2589	2491
研究与试验发展(R&D)投入情况	**Statistics on R&D Input**								
R&D人员（万人）	R&D Personnel(10 000 persons)	38.8	40.9	42.3	43.6	45.0	46.2	46.4	48.5
R&D人员全时当量（万人年）	Full-time Equivalent of R&D Personnel (10 000 man-year)	34.4	36.4	37.4	38.4	39.0	40.6	41.3	42.5
#基础研究	Basic Research	5.7	6.1	6.6	7.1	8.4	8.4	8.5	9.2
应用研究	Applied Research	12.1	13.0	12.8	13.1	12.7	14.3	14.8	14.8
试验发展	Experimental Development	16.5	17.3	18.0	18.1	17.9	17.8	18.0	18.4
R&D经费内部支出（亿元）	Intramural Expenditure on R&D (100 million yuan)	1548.9	1781.4	1926.2	2136.5	2260.2	2435.7	2698.4	3080.8
#基础研究	Basic Research	197.9	221.6	258.9	295.3	337.4	384.4	423.8	510.3
应用研究	Applied Research	469.3	525.8	552.9	618.4	642.1	699.4	797.6	933.6
试验发展	Experimental Development	881.7	1034.0	1114.4	1222.8	1280.7	1351.9	1476.9	1636.9
#政府资金	Government Funds	1292.7	1481.2	1581.0	1802.7	1851.6	2025.9	2284.9	2582.4
企业资金	Self-raised Funds by Enterprises	47.4	60.9	62.9	65.4	90.4	91.9	102.6	118.7
国外资金	Forein Funds	5.1	5.7	9.1	5.0	3.9	4.4	5.2	5
其他资金	Other Funds	203.8	233.5	273.8	263.4	314.2	313.6	305.6	374.7
研究与试验发展(R&D)项目(课题)情况	**Statistics on R&D Projects**								
R&D项目(课题)数（项）	R&D Projects(item)	79343	85069	91465	99559	100925	112472	117872	125642
R&D项目(课题)人员全时当量（万人年）	Participants(10 000 man-year)	31.1	32.7	34.0	34.9	34.4	35.9	36.8	37.8
R&D项目(课题)经费内部支出（亿元）	Intramural Expenditure (100 million yuan)	1078.3	1221.7	1272.7	1513.8	1592.5	1720.8	1930.2	2119.4
科技产出及成果情况	**Statistics on S&T Outputs and Results**								
发表科技论文(篇)	Scientific Papers Issued(piece)	158647	164440	171928	169989	175169	177572	176003	185978
#国外发表	Published in Foreign Periodicals	35173	41072	47032	47301	50010	54500	58440	64257
出版科技著作（种）	Publication on Science and Technology (kind)	4458	4619	5023	5662	5714	5459	5722	5469
专利申请数（件）	Number of Patent Applications(piece)	30418	37040	41966	46559	52331	56267	61404	67302
#发明专利	Inventions	23406	28628	32265	35092	39854	43426	47740	52185
专利授权数（件）	Number of Patent Grants(piece)	16551	20095	24870	30104	32442	35350	36778	38476
#发明专利	Inventions	10935	12542	15786	19720	21816	24283	23098	24486

3-2 按隶属关系和学科分研究与开发机构R&D人员(2019年)
R&D Personnel in R&D Institutions by Subordination and Subject (2019)

项 目	Item	机构数(个) R&D Institutions (unit)	R&D人员合计(人) R&D Personnel (person)	#女性 Female	#博士毕业 Doctor	#硕士毕业 Master	#本科毕业 Undergraduate
总 计		**3217**	**485322**	**163134**	**95919**	**179858**	**148762**
按隶属关系分组	**by Subordination**						
中央部门属	Subordinated to Central Level	726	370212	116045	77977	140254	106337
#中国科学院	Chinese Academy of Sciences	110	107162	40066	42789	31686	19919
地方部门属	Subordi-nated to Local Level	2491	115110	47089	17942	39604	42425
省级部门属	Provincial Level	1305	90260	38052	16530	32456	31090
副省级城市部门属	Sub-provincial Cities Level	125	3844	1477	438	1447	1420
地市级部门属	Miniciple Level	1051	20755	7454	894	5616	9852
按门类学科分组	**by Subject**						
自然科学	Natural sciences	256	87355	32591	34502	24899	18171
农业科学	Agricultural Sciences	1121	63806	24717	11586	20337	21223
医药科学	Medical Science	257	32090	18037	7814	10265	11028
工程与技术科学	Engineering and Technological Sciences	1009	284593	79809	36303	118743	93617
人文与社会科学	Humanities and Social Sciences	574	17478	7980	5714	5614	4723

项 目	Item	#全时人员 Full-time Personnel	R&D人员全时当量(人年) Full-time Equivalent of R&D Personnel (man-year)	#研究人员 Researchers	基础研究 Basic Research	应用研究 Applied Research	试验发展 Experimental Development
总 计		**380983**	**424640**	**306662**	**92129**	**148348**	**184163**
按隶属关系分组	**by Subordination**						
中央部门属	Subordinated to Central Level	303373	331666	242395	73988	118025	139653
#中国科学院	Chinese Academy of Sciences	70054	84419	63669	40170	37017	7232
地方部门属	Subordi-nated to Local Level	77610	92974	64267	18141	30323	44510
省级部门属	Provincial Level	60294	72649	49971	16795	26029	29825
副省级城市部门属	Sub-provincial Cities Level	2497	2947	1917	230	1010	1707
地市级部门属	Miniciple Level	14653	17186	12270	1054	3202	12930
按门类学科分组	**by Subject**						
自然科学	Natural sciences	57851	69980	52117	37624	23029	9327
农业科学	Agricultural Sciences	48612	54509	38966	9295	12721	32493
医药科学	Medical Science	20592	25948	17516	7985	13127	4836
工程与技术科学	Engineering and Technological Sciences	239896	258709	186429	31466	92180	135063
人文与社会科学	Humanities and Social Sciences	14032	15494	11634	5759	7291	2444

3-3 各地区研究与开发

R&D Personnel in R&D

地区	Region	机构数（个） R&D Institutions (unit)	R&D人员合计（人） R&D Personnel (person)	#女性 Female	#博士毕业 Doctor	#硕士毕业 Master
全国	**National Total**	**3217**	**485322**	**163134**	**95919**	**179858**
东部地区	Eastern Region	1364	270838	95305	68103	100581
中部地区	Middle Region	670	60484	18329	8046	23705
西部地区	Western Region	935	121760	38459	13191	44306
东北地区	Northeast Region	248	32240	11041	6579	11266
北京	Beijing	383	125390	47261	38930	45674
天津	Tianjin	57	9962	3450	1033	3448
河北	Hebei	74	11732	3259	834	4064
山西	Shanxi	143	5718	2227	506	2269
内蒙古	Inner Mongolia	87	3901	1501	364	1277
辽宁	Liaoning	33	16005	5073	3318	5767
吉林	Jilin	103	9011	2971	2421	2845
黑龙江	Heilongjiang	112	7224	2997	840	2654
上海	Shanghai	131	36405	13093	8373	13238
江苏	Jiangsu	128	29191	7999	4621	13862
浙江	Zhejiang	95	10975	3315	1975	4433
安徽	Anhui	91	12115	3655	2269	4618
福建	Fujian	97	6165	2148	1134	2271
江西	Jiangxi	115	6461	1822	430	1951
山东	Shandong	184	14237	5653	3441	4956
河南	Henan	115	14754	4248	1020	5957
湖北	Hubei	101	13603	3949	3152	6100
湖南	Hunan	105	7833	2428	669	2810
广东	Guangdong	187	24335	8074	7257	7852
广西	Guangxi	108	5413	2230	508	2120
海南	Hainan	28	2446	1053	505	783
重庆	Chongqing	31	11142	4459	728	3587
四川	Sichuan	160	41203	9841	4665	15409
贵州	Guizhou	76	4864	1782	708	1869
云南	Yunnan	112	8332	3435	1053	2620
西藏	Tibet	18	698	296	31	202
陕西	Shaanxi	103	32993	10152	2110	12562
甘肃	Gansu	98	7263	2346	1856	2430
青海	Qinghai	22	1182	427	336	342
宁夏	Ningxia	18	725	336	50	330
新疆	Xinjiang	102	4044	1654	782	1558

机构R&D人员(2019年)
Institutions by Region(2019)

#本科毕业 Undergraduate	#全时人员 Full-time Personnel	R&D人员全时当量(人年) Full-time Equivalent of R&D Personnel (man-year)	#研究人员 Researchers	基础研究 Basic Research	应用研究 Applied Research	试验发展 Experimental Development
148762	**380983**	**424640**	**306662**	**92129**	**148348**	**184163**
74635	209143	234266	168970	58377	85748	90141
20123	46583	51751	40075	8759	18104	24888
43959	101732	111844	79144	18574	35839	57431
10045	23525	26779	18473	6419	8657	11703
27621	97218	108309	78274	33287	41612	33410
4079	8638	9120	5863	1424	2931	4765
5845	10783	10916	9720	868	3968	6080
2342	4340	4749	3793	566	1991	2192
1711	2025	3221	1875	386	1083	1752
4503	10997	13082	9299	2758	4211	6113
2521	6942	7755	4610	1633	2448	3674
3021	5586	5942	4564	2028	1998	1916
10968	27454	31311	20172	6997	10096	14218
8380	25983	27310	20818	2895	10174	14241
3658	7120	8761	6750	1411	3876	3474
3542	9704	11001	8554	2923	3143	4935
2265	4776	5464	3617	2011	1470	1983
2989	5283	5585	4312	481	1729	3375
4343	11399	12569	9691	3049	4333	5187
4698	10251	11175	9068	1151	3655	6369
3479	10403	12055	9280	2706	5109	4240
3073	6602	7186	5068	932	2477	3777
6880	13555	18240	12374	5437	6848	5955
2084	3712	4462	3141	1163	1780	1519
596	2217	2266	1691	998	440	828
4157	8236	10183	6246	2049	5306	2828
15395	36491	39091	27770	3664	9636	25791
1813	3192	4037	2987	1511	1009	1517
3267	6809	7369	5642	3002	1668	2699
303	642	664	520	129	284	251
11011	30786	31413	22044	2596	11539	17278
2298	5820	6500	5233	2496	1813	2191
353	605	956	504	334	331	291
279	608	648	571	95	223	330
1288	2806	3300	2611	1149	1167	984

3-4 各地区地方部门属研究与
R&D Personnel in R&D Institutions on

地区	Region	机构数(个) R&D Institutions (unit)	R&D人员合计(人) R&D Personnel (person)	#女性 Female	#博士毕业 Doctor	#硕士毕业 Master
全国	**National Total**	**2491**	**115110**	**47089**	**17942**	**39604**
东部地区	Eastern Region	850	50286	20243	11739	17076
中部地区	Middle Region	604	19366	7156	2263	6394
西部地区	Western Region	817	34775	15014	3022	12279
东北地区	Northeast Region	220	10683	4676	918	3855
北京	Beijing	49	5535	2972	1623	1525
天津	Tianjin	36	1944	817	318	594
河北	Hebei	66	2186	990	284	723
山西	Shanxi	138	2528	1116	223	956
内蒙古	Inner Mongolia	79	2775	1243	237	816
辽宁	Liaoning	18	1789	819	209	696
吉林	Jilin	97	3533	1385	303	1142
黑龙江	Heilongjiang	105	5361	2472	406	2017
上海	Shanghai	78	4868	2379	1573	1641
江苏	Jiangsu	98	6243	2534	1185	2641
浙江	Zhejiang	80	4614	1789	899	1945
安徽	Anhui	82	2671	906	265	921
福建	Fujian	93	3829	1336	449	1296
江西	Jiangxi	111	3756	1162	382	1060
山东	Shandong	173	8101	3163	1582	2793
河南	Henan	102	3544	1406	480	1276
湖北	Hubei	73	2834	1175	485	1023
湖南	Hunan	98	4033	1391	428	1158
广东	Guangdong	162	12462	4074	3789	3766
广西	Guangxi	105	4559	1969	453	1787
海南	Hainan	15	504	189	37	152
重庆	Chongqing	27	5542	2632	479	2014
四川	Sichuan	131	4799	1972	603	1649
贵州	Guizhou	69	2920	1222	236	1164
云南	Yunnan	101	4916	2097	271	1563
西藏	Tibet	18	698	296	31	202
陕西	Shaanxi	64	2000	969	203	705
甘肃	Gansu	88	3007	1149	198	856
青海	Qinghai	20	424	127	38	116
宁夏	Ningxia	18	725	336	50	330
新疆	Xinjiang	97	2410	1002	223	1077

开发机构R&D人员(2019年)
Local Governments by Region (2019)

#本科毕业 Undergraduate	#全时人员 Full-time Personnel	R&D人员全时当量(人年) Full-time Equivalent of R&D Personnel (man-year)	#研究人员 Researchers	基础研究 Basic Research	应用研究 Applied Research	试验发展 Experimental Development
42425	**77610**	**92974**	**64267**	**18141**	**30323**	**44510**
15990	32993	39634	26412	7494	14076	18064
7437	13709	15928	11485	2422	4496	9010
14417	23402	28746	20492	6656	8739	13351
4581	7506	8666	5878	1569	3012	4085
1342	4143	4684	2583	1493	1758	1433
888	1047	1306	812	151	559	596
881	1696	1817	1468	137	394	1286
1082	1801	2049	1518	391	666	992
1347	1281	2155	1287	261	531	1363
689	1407	1597	1199	199	602	796
1471	2192	2838	1517	405	783	1650
2421	3907	4231	3162	965	1627	1639
1327	2815	3545	2320	367	1799	1379
1925	4903	5357	3657	637	2360	2360
1281	2703	3604	2404	524	955	2125
1027	1880	2166	1537	556	696	914
1698	2995	3410	2140	639	943	1828
1458	2800	3076	2107	394	1039	1643
2787	6272	6876	5169	1645	2158	3073
1265	2979	3140	2407	262	654	2224
858	1336	2064	1438	224	587	1253
1747	2913	3433	2478	595	854	1984
3657	5918	8534	5545	1748	3049	3737
1675	3049	3655	2416	1017	1327	1311
204	501	501	314	153	101	247
2111	3016	4636	2769	870	2118	1648
1843	3289	3706	2934	723	1071	1912
1208	2059	2447	1927	862	586	999
2267	3806	4241	3325	911	956	2374
303	642	664	520	129	284	251
739	1481	1730	1172	410	488	832
1527	2553	2693	2009	753	626	1314
202	134	352	122	143	102	107
279	608	648	571	95	223	330
916	1484	1819	1440	482	427	910

3-5 按服务的国民经济行业分研究与
R&D Personnel in R&D Institutions by Industrial Sector

行业	Industry	机构数（个） R&D Institutions (unit)	R&D人员合计（人） R&D Personnel (person)	#女性 Female
总　　计	**Total**	**3217**	**485322**	**163134**
农、林、牧、渔业小计	**Agriculture, Forestry, Animal Husbandry and Fishery**	**1014**	**58286**	**22844**
农　业	Farming	487	33671	13313
林　业	Forestry	166	5660	2176
畜牧业	Animal Husbandry	68	4043	1452
渔　业	Fishery	46	3041	963
农、林、牧、渔专业及辅助性活动	Professional and Support Activities for Agriculture, Forestry, Animal Husbandry and Fishery	247	11871	4940
采矿业小计	**Mining**	**8**	**354**	**77**
煤炭开采和洗选业	Mining and Washing of Coal	5	149	18
有色金属矿采选业	Mining and Processing of Non-Ferrous Metal Ores	2	205	59
其他采矿业	Mining of Other Ores	1		
制造业小计	**Manufacturing**	**231**	**14645**	**5273**
农副食品加工业	Processing of Food from Agricultural Products	21	1207	510
食品制造业	Manufacture of Foods	7	75	24
酒、饮料和精制茶制造业	Manufacture of Liquor, Beverages and Refined Tea	2	64	26
烟草制品业	Manufacture of Tobacco			
纺织业	Manufacture of Textile	7	42	12
纺织服装、服饰业	Manufacture of Textile, Wearing Apparel and Accessories	3	6	2
皮革、毛皮、羽毛及其制品和制鞋业	Manufacture of Leather, Fur, Feather and Related Products and Footwear	3	14	7
木材加工和木、竹、藤、棕、草制品业	Processing of Timbers and Manufacture of Wood, Bamboo, Rattan, Palm and Straw Products	2	223	90
家具制造业	Manufacture of Furniture	1		
造纸及纸制品业	Manufacture of Paper and Paper Products	2	40	13
印刷和记录媒介复制业	Printing and Reproduction of Recording Media	1		
文教、工美、体育和娱乐用品制造业	Manufacture of Articles for Culture, Education, Arts and Crafts, Sport and Entertainment Activities	3		
石油、煤炭及其他燃料加工业	Processing of Petroleum ,Coal and Other Fuels	2	33	15
化学原料和化学制品制造业	Manufacture of Raw Chemical Materials and Chemical Products	28	1568	386
医药制造业	Manufacture of Medicines	28	4306	2178
化学纤维制造业	Manufacture of Chemical Fibers	3	19	3
橡胶和塑料制品业	Manufacture of Rubber and Plastics Products	3	110	46
非金属矿物制品业	Manufacture of Non-metallic Mineral Products	12	373	95
黑色金属冶炼和压延加工业	Smelting and Pressing of Ferrous Metals	3	23	8

开发机构R&D人员(2019年)
in which the R&D Institutions Served (2019)

#博士毕业 Doctor	#硕士毕业 Master	#本科毕业 Under-graduate	#全时人员 Full-time Personnel	R&D人员全时当量(人年) Full-time Equivalent of R&D Personnel (man-year)	#研究人员 Researchers	基础研究 Basic Research	应用研究 Applied Research	试验发展 Experimental Development
95919	**179858**	**148762**	**380983**	**424640**	**306662**	**92129**	**148348**	**184163**
10859	**19011**	**18827**	**44718**	**50135**	**35839**	**9086**	**11487**	**29562**
5606	11329	11075	25987	29189	20866	4879	5863	18447
1129	1653	2129	4142	4827	3614	979	1104	2744
802	1247	1168	3084	3409	2243	596	1006	1807
654	969	1030	2316	2569	1897	538	816	1215
2668	3813	3425	9189	10141	7219	2094	2698	5349
32	**113**	**166**	**281**	**321**	**243**	**29**	**22**	**270**
1	31	114	118	131	103	6		125
31	82	52	163	190	140	23	22	145
3049	**4900**	**5097**	**10932**	**12401**	**9161**	**3058**	**4499**	**4844**
235	439	375	999	1054	796	280	265	509
4	18	34	61	61	37		8	53
6	29	25	42	47	31	4	27	16
	7	16	36	41	23		9	32
		2	6	6	6	6		
	5	9	7	10	7	1	6	3
112	39	52	141	189	143	92	47	50
	7	30	40	40	24			40
	18	11	33	33	31	19		14
395	320	731	1484	1517	1182	573	630	314
1191	1266	1499	3092	3594	2676	1116	1432	1046
	3	5	10	16	10			16
12	73	20	94	107	75	11	56	40
	90	235	244	253	241		64	189
	3	18	20	20	18		20	

3-5 续表 1

行 业	Industry	机构数（个） R&D Institutions (unit)	R&D 人员合计（人） R&D Personnel (person)	#女性 Female
有色金属冶炼和压延加工业	Smelting and Pressing of Non-Ferrous Metals	1	25	7
金属制品业	Manufacture of Metal Products	1	45	12
通用设备制造业	Manufacture of General Purpose Machinery	14	689	228
专用设备制造业	Manufacture of Special Purpose Machinery	55	3156	840
汽车制造业	Manufacture of Automobiles	1		
铁路、船舶、航空航天和其他运输设备制造业	Manufacture of Railway, Ship, Aerospace and Other Transport Equipments	2	597	161
电气机械和器材制造业	Manufacture of Electrical Machinery and Apparatus	3	106	16
计算机、通信和其他电子设备制造业	Manufacture of Computers, Communication and Other Electronic Equipment	12	1300	418
仪器仪表制造业	Manufacture of Measuring Instruments and Machinery	10	624	176
其他制造业	Other Manufacture	1		
电力、热力、燃气及水生产和供应业小计	**Production and Supply of Electricity, Heat, Gas and Water**	**7**	**152**	**40**
电力、热力生产和供应业	Production and Supply of Electric Power and Heat Power	6	133	35
燃气生产和供应业	Production and Supply of Gas	1	19	5
水的生产和供应业	Production and Supply of Water			
建筑业小计	**Construction**	**24**	**959**	**314**
房屋建筑业	Construction of Buildings	10	268	94
土木工程建筑业	Civil Engineering	10	586	171
建筑安装业	Building Installation			
建筑装饰、装修和其他建筑业	Building Decoration and Other Constructions	4	105	49
批发和零售业小计	**Wholesale and Retail Trades**	**1**		
批发业	Wholesale Trade	1		
零售业	Retail Trade			
交通运输、仓储和邮政业小计	**Transport, Storage and Post**	**17**	**2565**	**649**
铁路运输业	Railway Transport	1		
道路运输业	Road Transport	9	1123	275
水上运输业	Water Transport	3	421	139
航空运输业	Air Transport	3	1021	235
装卸搬运和仓储业	Loading, Unloading and Storage			
信息传输、软件和信息技术服务业小计	**Information Transmission, Software and Information Technology**	**26**	**3576**	**1532**
电信、广播电视和卫星传输服务	Telecommunications, Radio and Television and Satellite Transmission Services	7	1486	644
互联网和相关服务	Internet and Related Services	1	166	81
软件和信息技术服务业	Software and Information Technology	18	1924	807

continued

#博士毕业 Doctor	#硕士毕业 Master	#本科毕业 Under-graduate	#全时人员 Full-time Personnel	R&D人员全时当量(人年) Full-time Equivalent of R&D Personnel (man-year)	#研究人员 Researchers	基础研究 Basic Research	应用研究 Applied Research	试验发展 Experimental Development
	15	10	8	15	8			15
21	11	8	29	42	30	24	7	11
77	380	188	465	543	249		69	474
360	1160	1270	2128	2516	1848	241	841	1434
127	210	81	351	482	318	144	250	88
7	21	50	102	104	87			104
354	469	302	1136	1179	895	461	617	101
148	317	126	404	532	426	86	151	295
22	**61**	**57**	**84**	**100**	**76**		**68**	**32**
18	52	51	65	81	62		53	28
4	9	6	19	19	14		15	4
149	**423**	**339**	**499**	**727**	**542**	**55**	**300**	**372**
22	93	133	191	225	154	9	112	104
115	264	184	223	413	303	28	117	268
12	66	22	85	89	85	18	71	
352	**1186**	**832**	**1704**	**1997**	**986**	**63**	**917**	**1017**
191	535	298	619	733	337	9	424	300
50	274	96	354	381	325	54	238	89
111	377	438	731	883	324		255	628
549	**1127**	**765**	**1176**	**1553**	**1005**	**242**	**895**	**416**
160	673	478	344	551	380	171	163	217
15	60	70	166	166	33	29	33	104
374	394	217	666	836	592	42	699	95

3-5 续表 2

行　业	Industry	机构数(个) R&D Institutions (unit)	R&D人员合计(人) R&D Personnel (person)	#女性 Female
金融业小计	**Financial Intermediation**	**2**	**5**	**4**
货币金融服务	Monetary and Financial Services	2	5	4
房地产业小计	**Real Estate**			
房地产业	Real Estate			
租赁和商务服务业小计	**Leasing and Business Services**	**1**	**11**	**7**
商务服务业	Business Service	1	11	7
科学研究和技术服务业小计	**Scientific Research and Technical Services**	**1364**	**367458**	**113916**
研究和试验发展	Research and Experimental Development	896	341922	104336
专业技术服务业	Professional Technical Services	272	22859	8538
科技推广和应用服务业	Science and Technology Popularization and Application Services	196	2677	1042
水利、环境和公共设施管理业小计	**Management of Water Conservancy, Environment and Public Facilities**	**174**	**11729**	**4712**
水利管理业	Management of Water Conservancy	63	3858	1140
生态保护和环境治理业	Ecological Protection and Environmental Treatment	101	7620	3433
公共设施管理业	Management of Public Facilities	9	251	139
土地管理业		1		
居民服务、修理和其他服务业小计	**Service to Households, Repair and Other Services**	**2**		
居民服务业	Service to Households	2		
机动车、电子产品和日用产品修理业	Repair of Motor Vehicles, Electronics and Household Products			
教育小计	**Education**	**32**	**1172**	**659**
教　育	Education	32	1172	659
卫生和社会工作小计	**Health and Social Service**	**175**	**20309**	**11473**
卫　生	Health	175	20309	11473
文化、体育和娱乐业小计	**Culture, Sports and Entertainment**	**78**	**1771**	**706**
新闻和出版业	Journalism and Publishing Activities			
广播、电视、电影和影视录音制作业	Radio, Television, Motion Picture and Videotape Programme Production Services	5	159	70
文化艺术业	Culture and Art Activities	48	1177	451
体　育	Sports Activities	25	435	185
娱乐业	Entertainment			
公共管理、社会保障和社会组织小计	**Public Management, Social Security and Social Organization**	**61**	**2330**	**928**
中国共产党机关	Organs of Communist Party of China	1		
国家机构	Government Agencies	57	2268	902
社会保障		2	62	26
群众团体、社会团体和其他成员组织	Mass Organizations, Social Organizations and Other Membership Organizations	1		

continued

#博士毕业 Doctor	#硕士毕业 Master	#本科毕业 Under-graduate	#全时人员 Full-time Personnel	R&D人员全时当量(人年) Full-time Equivalent of R&D Personnel (man-year)	#研究人员 Researchers	基础研究 Basic Research	应用研究 Applied Research	试验发展 Experimental Development
	4	**1**	**5**	**5**	**5**			**5**
	4	1	5	5	5			5
	3	**5**	**9**	**10**	**4**		**10**	
	3	5	9	10	4		10	
72605	**139846**	**110220**	**297216**	**327004**	**237923**	**71994**	**114804**	**140206**
67367	129959	101928	281590	306809	223102	66951	107851	132007
4959	8931	7302	13866	18098	13298	4699	6128	7271
279	956	990	1760	2097	1523	344	825	928
2635	**4710**	**3330**	**8376**	**9658**	**7104**	**1796**	**4294**	**3568**
592	1619	1340	2438	2961	1996	572	952	1437
1999	2998	1888	5798	6531	4996	1212	3260	2059
44	93	102	140	166	112	12	82	72
290	**339**	**492**	**817**	**946**	**683**	**134**	**708**	**104**
290	339	492	817	946	683	134	708	104
4657	**6521**	**7260**	**12176**	**16229**	**10540**	**4624**	**8847**	**2758**
4657	6521	7260	12176	16229	10540	4624	8847	2758
169	**610**	**694**	**1348**	**1572**	**1064**	**898**	**454**	**220**
21	73	52	151	158	150	69	42	47
74	359	485	855	1017	649	668	271	78
74	178	157	342	397	265	161	141	95
551	**1004**	**677**	**1642**	**1982**	**1487**	**150**	**1043**	**789**
546	969	662	1582	1922	1437	150	1023	749
5	35	15	60	60	50		20	40

3-6 按隶属关系和学科分研究与开发

Intramural Expenditure on R&D of R&D Institutions

单位：万元

项　　目	Item	R&D经费内部支出 Intramural Expenditure on R&D	基础研究 Basic Research	应用研究 Applied Research	试验发展 Experimental Development
总　　计	**Total**	**30808296**	**5103101**	**9336308**	**16368887**
按隶属关系分组	**by Subordination**				
中央部门属	Subordinated to Central Level	23748786	3685203	6920729	13142854
#中国科学院	Chinese Academy of Sciences	5188488	2316574	2460058	411857
地方部门属	Subordi-nated to Local Level	3234757	552659	1055696	1626401
省级部门属	Provincial Level	2687411	507631	914887	1264892
副省级城市部门属	Sub-provincial Cities Level	110267	8842	42101	59324
地市级部门属	Miniciple Level	436059	35644	98287	302127
按门类学科分组	**by Subject**				
自然科学	Natural sciences	4968958	2503023	1804841	661094
农业科学	Agricultural Sciences	2282516	309029	594127	1379360
医药科学	Medical Science	1283561	362279	617825	303457
工程与技术科学	Engineering and Technological Sciences	21606361	1653208	6016200	13936953
人文与社会科学	Humanities and Social Sciences	666900	275561	303316	88023

机构R&D经费内部支出(2019年)
by Subordination and Subject (2019)

(10 000 yuan)

日常性支出 Routine Expenses	#人员劳务费 Labor Cost	资产性支出 Assets Expenditure	#仪器和设备支出 Equipment	政府资金 Government Funds	企业资金 Self-raised Funds by Enterprises	国外资金 Foreign Funds	其他资金 Other Funds
24817236	**7732363**	**5991060**	**3619938**	**25824046**	**1186593**	**50450**	**3747206**
19049081	5233611	4699705	2998907	20293218	952472	48024	2455073
4051669	1731124	1136819	778838	4493183	426066	40882	228359
2656064	1557487	578692	411817	2556144	73882	3750	600981
2205381	1243128	482029	354120	2069698	64270	3738	549706
90236	59814	20031	12689	90534	294	2	19437
359488	253917	76571	45007	394892	9318	10	31839
3790767	1595191	1178191	776970	4403595	268996	21761	274606
1935767	1077481	346750	183029	2034111	60273	5291	182842
1072798	514267	210762	149850	976930	40034	8482	258115
17391723	4189020	4214637	2489102	17803160	808607	13768	2980826
626180	356404	40720	20987	606251	8683	1149	50818

3-7 各地区研究与开发机构R&D
Intramural Expenditure on R&D of R&D

单位：万元

地 区	Region	R&D经费内部支出 Intramural Expenditure on R&D	基础研究 Basic Research	应用研究 Applied Research	试验发展 Experimental Development
全 国	**National Total**	**30808296**	**5103101**	**9336308**	**16368887**
东部地区	Eastern Region	19356181	3716871	6082129	9557181
中部地区	Middle Region	3031902	374486	941737	1715679
西部地区	Western Region	6798797	799714	1754196	4244886
东北地区	Northeast Region	1621416	212030	558246	851141
北 京	Beijing	9942383	2373530	3250456	4318396
天 津	Tianjin	526917	58600	139584	328733
河 北	Hebei	487783	21891	87823	378069
山 西	Shanxi	165436	15221	57691	92524
内 蒙 古	Inner Mongolia	160127	18055	78831	63241
辽 宁	Liaoning	972047	119020	349911	503117
吉 林	Jilin	461582	52034	150277	259271
黑 龙 江	Heilongjiang	187788	40976	58058	88753
上 海	Shanghai	3788421	466246	956320	2365855
江 苏	Jiangsu	1872616	126112	658506	1087998
浙 江	Zhejiang	552185	50997	210361	290826
安 徽	Anhui	617972	155872	182697	279403
福 建	Fujian	340852	150484	68647	121721
江 西	Jiangxi	251305	11407	67713	172186
山 东	Shandong	600428	135936	219364	245128
河 南	Henan	525982	35396	135495	355091
湖 北	Hubei	1081044	126184	346689	608171
湖 南	Hunan	390164	30406	151452	208306
广 东	Guangdong	1121630	289387	456176	376068
广 西	Guangxi	194918	46782	65508	82629
海 南	Hainan	122966	43688	34892	44387
重 庆	Chongqing	351070	68678	135177	147215
四 川	Sichuan	2859163	221858	580535	2056770
贵 州	Guizhou	144911	51499	32120	61293
云 南	Yunnan	358351	120325	97348	140678
西 藏	Tibet	20175	2684	7621	9870
陕 西	Shaanxi	2167137	96216	574763	1496158
甘 肃	Gansu	361532	114322	127052	120158
青 海	Qinghai	40208	12212	11575	16421
宁 夏	Ningxia	31410	3781	8456	19173
新 疆	Xinjiang	109795	43304	35210	31281

经费内部支出(2019年)
Institutions by Region (2019)

(10 000 yuan)

日常性支出 Routine Expenses	#人员劳务费 Labor Cost	资产性支出 Assets Expenditure	#仪器和设备支出 Equipment	政府资金 Government Funds	企业资金 Self-raised Funds by Enterprises	国外资金 Foreign Funds	其他资金 Other Funds
24817236	**7732363**	**5991060**	**3619938**	**25824046**	**1186593**	**50450**	**3747206**
15663059	4746880	3693122	2272746	16139149	716485	38434	2462114
2539589	854726	492313	299304	2339659	131004	7253	553987
5378409	1618865	1420388	805903	5909524	221244	3457	664572
1236179	511892	385238	241985	1435715	117861	1307	66533
8152361	2433036	1790022	1148597	8245340	341006	24936	1331100
405957	162760	120961	81203	371782	50395		104741
422152	95220	65631	27766	418286	11626		57871
130729	59682	34707	8891	136137	6087	257	22955
147340	49954	12787	8855	97022	8003		55102
724948	311038	247099	134734	849466	106432	1008	15141
384278	129864	77303	63042	445750	10898	226	4708
126953	70991	60835	44209	140499	532	73	46684
3193454	737766	594967	398352	3376393	97699	10630	303699
1527254	413905	345362	193615	1515596	51978	1095	303947
410158	169042	142027	79755	433448	68982	86	49670
510026	164900	107945	79548	475630	38874	4473	98996
185406	103369	155447	31332	275965	12202	7	52678
214360	91818	36946	26922	233883	873	5	16544
427002	202775	173427	126175	502721	25489	223	71994
435148	147423	90834	49299	353494	5645	3	166840
934705	283623	146339	98077	828620	39332	2335	210758
314622	107279	75542	36568	311895	40193	182	37894
849649	385922	271982	174365	892213	55691	1457	172270
160393	70114	34525	21252	170441	1964		22514
89669	43086	33297	11587	107405	1417		14144
267462	101404	83608	35704	286835	13232		51003
2269527	563071	589636	316149	2485563	93988	1421	278191
107138	62355	37774	29535	137115	895	7	6895
280039	142168	78312	45841	275102	12480	409	70361
16630	13347	3546	976	19796			380
1716175	428745	450962	253482	1945343	65615	375	155805
257062	106573	104470	74120	319326	21904	893	19409
35276	17419	4931	4928	37323	2049		835
29092	12186	2318	1819	31338	72		
92275	51530	17520	13243	104323	1041	353	4079

3-8 各地区地方部门属研究与开发
Intramural Expenditure on R&D in Local

单位：万元

地 区	Region	R&D经费内部支出 Intramural Expenditure on R&D	基础研究 Basic Research	应用研究 Applied Research	试验发展 Experimental Development
全 国	**National Total**	**3780204**	**671880**	**1258012**	**1850312**
东部地区	Eastern Region	2075309	354191	776934	944184
中部地区	Middle Region	509083	66203	138560	304320
西部地区	Western Region	965594	218330	266243	481020
东北地区	Northeast Region	230219	33156	76275	120788
北 京	Beijing	216342	60891	91856	63595
天 津	Tianjin	55734	6944	22345	26446
河 北	Hebei	73242	3859	16921	52462
山 西	Shanxi	47255	9826	19130	18299
内 蒙 古	Inner Mongolia	71893	9237	18556	44100
辽 宁	Liaoning	55549	4756	21734	29060
吉 林	Jilin	83892	10794	27027	46071
黑 龙 江	Heilongjiang	90778	17606	27514	45658
上 海	Shanghai	211081	26328	90291	94462
江 苏	Jiangsu	267244	24618	125288	117339
浙 江	Zhejiang	209445	25521	55704	128220
安 徽	Anhui	77541	20223	27707	29611
福 建	Fujian	191220	38295	39782	113143
江 西	Jiangxi	90794	8292	27306	55196
山 东	Shandong	249895	47252	87252	115390
河 南	Henan	81732	9044	15107	57581
湖 北	Hubei	94268	5719	21835	66715
湖 南	Hunan	117493	13100	27477	76917
广 东	Guangdong	588226	115621	245565	227041
广 西	Guangxi	151132	40468	51253	59412
海 南	Hainan	12879	4863	1931	6086
重 庆	Chongqing	175406	26595	60179	88631
四 川	Sichuan	120735	27764	26706	66265
贵 州	Guizhou	59627	17865	14712	27050
云 南	Yunnan	147878	18773	39964	89141
西 藏	Tibet	20175	2684	7621	9870
陕 西	Shaanxi	36530	16765	6065	13699
甘 肃	Gansu	86439	32175	21301	32964
青 海	Qinghai	14936	6457	4156	4322
宁 夏	Ningxia	31410	3781	8456	19173
新 疆	Xinjiang	49434	15767	7274	26393

机构R&D经费内部支出(2019年)
R&D Institutions by Region (2019)

(10 000 yuan)

日常性支出 Routine Expenses	#人员劳务费 Labor Cost	资产性支出 Assets Expenditure	#仪器和设备支出 Equipment	政府资金 Government Funds	企业资金 Self-raised Funds by Enterprises	国外资金 Foreign Funds	其他资金 Other Funds
3062887	**1743766**	**717317**	**392861**	**3151237**	**79440**	**5012**	**544516**
1575601	868981	499709	281273	1700378	45210	2803	326918
431742	270276	77341	37967	410843	17385	2109	78746
841502	469476	124092	62121	834095	15600	44	115854
214043	135034	16176	11501	205921	1244	56	22997
181115	110141	35228	24648	186728	1440	1781	26394
51838	32981	3896	3846	42044	884		12806
66517	33512	6725	5373	69385	21		3836
43664	30073	3591	3339	46086	32		1137
64637	38511	7256	5235	68189	32		3672
53006	35601	2543	2286	54840			709
77399	44945	6493	4608	78880	712	47	4252
83638	54488	7140	4606	72201	532	9	18037
182067	96417	29015	26510	177469	2630	811	30172
223164	122341	44080	29714	233748	9085		24412
155483	87285	53962	14893	169671	11960	39	27776
69635	43433	7906	5943	62909	2782	27	11824
102393	64142	88827	15716	148444	4359		38417
77897	53879	12897	7008	80112	873	5	9803
184487	113498	65408	53438	196585	7048		46262
68150	45444	13582	6512	70246	1639	3	9844
72237	38351	22032	4903	63658	4187	1940	24482
100159	59096	17334	10261	87832	7871	135	21657
418810	204841	169417	106195	463495	7714	173	116845
134350	65684	16782	9038	126654	1964		22514
9727	3823	3152	939	12808	71		
130827	83643	44579	17935	127263	5581		42562
112783	59681	7952	5435	108027	1381		11326
52013	33371	7615	6433	56928	677	7	2016
129261	75742	18617	4968	125547	5249	32	17050
16630	13347	3546	976	19796			380
34245	20062	2285	1261	31427	213		4891
81189	34190	5250	3857	77286	197		8956
14231	5841	705	705	14100			835
29092	12186	2318	1819	31338	72		
42245	27219	7189	4459	47540	235	6	1653

3-9 按服务的国民经济行业分研究与
Intramural Expenditure on R&D of R&D Institutions by

单位：万元

行 业	Industry	R&D经费内部支出 Intramural Expenditure on R&D	基础研究 Basic Research	应用研究 Applied Research
总 计	**Total**	**30808296**	**5103101**	**9336308**
农、林、牧、渔业小计	**Agriculture, Forestry, Animal Husbandry and Fishery**	**2108534**	**307850**	**540329**
农 业	Farming	1192526	155648	279658
林 业	Forestry	176240	29132	35893
畜牧业	Animal Husbandry	162160	25444	48496
渔 业	Fishery	158105	28276	52954
农、林、牧、渔专业及辅助性活动	Professional and Support Activities for Agriculture, Forestry, Animal Husbandry and Fishery	419504	69350	123327
采矿业小计	**Mining**	**11795**	**478**	**1080**
煤炭开采和洗选业	Mining and Washing of Coal	3092	68	
有色金属矿采选业	Mining and Processing of Non-Ferrous Metal Ores	8703	409	1080
其他采矿业	Mining of Other Ores			
制造业小计	**Manufacturing**	**601080**	**133628**	**235940**
农副食品加工业	Processing of Food from Agricultural Products	45803	6596	12477
食品制造业	Manufacture of Foods	2403		774
酒、饮料和精制茶制造业	Manufacture of Liquor, Beverages and Refined Tea	1241	20	420
纺织业	Manufacture of Textile	510		114
纺织服装、服饰业	Manufacture of Textile, Apparel and Accessories	113	113	
皮革、毛皮、羽毛及其制品和制鞋业	Manufacture of Leather, Fur, Feather and Related Products and Footwear	263	46	91
木材加工和木、竹、藤、棕、草制品业	Processing of Timbers and Manufacture of Wood, Bamboo, Rattan, Palm and Straw Products	5736	2758	1699
家具制造业	Manufacture of Furniture			
造纸及纸制品业	Manufacture of Paper and Paper Products	534		
文教、工美、体育和娱乐用品制造业	Manufacture of Articles for Culture, Education, Arts and Crafts, Sport and Entertainment Activities			
石油、煤炭及其他燃料加工业	Processing of Petroleum ,Coal and Other Fuels	317	189	
化学原料和化学制品制造业	Manufacture of Raw Chemical Materials and Chemical Products	68725	24858	30196
医药制造业	Manufacture of Medicines	210448	50281	79227
化学纤维制造业	Manufacture of Chemical Fibers	237		
橡胶和塑料制品业	Manufacture of Rubber and Plastics Products	1973	247	1003
非金属矿物制品业	Manufacture of Non-metallic Mineral Products	3873		941
黑色金属冶炼和压延加工业	Smelting and Pressing of Ferrous Metals	169		169
有色金属冶炼和压延加工业	Smelting and Pressing of Non-Ferrous Metals	281		
金属制品业	Manufacture of Metal Products	1962	1046	736
通用设备制造业	Manufacture of General Purpose Machinery	22161		2567
专用设备制造业	Manufacture of Special Purpose Machinery	92335	4206	29662
汽车制造业	Manufacture of Automobiles			
铁路、船舶、航空航天和其他运输设备制造业	Manufacture of Railway, Ship, Aerospace and Other Transport Equipments	42650	10327	28397
电气机械和器材制造业	Manufacture of Electrical Machinery and Apparatus	1654		
计算机、通信和其他电子设备制造业	Manufacture of Computers, Communication and Other Electronic Equipment	77569	31750	41620
仪器仪表制造业	Manufacture of Measuring Instruments and Machinery	20124	1193	5848
电力、热力、燃气及水生产和供应业小计	**Production and Supply of Electricity, Heat, Gas and Water**	**3146**		**2070**
电力、热力生产和供应业	Production and Supply of Electric Power and Heat Power	2556		1550
燃气生产和供应业	Production and Supply of Gas	591		521

开发机构R&D经费内部支出(2019年)
Industrial Sector in which the R&D Institutions Served (2019)

(10 000 yuan)

试验发展 Experimental Development	日常性支出 Routine Expenses	# 人员劳务费 Labor Cost	资产性支出 Assets Expenditure	# 仪器和设备支出 Equipment	政府资金 Government Funds	企业资金 Self-raised Funds by Enterprises	国外资金 Foreign Funds	其他资金 Other Funds
16368887	**24817236**	**7732363**	**5991060**	**3619938**	**25824046**	**1186593**	**50450**	**3747206**
1260356	**1790340**	**983558**	**318194**	**165972**	**1864063**	**60784**	**5107**	**178581**
757220	1042186	584630	150339	73711	1061078	29396	1928	100124
111214	152918	83478	23322	13305	170977	1503		3759
88219	132895	65075	29265	11652	145543	8768	199	7651
76875	124284	56847	33821	18822	138074	4338	29	15664
226828	338058	193528	81447	48482	348390	16780	2952	51383
10237	**10747**	**7502**	**1048**	**995**	**8385**	**1840**	**165**	**1405**
3024	2708	2338	384	331	1688			1405
7213	8039	5164	664	664	6698	1840	165	
231512	**492660**	**243679**	**108420**	**61811**	**476211**	**44421**	**396**	**80052**
26730	38193	21468	7610	4345	36697	7531		1576
1629	1994	1367	408	398	756			1647
801	1172	792	69	69	258	684		300
396	501	471	9	7	510			
	113	84			113			
127	263	225			243			20
1280	4103	2537	1633	1633	5736			
534	534	273				534		
128	221	177	96	96	294			23
13672	55467	16479	13258	6914	55944	7173	9	5599
80941	179714	83010	30734	15824	154712	15127	252	40357
237	208	127	29	29	146			91
723	1397	1265	576	576	1501	122		350
2932	2413	1079	1459	1053	2053	577		1242
	169	148						169
281	232	132	50	50	281			
181	1907	1202	55	55	1962			
19594	15966	8754	6196	2297	18140	3017		1004
58467	76798	46931	15537	12130	73179	2867		16289
3926	32910	13986	9740	2617	34799	4103	69	3679
1654	1608	1082	46	46	1654			
4199	62506	33681	15062	10846	73583	241	66	3679
13082	14271	8410	5852	2826	13650	2447		4027
1076	**3031**	**1859**	**115**	**115**	**2178**	**54**		**915**
1006	2450	1546	105	105	1724			832
70	581	313	10	10	454	54		83

3-9 续表

单位：万元

行　业	Industry	R&D经费内部支出 Intramural Expenditure on R&D	基础研究 Basic Research	应用研究 Applied Research
建筑业小计	**Construction**	**42379**	**4605**	**16404**
房屋建筑业	Construction of Buildings	3355	145	2003
土木工程建筑业	Civil Engineering	34476	2523	11790
建筑装饰、装修和其他建筑业	Building Decoration and Other Constructions	4548	1937	2611
批发和零售业小计	**Wholesale and Retail Trades**			
批发业	Wholesale Trade			
零售业	Retail Trade			
交通运输、仓储和邮政业小计	**Transport, Storage and Post**	**58733**	**816**	**14804**
铁路运输业	Railway Transport			
道路运输业	Road Transport	38494	339	8927
水上运输业	Water Transport	4881	477	2826
航空运输业	Air Transport	15358		3050
信息传输、软件和信息技术服务业小计	**Information Transmission, Software and Information Technology**	**137618**	**13656**	**92677**
电信、广播电视和卫星传输服务	Telecommunications, Radio and Television and Satellite Transmission Services	22962	5472	10894
互联网和相关服务	Internet and Related Services	4809	839	951
软件和信息技术服务业	Software and Information Technology	109847	7345	80832
金融业小计	**Financial Intermediation**	**226**		
货币金融服务	Monetary and Financial Services	226		
租赁和商务服务业小计	**Leasing and Business Services**	**213**		**213**
商务服务业	Business Service	213		213
科学研究和技术服务业小计	**Scientific Research and Technical Service**	**8883940**	**3361993**	**3936797**
研究和试验发展	Research and Experimental Development	25251871	4084467	7347432
专业技术服务业	Professional Technical Services	1125606	249207	385991
科技推广和应用服务业	Science and Technology Popularization and Application Services	68975	8311	34061
水利、环境和公共设施管理业小计	**Management of Water Conservancy, Environment and Public Facilities**	**495250**	**64721**	**218504**
水利管理业	Management of Water Conservancy	144193	24309	41429
生态保护和环境治理业	Ecological Protection and Environmental Treatment	344337	39862	173630
公共设施管理业	Management of Public Facilities	6719	551	3445
居民服务、修理和其他服务业小计	**Service to Households, Repair and Other Services**			
居民服务业	Service to Households			
机动车、电子产品和日用产品	Repair of Motor Vehicles, Electronics and Household Products			
教育小计	**Education**	**54915**	**4068**	**41630**
教　育	Education	54915	4068	41630
卫生和社会工作小计	**Health and Social Service**	**656895**	**171080**	**331332**
卫　生	Health	656895	171080	331332
文化、体育和娱乐业小计	**Culture, Sports and Entertainment**	**96248**	**53416**	**22498**
新闻和出版业	Journalism and Publishing Activities			
广播、电视、电影和影视录音制作业	Radio, Television, Motion Picture and Videotape Programme Production Services	12254	2589	2280
文化艺术业	Culture and Art Activities	70818	48159	14645
体　育	Sports Activities	13176	2667	5573
娱乐业	Entertainment			
公共管理、社会保障和社会组织小计	**Public Management, Social Security and Social Organization**	**94812**	**6800**	**51344**
中国共产党机关	Organs of Communist Party of China			
国家机构	Government Agencies	89787	6800	50437
社会保障		**5025**		**906**

continued

(10 000 yuan)

试验发展 Experimental Development	日常性支出 Routine Expenses		资产性支出 Assets Expenditure		政府资金 Government Funds	企业资金 Self-raised Funds by Enterprises	国外资金 Foreign Funds	其他资金 Other Funds
		#人员劳务费 Labor Cost		#仪器和设备支出 Equipment				
21371	**39754**	**18544**	**2626**	**1911**	**19346**	**13115**		**9919**
1207	2482	2120	873	465	358	96		2901
20163	32724	13977	1753	1447	15806	13019		5652
	4548	2446			3181			1367
43113	**47615**	**23565**	**11117**	**6801**	**39396**	**120**	**6**	**19211**
29228	33839	13425	4655	2689	29902	84	6	8501
1577	3807	3522	1074	693	3709			1172
12308	9970	6617	5388	3419	5785	36		9538
31285	**58836**	**26090**	**78782**	**70943**	**123748**	**3728**		**10142**
6597	10356	7710	12606	11236	20210	960		1792
3019	4801	3854	8	2	4347	462		
21670	43679	14526	66168	59705	99191	2305		8350
226	**221**	**129**	**4**	**4**	**226**			
226	221	129	4	4	226			
	213	**152**			**213**			
	213	152			213			
1585150	**6899449**	**3074359**	**1984491**	**1259635**	**7644738**	**608831**	**39564**	**590807**
13819972	20211517	5365588	5040354	3004014	21224420	981825	37839	3007787
490409	914044	399789	211562	156661	927957	41074	1688	154888
26603	57961	28520	11014	8882	63473	2187	37	3278
212025	**409363**	**232024**	**85887**	**58101**	**406502**	**31616**	**1774**	**55357**
78455	123322	69393	20871	11384	94950	25413	549	23281
130846	280173	158861	64165	46262	305756	5888	1225	31469
2724	5868	3771	851	455	5797	316		607
9217	**50038**	**27097**	**4877**	**3870**	**35305**	**156**	**416**	**19038**
9217	50038	27097	4877	3870	35305	156	416	19038
154483	**572162**	**299772**	**84733**	**59284**	**474136**	**4800**	**2604**	**175355**
154483	572162	299772	84733	59284	474136	4800	2604	175355
20335	**84061**	**29970**	**12187**	**6068**	**71053**	**309**		**24887**
7386	9470	3627	2785	1145	10378	227		1649
8013	63227	20615	7591	3112	48388	30		22399
4936	11364	5728	1812	1811	12287	51		838
36669	**74672**	**44526**	**20140**	**14506**	**87436**	**566**	**419**	**6392**
32550	70636	43158	19151	14151	82467	566	419	6336
4119	**4036**	**1367**	**989**	**354**	**4969**			**56**

3-10 按隶属关系和学科分研究与开发机构R&D经费外部支出(2019年)
External Expenditure on R&D of R&D Institutions by Subordination and Subject (2019)

单位: 万元 (10 000 yuan)

项　目	Item	R&D经费外部支出 Total	对境内研究机构支出 to Domestic Research Institutions	对境内高等学校支出 to Domestic Higher Education	对境内企业支出 to Domestic Enterprises	对境外机构支出 to Foreign Institutions
总　计	**Total**	**1879542**	**648449**	**164142**	**567860**	
按隶属关系分组	**by Subordination**					
中央部门属	Subordinated to Central Level	1788937	611378	137838	546930	
#中国科学院	Chinese Academy of Sciences	46612	28707	7578	6503	
地方部门属	Subordi-nated to Local Level	90606	37071	26304	20931	
省级部门属	Provincial Level	84797	35974	23082	20029	
副省级城市部门属	Sud-provincial Cities Level	849	205	144	212	
地市级部门属	Miniciple Level	4836	893	3013	676	
按门类学科分组	**by Subject**					
自然科学	Natural sciences	133865	61282	30370	21384	
农业科学	Agricultural Sciences	58723	29420	10159	15807	
医药科学	Medical Science	44790	23199	7083	10696	
工程与技术科学	Engineering and Technological Sciences	1617930	526570	102997	518791	
人文与社会科学	Humanities and Social Sciences	24235	7978	13533	1183	

3-11 各地区研究与开发机构R&D经费外部支出(2019年)
External Expenditure on R&D of R&D Institutions by Region (2019)

单位：万元 (10 000 yuan)

地区	Region	R&D经费外部支出 Total	对境内研究机构支出 to Domestic Research institutions	对境内高等学校支出 to Domestic Higher Education	对境内企业支出 to Domestic Enterprises	对境外机构支出 to Foreign Institutions
全　国	**National Total**	**1879542**	**648449**	**164142**	**567860**	
东部地区	Eastern Region	1076543	504927	116243	221199	
中部地区	Middle Region	289254	70110	17674	179305	
西部地区	Western Region	319891	56730	18422	160088	
东北地区	Northeast Region	193855	16682	11803	7268	
北　京	Beijing	845256	375273	74759	173648	
天　津	Tianjin	18721	3803	3213	10045	
河　北	Hebei	899		209	48	
山　西	Shanxi	5879	11			
内蒙古	Inner Mongolia	150		150		
辽　宁	Liaoning	190459	16214	10884	6371	
吉　林	Jilin	227		3	20	
黑龙江	Heilongjiang	3169	468	916	877	
上　海	Shanghai	34265	13036	7081	13780	
江　苏	Jiangsu	86251	65210	5547	8961	
浙　江	Zhejiang	15188	9561	2709	2567	
安　徽	Anhui	2456	124	488	1769	
福　建	Fujian	1977	700	600	677	
江　西	Jiangxi	53444	31990	1645	19612	
山　东	Shandong	17569	11037	5100	1001	
河　南	Henan	736	203	164	370	
湖　北	Hubei	87493	20015	14035	38147	
湖　南	Hunan	139246	17767	1343	119407	
广　东	Guangdong	56375	26308	17011	10445	
广　西	Guangxi	8040	4793	158	1296	
海　南	Hainan	41		14	28	
重　庆	Chongqing	3896	2385	752	750	
四　川	Sichuan	122704	26590	1401	32478	
贵　州	Guizhou	51143	7425	570	36204	
云　南	Yunnan	4740	1521	653	2188	
西　藏	Tibet					
陕　西	Shaanxi	123312	11257	12096	86759	
甘　肃	Gansu	1719	582	819	318	
青　海	Qinghai					
宁　夏	Ningxia	321	121	97	70	
新　疆	Xinjiang	3868	2057	1727	25	

3-12 按隶属关系和学科分研究与开发机构R&D课题(2019年)
R&D Projects of R&D Institutions by Subordination and Subject (2019)

项　目	Item	R&D课题数 (项) R&D Projects (item)	投入人员 (人年) Input of Personnel (man-year)	投入经费 (万元) Input of Funds (10 000 yuan)
总　计	**Total**	**125642**	**377571**	**21194883**
按隶属关系分组	**by Subordination**			
中央部门属	Subordinated to Central Level	86254	301006	19441270
#中国科学院	Chinese Academy of Sciences	54052	68187	3825521
中国社会科学院	Chinese Academy of Social Sciences	2122	2527	82528
地方部门属	Subordi-nated to Local Level	39388	76565	1753612
省级部门属	Provincial Level	33161	59537	1477523
副省级城市部门属	Sub-provincial Cities Level	1094	2511	44085
地市级部门属	Miniciple Level	4964	14373	229102
按门类学科分组	**by Subject**			
自然科学	Natural sciences	40625	58830	48584
农业科学	Agricultural Sciences	26913	44062	33021
医药科学	Medical Science	10100	20975	15280
工程与技术科学	Engineering and Technological Sciences	40418	241624	175355
人文与社会科学	Humanities and Social Sciences	7586	12080	9768

3-13 各地区研究与开发机构R&D课题(2019年)
R&D Projects of R&D Institutions by Region (2019)

地　区	Region	R&D课题数 (项) R&D Projects (item)	投入人员 (人年) Input of Personnel (man-year)	投入经费 (万元) Input of Funds (10 000 yuan)
全　国	**National Total**	**125642**	**377571**	**21194883**
东部地区	Eastern Region	80894	207755	13330517
中部地区	Middle Region	11913	46745	2181909
西部地区	Western Region	25301	100483	4723648
东北地区	Northeast Region	7534	22588	958810
北　京	Beijing	38293	96036	6860066
天　津	Tianjin	1653	8947	366479
河　北	Hebei	1044	10154	352458
山　西	Shanxi	1350	4109	107389
内蒙古	Inner Mongolia	1117	2578	109707
辽　宁	Liaoning	2682	11155	604857
吉　林	Jilin	3268	6625	294112
黑龙江	Heilongjiang	1584	4808	59841
上　海	Shanghai	10027	27932	2932867
江　苏	Jiangsu	8180	24792	1517080
浙　江	Zhejiang	3788	8007	300099
安　徽	Anhui	1778	9430	466659
福　建	Fujian	3919	4516	122303
江　西	Jiangxi	1514	5246	187316
山　东	Shandong	5066	10303	270075
河　南	Henan	1485	10356	381429
湖　北	Hubei	3964	11207	778387
湖　南	Hunan	1822	6397	260729
广　东	Guangdong	7947	15156	567191
广　西	Guangxi	2059	3522	69715
海　南	Hainan	977	1913	41899
重　庆	Chongqing	3573	8644	203821
四　川	Sichuan	3443	36468	2085173
贵　州	Guizhou	1745	3373	71809
云　南	Yunnan	3828	6221	180152
西　藏	Tibet	163	487	7993
陕　西	Shaanxi	3475	29670	1718611
甘　肃	Gansu	2692	5335	165416
青　海	Qinghai	592	744	19202
宁　夏	Ningxia	697	621	25834
新　疆	Xinjiang	1917	2819	66216

3-14　各地区地方部门属研究与开发机构R&D课题(2019年)
R&D Projects Taken by Local R&D Institutions by Region (2019)

地　区	Region	R&D课题数 (项) R&D Projects (item)	投入人员 (人年) Input of Personnel (man-year)	投入经费 (万元) Input of Funds (10 000 yuan)
全　国	**National Total**	**39388**	**76565**	**1753612**
东部地区	Eastern Region	18279	33416	1001543
中部地区	Middle Region	6436	13587	238708
西部地区	Western Region	12382	22693	414107
东北地区	Northeast Region	2291	6870	99255
北　京	Beijing	1764	3874	106328
天　津	Tianjin	474	1006	31431
河　北	Hebei	854	1411	26977
山　西	Shanxi	985	1804	33777
内蒙古	Inner Mongolia	758	1635	40065
辽　宁	Liaoning	304	1287	31643
吉　林	Jilin	774	2298	31592
黑龙江	Heilongjiang	1213	3285	36020
上　海	Shanghai	1863	3018	113778
江　苏	Jiangsu	2498	4718	212011
浙　江	Zhejiang	2047	3360	77660
安　徽	Anhui	814	1790	34288
福　建	Fujian	2625	2924	63033
江　西	Jiangxi	1427	2709	48925
山　东	Shandong	2670	5485	97945
河　南	Henan	947	2645	40370
湖　北	Hubei	861	1894	27355
湖　南	Hunan	1402	2745	53993
广　东	Guangdong	3293	7201	265640
广　西	Guangxi	1933	2826	54167
海　南	Hainan	191	419	6740
重　庆	Chongqing	2326	3270	71941
四　川	Sichuan	1780	3141	52357
贵　州	Guizhou	1149	2013	29664
云　南	Yunnan	1460	3640	66643
西　藏	Tibet	163	487	7993
陕　西	Shaanxi	425	1196	9969
甘　肃	Gansu	731	2046	23707
青　海	Qinghai	66	297	6822
宁　夏	Ningxia	697	621	25834
新　疆	Xinjiang	894	1521	24948

3-15 按服务的国民经济行业分研究与开发机构R&D课题(2019年)

R&D Projects of R&D Institutions by Industry (2019)

行 业	Industry	R&D课题数(项) R&D Projects (item)	投入人员(人年) Input of Personnel (man-year)	投入经费(万元) Input of Funds (10 000 yuan)
总 计	**Total**	**125642**	**377571**	**21194883**
农、林、牧、渔业小计	**Agriculture, Forestry, Animal Husbandry and Fishery**	**24978**	**41801**	**943626**
农 业	Farming	14953	25912	558679
林 业	Forestry	1825	3462	63290
畜牧业	Animal Husbandry	1631	2817	67987
渔 业	Fishery	1546	1969	69456
农、林、牧、渔专业及辅助性活动	Professional and Support Activities for Agriculture, Forestry, Animal Husbandry and Fishery	5023	7640	184213
采矿业小计	**Mining**	**298**	**896**	**35036**
煤炭开采和洗选业	Mining and Washing of Coal	21	91	1422
石油和天然气开采业	Extraction of Petroleum and Natural Gas	55	174	3032
黑色金属矿采选业	Mining and Processing of Ferrous Metal Ores	6	14	85
有色金属矿采选业	Mining and Processing of Non-Ferrous Metal Ores	137	295	18658
非金属矿采选业	Mining and Processing of Non-metal Ores	16	19	446
开采专业及辅助性活动	Processing and Support Activities for Mining	52	229	8146
其他采矿业	Mining of Other Ores	11	74	3248
制造业小计	**Manufacturing**	**15582**	**129019**	**9026805**
农副食品加工业	Processing of Food from Agricultural Products	712	1049	24658
食品制造业	Manufacture of Foods	348	543	11795
酒、饮料和精制茶制造业	Manufacture of Liquor, Beverages and Refined Tea	149	238	4842
烟草制品业	Manufacture of Tobacco	22	33	710
纺织业	Manufacture of Textile	32	50	1775
纺织服装、服饰业	Manufacture of Textile, Apparel and Accessories	16	18	223
皮革、毛皮、羽毛及其制品和制鞋业	Manufacture of Leather, Fur, Feather and Related Products and Footwear	11	17	484
木材加工和木、竹、藤、棕、草制品业	Processing of Timbers and Manufacture of Wood, Bamboo, Rattan, Palm and Straw Products	160	305	3099
家具制造业	Manufacture of Furniture	8	32	878
造纸及纸制品业	Manufacture of Paper and Paper Products	7	27	342
印刷和记录媒介复制业	Printing and Reproduction of Recording Media	1	4	155
文教、工美、体育和娱乐用品制造业	Manufacture of Articles for Culture, Education, Arts and Crafts, Sport and Entertainment Activities	22	21	400
石油、煤炭及其他燃料加工业	Processing of Petroleum ,Coal and Other Fuels	78	150	6009
化学原料和化学制品制造业	Manufacture of Chemical Raw Material and Chemical Products	1753	3050	123560
医药制造业	Manufacture of Medicines	1766	2667	125924
化学纤维制造业	Manufacture of Chemical Fibers	46	100	2308
橡胶和塑料制品业	Manufacture of Rubber and Plastics Products	58	111	1471
非金属矿物制品业	Manufacture of Non-metallic Mineral Products	305	578	14836
黑色金属冶炼和压延加工业	Smelting and Pressing of Ferrous Metals	3	3	58
有色金属冶炼和压延加工业	Smelting and Pressing of Non-Ferrous Metals	64	119	1411
金属制品业	Manufacture of Metal Products	74	137	4138
通用设备制造业	Manufacture of General Purpose Machinery	728	3523	256630
专用设备制造业	Manufacture of Special Purpose Machinery	1200	3520	99227
汽车制造业	Manufacture of Automobiles	67	359	14712
铁路、船舶、航空航天和其他运输设备制造业	Manufacture of Railway, Ship, Aerospace and Other Transport Equipments	3384	61310	5726938
电气机械和器材制造业	Manufacture of Electrical Machinery and Apparatus	358	1143	44395
计算机、通信和其他电子设备制造业	Manufacture of Computers, Communication and Other Electronic Equipment	3244	43463	2176446
仪器仪表制造业	Manufacture of Measuring Instruments and Machinery	620	5198	326523
其他制造业	Other Manufacture	292	1166	51871
废弃资源综合利用业	Utilization of Waste Resources	50	85	926
金属制品、机械和设备修理业	Repaire Service of Metal Products, Machinery and Equipment	4	1	63
电力、热力、燃气及水生产和供应业小计	**Production and Supply of Electricity, Heat, Gas and Water**	**484**	**949**	**31315**
电力、热力生产和供应业	Production and Supply of Electric Power and Heat Power	296	641	23362
燃气生产和供应业	Production and Supply of Gas	59	110	1738
水的生产和供应业	Production and Supply of Water	129	199	6215
建筑业小计	**Construction**	**411**	**728**	**20405**
房屋建筑业	Construction of Building	80	181	2739
土木工程建筑业	Civil Engineering	319	523	16957
建筑安装业	Building Installation	5	11	268
建筑装饰、装修和其他建筑业	Building Decoration and Other Constructions	7	13	442
批发和零售业小计	**Wholesale and Retail Trades**	**45**	**123**	**2461**
批发业	Wholesale Trade	40	116	2240
零售业	Retail Trade	5	7	221

3-15 续表 continued

行 业	Industry	R&D课题数（项）R&D Projects (item)	投入人员（人年）Input of Personnel (man-year)	投入经费（万元）Input of Funds (10 000 yuan)
交通运输、仓储和邮政业小计	**Transport, Storage and Post**	**762**	**1790**	**32352**
铁路运输业	Railway Transport	7	9	308
道路运输业	Road Transport	371	545	17357
水上运输业	Water Transport	304	412	8184
航空运输业	Air Transport	57	729	4799
管道运输业	Transport Via Pipeline	3	21	238
装卸搬运和仓储业	Loading, Unloading and Storage	2	3	36
邮政业	Post	17	51	1196
住宿和餐饮业小计	**Hotels and Catering Services**	**1**	**19**	**236**
住宿业	Hotels	4	11	277
餐饮业	Catering Services	2	9	227
信息传输、软件和信息技术	**Information Transmission, Software and Information**	**2**	**2**	**50**
服务业小计	**Technology**	**2357**	**8029**	**368108**
电信、广播电视和卫星传输服务	Telecommunications, Radio and Television and Satellite Transmission Services	223	299	15124
互联网和相关服务	Internet and Related Services	244	702	25963
软件和信息技术服务业	Software and Information Technology	1890	7028	327021
金融业小计	**Financial Intermediation**	**59**	**82**	**3425**
货币金融服务	Monetary and Financial Services	25	36	1435
资本市场服务	Capital Market Services	6	5	142
保险业	Insurance	6	6	270
其他金融业	Other Financial Activities	22	35	1577
房地产业小计	**Real Estate**	**17**	**15**	**615**
房地产业	Real Estate	17	15	615
租赁和商务服务业小计	**Leasing and Business Services**	**162**	**188**	**3612**
商务服务业	**Business Service**	**161**	**188**	**3571**
科学研究和技术服务业小计	**Scientific Research and Technical Service**	**64595**	**164208**	**9718471**
研究和试验发展	Research and Experimental Development	54976	142844	8776157
专业技术服务业	Professional Technical Services	7703	15408	627526
科技推广和应用服务业	Science and Technology Popularization and Application Services	1916	5955	314789
水利、环境和公共设施管理业小计	**Management of Water Conservancy, Environment and Public Facilities**	**7576**	**11407**	**404361**
水利管理业	Management of Water Conservancy	1068	1416	56823
生态保护和环境治理业	Ecological Protection and Environmental Treatment	6207	9635	338069
公共设施管理业	Management of Public Facilities	257	306	7991
居民服务、修理和其他服务业小计	**Service to Households, Repair and Other Services**	**44**	**50**	**1478**
居民服务业	Service to Households	67	159	2661
机动车、电子产品和日用产品	Repair of Motor Vehicles, Electronics and	9	7	148
修理业	Household Appliances	6	4	549
其他服务业	Other Services	52	149	1965
教育小计	**Education**	**1167**	**897**	**19830**
教 育	Education	1167	897	19830
卫生和社会工作小计	**Health and Social Service**	**4929**	**11743**	**295115**
卫 生	Health	4908	11675	294223
社会工作	Social Service	21	68	892
文化、体育和娱乐业小计	**Culture, Sports and Entertainment**	**560**	**1911**	**48850**
新闻和出版业	Journalism and Publishing Activities	33	35	958
广播、电视、电影和影视录音制作业	Radio, Television, Motion Picture and Videotape Programme Production Services	14	85	926
文化艺术业	Culture and Art Activities	373	1517	41992
体 育	Sports Activities	136	267	4956
娱乐业	Entertainment	4	8	18
公共管理、社会保障和社会组织小计	**Public Management,Social Security and Social Organization**	**1580**	**3597**	**237365**
中国共产党机关	Organs of Communist Party of China	63	150	7134
国家机构	Government Agencies	1336	3176	219030
人民政协、民主党派	People's Political Consultative Conference and Democratic Parties	3	6	144
社会保障	Social Security	70	151	5186
群众团体、社会团体和其他成员组织	Mass Organizations, Social Organizations and Other Membership Organizations	100	107	5592
基层群众自治组织	Grass Roots Self-government Organizations	8	7	279
国际组织小计	**International Organizations**	**9**	**19**	**193**
国际组织	International Organizations	9	19	193

3-16 按学科分组的R&D课题(2019年)
R&D Projects Taken by R&D Institutions by Discipline (2019)

学 科	Discipline	R&D课题数 (项) R&D Projects (item)	投入人员 (人年) Input of Personnel (man-year)	投入经费 (万元) Input of Funds (10 000 yuan)
全 国	**National Total**	**125642**	**377571**	**21194883**
数 学	Mathematics	749	865	50111
信息科学与系统科学	Information & System Science	1640	3231	123710
力 学	Mechanics	1033	988	52606
物理学	Physics	5771	8957	635119
化 学	Chemistry	4522	8390	285756
天文学	Astronomy	2060	2120	122528
地球科学	Earth Science	12687	17782	913023
生物学	Biology	11776	16074	596886
心理学	Psychology	387	423	14595
农 学	Agriculture	18478	30938	693453
林 学	Forestry	2935	5410	101814
畜牧、兽医科学	Livestock, Veterinary Medicine	3041	4884	117730
水产学	Aquatic	2459	2830	96406
基础医学	Basic Medicine	1313	2830	91532
临床医学	Clinic Medicine	2921	6333	224757
预防医学与公共卫生学	Protective Medicine	1068	3296	55282
军事医学与特种医学	Military Medicine & Special Medicine	29	94	592
药 学	Pharmacy	1752	2815	140326
中医学与中药学	Traditional Chinese Medicine	3017	5608	145842
工程与技术科学基础学科	Engineering & Basic Technology Science	3096	22984	1165419
信息与系统科学相关工程与技术	Information and System Science,Engineering and Technology Related	1390	2570	175067
自然科学相关工程与技术	Science and Technology Related Projects	1851	3523	138503
测绘科学技术	Surveying & Mapping	1453	2128	135459
材料科学	Material Science	4722	10812	494102
矿山工程技术	Mining	120	287	9467
冶金工程技术	Metallurgy	63	191	8214
机械工程	Mechanical Engineering	912	3524	135239
动力与电气工程	Power & Electrical Engineering	1094	4434	310734
能源科学技术	Energy Technology	884	2140	84616
核科学技术	Nuclear Technology	855	14744	1073132
电子与通信技术	Electronics & Communication technology	5518	60654	3435885

3-16 续表 continued

学 科	Discipline	R&D课题数 (项) R&D Projects (item)	投入人员 (人年) Input of Personnel (man-year)	投入经费 (万元) Input of Funds (10 000 yuan)
计算机科学技术	Computer Technology	2167	10006	558484
化学工程	Chemical Engineering	1178	1108	56242
产品应用相关工程与技术	Engineering and Technology Related Products Application	229	470	9564
纺织科学技术	Textile Technology	21	81	866
食品科学技术	Food Technology	727	1297	28120
土木建筑工程	Civil Construction	310	957	20399
水利工程	Water Conservancy	2139	2530	103568
交通运输工程	Transportaiton Engineering	1118	3581	189751
航空、航天科学技术	Aviation and Aerospace	3846	81996	7935972
环境科学技术及资源科学技术	Environment & Resources	4662	7526	305445
安全科学技术	Security	699	1771	61434
管理学	Management	1364	2310	37093
马克思主义	Marxism	131	293	8811
哲 学	Phylosophy	173	207	3493
宗教学	Religion	61	154	1199
语言学	Linguistics	93	140	3262
文 学	Literature	179	334	8416
艺术学	Arts	116	372	4669
历史学	Histry	412	710	18912
考古学	Archaeology	370	1228	41199
经济学	Economics	2282	3237	62121
政治学	Politics	425	750	11786
法 学	Law	574	320	9592
军事学	Military	99	466	6947
社会学	Sociology	627	1223	24432
民族学与文化学	Ethnography & Culture	378	566	19398
新闻学与传播学	Journalism	107	175	2933
图书馆、情报与文献学	Library and Information Literature	257	665	12736
教育学	Education	1046	665	10739
体育科学	Physical Science	181	341	6047
统计学	Statistics	75	234	3351

3-17 按来源和合作形式分研究与开发机构R&D课题(2019年)

R&D Projects of R&D Institutions by Sources and Cooperation Modality (2019)

项　目	Item	R&D课题数(项) R&D Projects (item)	投入人员(人年) Input of Personnel (man-year)	投入经费(万元) Input of Funds (10 000 yuan)
总　计	**Total**	**125642**	**377571**	**21194883**
按课题来源分组	**By Sources of Topics**			
政府科技项目	Government S&T Projects	90036	297887	17626724
自选科技项目	S&T Projects Chosen by Enterprise	9579	26638	796280
其他企业委托科技项目	S&T Projects Entrusted by Enterprise	8700	12484	564765
来自国外的科技项目	Oversease S&T Projects	602	1188	132449
其它科技项目	Others	16725	39375	2074665
按合作形式分组	**By Cooperation Modality**			
与境外机构合作	Cooperation with Oversease Institutes	764	1708	98880
与国内高校合作	Cooperation with Higher Education	5071	13584	472260
与国内独立研究机构合作	Cooperation with Independent Research Institutes	8240	30372	2105214
与境内注册的外商独资企业合作	Cooperation with Sole Foreign Enterprise			
与境内注册的其他企业合作	Cooperation with Other Enterprise	4385	11594	507728
独立完成	Independent Implementation	102349	302765	17276996
其　他	Others	4833	17549	733805

3-18 按隶属关系和学科分研究与
S&T Output of R&D Institutions by

项 目	Item	发表科技论文（篇） Scientific Papers Issued (piece)	#国外发表 Published in Foreign Periodicals	出版科技著作（种） Publication on S&T (kind)
总 计	**Total**	**185978**	**64257**	**5469**
按隶属关系分组	**by Subordination**			
中央部门属	Subordinated to Central Level	124044	54557	2820
#中国科学院	Chinese Academy of Sciences	54634	41114	472
中国社会科学院	Chinese Academy of Social Sciences	5335	216	567
地方部门属	Subordi-nated to Local Level	61934	9700	2649
省级部门属	Provincial Level	51918	9000	2158
副省级城市部门属	Sub-provincial Cities Level	2369	187	215
地市级部门属	Miniciple Level	7517	460	256
按门类学科分组	**by Subject**			
自然科学	Natural sciences	42563	28923	488
农业科学	Agricultural Sciences	34180	8157	1067
医药科学	Medical Science	19969	6925	683
工程与技术科学	Engineering and Technological Sciences	66980	24210	1091
人文与社会科学	Humanities and Social Sciences	22286	561	2140

开发机构科技产出(2019年)
Subordination and Subject(2019)

专利申请数 (件) Patents Application (piece)	#发明专利 Invetions	有效发明专利 (件) Patent in Force (piece)	专利所有权转让及许可数 (件) Number of Transfer and Licensing of Patent Ownership (piece)	专利所有权转让及许可收入 (万元) Revenue from Transfer and Licensing of Patent Ownership (10 000 yuan)	形成国家或行业标准数 (项) Number of National and Industrial Standard (item)
67302	**52185**	**162097**	**2944**	**194980**	**3568**
53647	43791	136439	2455	179477	2405
17789	15201	53011	1103	141672	184
2	2	2			
13655	8394	25658	489	15504	1163
11630	7426	22937	420	14799	845
355	211	679	31	197	60
1650	741	2024	38	507	256
10614	9125	31299	581	50424	180
9620	5997	23190	366	7203	1009
2374	1337	5617	809	18398	253
44590	35682	101741	1188	118956	2033
104	44	250			93

3-19 各地区研究与开发
S&T Output of R&D Institutions

地　区	Region	发表科技论文（篇）Scientific Papers Issued (piece)	#国外发表 Published in Foreign Periodicals	出版科技著作（种）Publication on S&T (kind)
全　国	**National Total**	**185978**	**64257**	**5469**
东部地区	Eastern Region	119160	48582	3674
中部地区	Middle Region	19671	4124	558
西部地区	Western Region	35388	6218	1047
东北地区	Northeast Region	11759	5333	190
北　京	Beijing	63902	26998	2262
天　津	Tianjin	2955	498	96
河　北	Hebei	2652	212	94
山　西	Shanxi	2617	424	63
内蒙古	Inner Mongolia	1544	47	68
辽　宁	Liaoning	4951	2700	58
吉　林	Jilin	4173	2294	86
黑龙江	Heilongjiang	2635	339	46
上　海	Shanghai	11787	5683	220
江　苏	Jiangsu	10256	3374	193
浙　江	Zhejiang	5660	1969	219
安　徽	Anhui	2476	994	43
福　建	Fujian	3064	1253	61
江　西	Jiangxi	1991	192	63
山　东	Shandong	7570	2908	183
河　南	Henan	3457	416	149
湖　北	Hubei	6827	1660	161
湖　南	Hunan	2303	438	79
广　东	Guangdong	9823	5135	279
广　西	Guangxi	3323	492	107
海　南	Hainan	1491	552	67
重　庆	Chongqing	2715	436	109
四　川	Sichuan	7287	892	176
贵　州	Guizhou	2227	376	66
云　南	Yunnan	4212	1235	159
西　藏	Tibet	377	41	8
陕　西	Shaanxi	6258	465	116
甘　肃	Gansu	3424	1200	113
青　海	Qinghai	660	312	24
宁　夏	Ningxia	631	18	22
新　疆	Xinjiang	2730	704	79

机构科技产出(2019年)
by Region(2019)

专利申请数 (件) Patents Application (piece)		有效发明专利 (件) Patent in Force (piece)	专利所有权转让及许可数 (件) Number of Transfer and Licensing of Patent Ownership (piece)	专利所有权转让及许可收入 (万元) Revenue from Transfer and Licensing of Patent Ownership (10 000 yuan)	形成国家或行业标准数 (项) Number of National and Industrial Standard (item)
	#发明专利 Invetions				
67302	**52185**	**162097**	**2944**	**194980**	**3568**
40579	31941	105906	2268	163335	2597
8011	5898	18315	224	4809	350
13425	10133	26336	221	9881	487
5287	4213	11540	231	16956	134
17625	14491	56429	1357	47249	1659
1586	1192	2625	43	1824	22
1228	874	2351	19	8491	49
808	558	1690	11	64	20
199	70	230			63
3229	2636	6910	101	6425	30
1337	1230	3294	112	10016	25
721	347	1336	18	515	79
5175	4379	13463	245	31342	234
4417	3372	8929	97	4084	123
2110	1592	4581	95	5968	81
1504	1055	3490	16	2230	48
930	695	2028	36	1667	36
683	502	902	7	167	43
2807	2126	6305	125	9728	215
1888	1445	3935	15	172	110
2514	1868	6286	173	2153	93
614	470	2012	2	22	36
4351	2995	8316	241	52488	164
1059	571	1468	24	734	18
350	225	879	10	496	14
938	668	1826	12	2142	58
3625	2904	7938	40	1145	107
407	292	762	6		23
775	524	1835	37	1333	38
42	11	39			
4475	3824	8418	53	3098	90
1041	829	2205	22	1098	21
133	120	534	4	101	
185	55	97	3		4
546	265	984	20	230	65

3-20 各地区地方部门属研究与
S&T Output in R&D Institutions of

地 区	Region	发表科技论文（篇） Scientific Papers Issued (piece)	#国外发表 Published in Foreign Periodicals	出版科技著作（种） Publication on S&T (kind)
全 国	**National Total**	**61934**	**9700**	**2649**
东部地区	Eastern Region	27962	6827	1184
中部地区	Middle Region	10407	937	461
西部地区	Western Region	19326	1689	868
东北地区	Northeast Region	4239	247	136
北 京	Beijing	3757	1409	152
天 津	Tianjin	1181	64	71
河 北	Hebei	1615	143	82
山 西	Shanxi	1856	59	54
内 蒙 古	Inner Mongolia	1362	34	58
辽 宁	Liaoning	962	77	26
吉 林	Jilin	1468	72	68
黑 龙 江	Heilongjiang	1809	98	42
上 海	Shanghai	3156	876	176
江 苏	Jiangsu	3949	978	127
浙 江	Zhejiang	3339	578	169
安 徽	Anhui	1292	128	43
福 建	Fujian	1997	318	54
江 西	Jiangxi	1501	187	63
山 东	Shandong	4455	964	139
河 南	Henan	1910	167	125
湖 北	Hubei	2089	182	100
湖 南	Hunan	1759	214	76
广 东	Guangdong	4186	1466	206
广 西	Guangxi	3176	467	101
海 南	Hainan	327	31	8
重 庆	Chongqing	2023	218	105
四 川	Sichuan	2682	235	133
贵 州	Guizhou	1731	146	63
云 南	Yunnan	2461	238	141
西 藏	Tibet	377	41	8
陕 西	Shaanxi	1453	85	82
甘 肃	Gansu	1586	89	73
青 海	Qinghai	216	5	14
宁 夏	Ningxia	631	18	22
新 疆	Xinjiang	1628	113	68

开发机构科技产出(2019年)
Local Governments by Region(2019)

专利申请数(件) Patents Application (piece)	#发明专利 Invetions	有效发明专利(件) Patent in Force (piece)	专利所有权转让及许可数(件) Number of Transfer and Licensing of Patent Ownership (piece)	专利所有权转让及许可收入(万元) Revenue from Transfer and Licensing of Patent Ownership (10 000 yuan)	形成国家或行业标准数(项) Number of National and Industrial Standard (item)
13655	**8394**	**25658**	**489**	**15504**	**1163**
7388	5089	14560	296	11474	543
2053	1191	3594	75	382	205
3502	1758	5709	96	3102	316
712	356	1795	22	546	99
586	391	2087	18	1265	49
194	124	345	6	12	6
318	194	568	6	115	45
273	129	780	10	14	14
157	63	186			60
116	51	733			5
187	115	222	4	31	24
409	190	840	18	515	70
517	383	1195	19	422	92
972	639	1504	45	990	12
743	435	1466	30	725	44
279	139	519	4	4	39
567	384	1140	26	317	36
318	194	549	7	167	42
1747	1213	3402	93	7281	169
493	287	567	6	20	45
340	216	577	46	155	29
350	226	602	2	22	36
1657	1298	2564	53	348	86
966	526	1416	24	734	15
87	28	289			4
361	209	750	7	372	34
421	235	781	30	709	41
297	205	537	6		21
336	153	727	21	1256	34
42	11	39			
66	43	225	3		28
268	132	438			15
16	6	13			
185	55	97	3		4
387	120	500	2	31	64

3-21 按服务的国民经济行业分研究与
S&T Output of R&D Institutions by Industrial Sector

行　业	Industry	发表科技论文（篇） Scientific Papers Issued (piece)	#国外发表 Published in Foreign Periodicals
总　计	**Total**	**185978**	**64257**
农、林、牧、渔业小计	**Agriculture, Forestry, Animal Husbandry and Fishery**	**31884**	**7728**
农　业	Farming	16867	3717
林　业	Forestry	2905	572
畜牧业	Animal Husbandry	2807	805
渔　业	Fishery	2270	783
农、林、牧、渔专业及辅助性活动	Professional and Support Activities for Agriculture, Forestry, Animal Husbandry and Fishery	7035	1851
采矿业小计	**Mining**	**188**	**15**
煤炭开采和洗选业	Mining and Washing of Coal	19	
有色金属矿采选业	Mining and Processing of Non-Ferrous Metal Ores	101	15
其他采矿业	Mining of Other Ores	68	
制造业小计	**Manufacturing**	**7135**	**3111**
农副食品加工业	Processing of Food from Agricultural Products	684	265
食品制造业	Manufacture of Foods	40	1
酒、饮料和精制茶制造业	Manufacture of Liquor, Beverages and Refined Tea	23	5
烟草制品业	Manufacture of Tobacco		
纺织业	Manufacture of Textile	39	6
纺织服装、服饰业	Manufacture of Textile, Wearing Apparel and Accessories		
皮革、毛皮、羽毛及其制品和制鞋业	Manufacture of Leather, Fur, Feather and Related Products and Footwear	6	
木材加工和木、竹、藤、棕、草制品业	Processing of Timbers and Manufacture of Wood, Bamboo, Rattan, Palm and Straw Products	182	75
家具制造业	Manufacture of Furniture		
造纸及纸制品业	Manufacture of Paper and Paper Products	12	
印刷和记录媒介复制业	Printing and Reproduction of Recording Media	4	
文教、工美、体育和娱乐用品制造业	Manufacture of Articles for Culture, Education, Arts and Crafts, Sport and Entertainment Activities		
石油、煤炭及其他燃料加工业	Processing of Petroleum ,Coal and Other Fuels	24	
化学原料和化学制品制造业	Manufacture of Chemical Raw Material and Chemical Products	1059	866
医药制造业	Manufacture of Medicines	2357	965
化学纤维制造业	Manufacture of Chemical Fibers	5	
橡胶和塑料制品业	Manufacture of Rubber and Plastics Products	45	20
非金属矿物制品业	Manufacture of Non-metallic Mineral Products	132	2
黑色金属冶炼和压延加工业	Smelting and Pressing of Ferrous Metals	6	

开发机构科技产出(2019年)
in which the R&D Institutions Served (2019)

出版科技著作(种) Publication on S&T (kind)	专利申请数(件) Patents Application (piece)	#发明专利 Invetions	有效发明专利(件) Patent in Force (piece)	专利所有权转让及许可数(件) Number of Transfer and Licensing of Patent Ownership (piece)	专利所有权转让及许可收入(万元) Revenue from Transfer and Licensing of Patent Ownership (10 000 yuan)	形成国家或行业标准数(项) Number of National and Industrial Standard (item)
5469	**67302**	**52185**	**162097**	**2944**	**194980**	**3568**
1025	**8768**	**5636**	**21221**	**308**	**6827**	**930**
540	4817	3088	10138	183	4313	661
94	465	265	1542	14	365	62
87	742	499	1837	56	1245	48
41	727	409	2521	13	468	42
263	2017	1375	5183	42	435	117
1	**68**	**54**	**161**			**1**
	15	4	19			
1	53	50	142			1
114	**3266**	**2495**	**9509**	**178**	**8404**	**325**
27	407	332	1099	10	533	25
	27	26	58	2	38	11
1	9	7	36	2	55	13
1	7	4	13			2
						1
5	47	47	177	8	225	18
	1	1				
	13	7	98			
4	253	224	1092	26	613	6
52	541	517	2489	64	3999	148
	2	2	4			
	19	19	53	3	1	
4	13	9	27			14
	1					

3-21 续表 1

行 业	Industry	发表科技论文(篇) Scientific Papers Issued (piece)	#国外发表 Published in Foreign Periodicals
有色金属冶炼和压延加工业	Smelting and Pressing of Non-Ferrous Metals	5	
金属制品业	Manufacture of Metal Products	17	9
通用设备制造业	Manufacture of General Purpose Machinery	379	24
专用设备制造业	Manufacture of Special Purpose Machinery	1206	294
铁路、船舶、航空航天和其他运输设备制造业	Manufacture of Railway, Ships, Aerospace and Other Transport Equipments	212	179
电气机械和器材制造业	Manufacture of Electrical Machinery and Apparatus		
计算机、通信和其他电子设备制造业	Manufacture of Computer, Communication and Other Electronic Equipment	477	329
仪器仪表制造业	Manufacture of Measuring Instrument and Machinery	221	71
电力、热力、燃气及水生产和供应业小计	**Production and Supply of Electricity, Heat, Gas and Water**	**90**	**15**
电力、热力生产和供应业	Production and Supply of Electric Power and Heat Power	77	14
燃气生产和供应业	Production and Supply of Gas	13	1
建筑业小计	**Construction**	**798**	**126**
房屋建筑业	Construction of Building	166	6
土木工程建筑业	Civil Engineering	535	119
建筑装饰、装修和其他建筑业	Building Decoration and Other Constructions	97	1
批发和零售业小计	**Wholesale and Retail Trades**		
零售业	Retail Trade		
交通运输、仓储和邮政业小计	**Transport, Storage and Post**	**1013**	**226**
铁路运输业	Railway Transport		
道路运输业	Road Transport	585	139
水上运输业	Water Transport	191	57
航空运输业	Air Transport	237	30
邮政业			
信息传输、软件和信息技术服务业小计	**Information Transmission,Software and Information Technology**	**937**	**450**
电信、广播电视和卫星传输服务	Telecommunications, Radio and Television and Satellite Transmission Services	295	36
互联网和相关服务	Internet and Related Services	2	
软件和信息技术服务业	Software and Information Technology	640	414

continued

出版科技著作 (种) Publication on S&T (kind)	专利申请数 (件) Patents Application (piece)	#发明专利 Invetions	有效发明专利 (件) Patent in Force (piece)	专利所有权转让及许可数 (件) Number of Transfer and Licensing of Patent Ownership (piece)	专利所有权转让及许可收入 (万元) Revenue from Transfer and Licensing of Patent Ownership (10 000 yuan)	形成国家或行业标准数 (项) Number of National and Industrial Standard (item)
			5			
	28	28	24			
5	151	83	97	6	268	20
5	881	478	951	33	2436	58
	48	37	76			5
	26	14	10			
8	562	495	2744	14	34	1
2	230	165	456	10	203	3
1	**11**	**4**	**23**			**11**
	9	2	16			9
1	2	2	7			2
36	**152**	**101**	**300**	**14**	**6655**	**101**
9	38	22	61	14	6655	23
20	109	75	239			15
7	5	4				63
58	**331**	**161**	**849**			**109**
43	209	104	576			79
11	51	7	120			30
4	71	50	138			
			15			
9	**554**	**422**	**1877**	**76**	**513**	**90**
5	236	115	278	1	40	59
	17	17	11			
4	301	290	1588	75	473	31

3-21 续表 2

行业	Industry	发表科技论文（篇）Scientific Papers Issued (piece)	#国外发表 Published in Foreign Periodicals	出版科技著作（种）Publication on S&T (kind)
金融业小计	**Financial Intermediation**	**1**		
货币金融服务	Monetary and Financial Services	1		
租赁和商务服务业小计	**Leasing and Business Services**	**5**		**2**
商务服务业	Business Service	5		2
科学研究和技术服务业小计	**Scientific Research and Technical Service**	**117381**	**44954**	**2833**
研究和试验发展	Research and Experimental Development	104597	41285	2475
专业技术服务业	Professional Technical Services	11715	3569	311
科技推广和应用服务业	Science and Technology Popularization and Application Services	1069	100	47
水利、环境和公共设施管理业小计	**Management of Water Conservancy, Environment and Public Facilities**	**7125**	**2696**	**317**
水利管理业	Management of Water Conservancy	2213	309	101
生态保护和环境治理业	Ecological Protection and Environmental Treatment	4728	2359	210
公共设施管理业	Management of Public Facilities	184	28	6
居民服务、修理和其他服务业小计	**Service to Households, Repair and Other Services**	**23**		
其他服务业	Service to Households	23		
机动车、电子产品和日用产品修理业	Repair of Motor Vehicles, Electronics and Household Appliances			
教育小计	**Education**	**973**	**54**	**242**
教　育	Education	973	54	242
卫生和社会工作小计	**Health and Social Service**	**14464**	**4725**	**505**
卫　生	Health	14464	4725	505
文化、体育和娱乐业小计	**Culture, Sports and Entertainment**	**1026**	**53**	**92**
新闻和出版业	Journalism and Publishing Activities			
广播、电视、电影和影视录音制作业	Radio, Television, Motion Picture and Videotape Programme Production Services	65		6
文化艺术业	Culture and Art Activities	734	30	72
体　育	Sports Activities	227	23	14
娱乐业	Entertainment			
公共管理、社会保障和社会组织小计	**Public Management,Social Security and Social Organization**	**2935**	**104**	**234**
中国共产党机关	Organs of Communist Party of China			
国家机构	Government Agencies	2927	104	227
社会保障		7		7
群众团体、社会团体和其他成员组织	Mass Communities, Social Organizations and other Membership Organizations	1		

continued

专利申请数 (件) Patents Application (piece)	#发明专利 Invetions	有效发明专利 (件) Patent in Force (piece)	专利所有权转让及许可数 (件) Number of Transfer and Licensing of Patent Ownership (piece)	专利所有权转让及许可收入 (万元) Revenue from Transfer and Licensing of Patent Ownership (10 000 yuan)	形成国家或行业标准数 (项) Number of National and Industrial Standard (item)
51084	**41964**	**121507**	**1643**	**170593**	**1745**
48663	40497	116645	1595	169393	1211
2152	1329	4547	47	1170	499
269	138	315	1	30	35
1504	**807**	**4195**	**30**	**704**	**118**
720	334	805	4	20	31
743	445	3301	26	684	79
41	28	89			8
9	**6**	**13**			**32**
9	6	13			32
1384	**434**	**1885**	**691**	**1286**	**44**
1384	434	1885	691	1286	44
31	**11**	**116**			**4**
3	2	9			
1	1	18			4
27	8	89			
140	**90**	**441**	**4**		**58**
138	90	423	4		43
2		18			15

四、高等学校
Higher Education

4-1 高等学校
Basic Statistics on Higher Education for

指　标	Item	2005	2006	2007	2008
高等学校基本情况	**Basic Statistics on Higher Education**				
学校数（个）	Number of Institutions(unit)	1792	1867	1908	2263
#理工农医	Natural Sciences & Technology	786	800	786	827
#人文社科	Social Sciences & Humanities	815	843	840	869
R&D机构（个）	R&D Institutions(unit)	3936	4154	4502	5159
研究与试验发展(R&D)投入情况	**Statistics on R&D Input**				
R&D人员（万人）	R&D Personnel(10 000 persons)	38.7	42.1	44.8	47.8
R&D人员全时当量（万人年）	Full-time Equivalent of R&D Personnel(10 000 man-year)	22.7	24.2	25.4	26.6
#基础研究	Basic Research	7.8	9.0	9.4	10.9
应用研究	Applied Research	11.1	11.3	12.0	13.7
试验发展	Experimental Development	3.9	3.9	4.0	2.0
R&D经费内部支出(亿元)	Intramural Expenditure on R&D(100 million yuan)	242.3	276.8	314.7	390.2
#基础研究	Basic Research	56.7	71.4	86.8	114.8
应用研究	Applied Research	125.0	137.3	161.8	208.9
试验发展	Experimental Development	60.6	68.2	66.1	66.5
#政府资金	Government Funds	133.1	151.5	177.7	225.5
企业资金	Self-raised Funds by Enterprises	88.9	101.2	110.3	134.9
研究与试验发展(R&D)项目(课题)情况	**Statistics on R&D Projects**				
R&D项目(课题)数(项)	R&D Projects(item)	280327	365294	375425	429096
R&D项目(课题)人员全时当量(万人年)	Participants(10 000 man-year)	22.5	26.8	25.2	26.6
R&D项目(课题)经费内部支出(亿元)	Intramural Expenditure(100 million yuan)	193.5	287.0	258.2	323.2
科技产出及成果情况	**Statistics on S&T Outputs and Results**				
发表科技论文(篇)	Scientific Papers Issued(piece)	728082	830948	905985	964877
#国外发表	Published in Foreign Periodicals	69857	90722	108727	134058
出版科技著作（种）	Publication on Science and Technology(kind)	33064	34633	35733	37541
专利申请数（件）	Number of Patent Applications(piece)	20094	24490	29860	40610
#发明专利	Inventions	14673	18059	21864	29337
专利授权数（件）	Number of Patent Grants(piece)	8843	12043	14111	19248
#发明专利	Inventions	4715	6650	8251	10216

科技活动情况
Science and technology Activities

2009	2010	2011	2012	2013	2014	2015	2016	2017	2018	2019
2305	2358	2409	2442	2491	2529	2560	2596	2631	2663	2688
1003	970	975	1039	1070	1356	1713	2021	2162	2211	2294
954	963	997	1090	1150	1540	1814	2199	2325	2346	2376
6082	7833	8630	9225	9842	10632	11732	13062	14971	16280	18379
50.9	59.4	63.2	67.8	71.5	76.3	83.9	85.2	91.4	98.4	123.3
27.5	29.0	29.9	31.4	32.5	33.5	35.5	36.0	38.2	41.1	56.5
11.3	12.0	12.9	14.0	14.7	15.5	16.4	16.7	18.1	19.1	26.7
14.1	14.8	15.0	15.4	15.9	16.1	17.2	17.3	18.3	19.7	25.8
2.1	2.1	2.0	1.9	1.9	1.9	1.9	2.0	1.9	2.3	4.1
468.2	597.3	688.8	780.6	856.7	898.1	998.6	1072.2	1266.0	1457.9	1796.6
145.5	179.9	226.7	275.7	307.6	328.6	391.0	432.5	531.1	589.9	722.2
250.0	337.0	372.4	402.7	441.3	476.4	516.3	528.4	623.1	711.5	879.3
72.6	80.3	89.8	102.2	107.8	93.1	91.3	111.4	111.8	156.5	195.1
262.2	358.8	405.1	474.1	516.9	536.5	637.3	687.8	804.5	972.3	1048.5
171.7	198.5	242.9	260.5	289.3	302.7	301.5	310.5	360.4	387.2	471.0
476708	547717	604107	657027	711010	766731	841520	894279	966780	1076903	1188769
27.4	28.9	29.9	31.3	32.4	33.5	35.4	36.0	38.2	41.1	56.5
363.5	467.0	535.3	607.3	662.7	701.8	765.6	777.2	877.0	988.8	1154.0
1016354	1062512	1109965	1117742	1127210	1152147	1220467	1267881	1308110	1389912	1447336
156750	182247	218301	226097	249673	278599	313698	355483	390235	459492	542557
40919	38101	37472	38760	37866	39326	43136	44518	45591	44794	43331
56641	72744	95592	113430	133865	149961	190351	236665	277524	320790	340685
36241	44132	54362	66755	81251	93415	109911	137755	157131	191964	210885
25570	37490	53055	74550	84930	85006	127329	149524	169679	193027	213163
14408	18055	25064	34441	35873	39468	55021	66419	78254	79773	92394

4-2 各地区高等
R&D Personnel in Higher

地 区	Region	学校数 (个) Number of Institutions (unit)	从业人员 (人) Employed Persons (person)	R&D人员合计 (人) R&D Personnel (person)	#女性 Female	#博士毕业 Doctor
全 国	**National Total**	**2688**	**2614318**	**1233180**	**462421**	**453261**
东部地区	Eastern Region	1020	1215079	626431	229359	250583
中部地区	Middle Region	699	618113	227938	87520	76823
西部地区	Western Region	711	571454	255701	97235	81019
东北地区	Northeast Region	258	209672	123110	48307	44836
北 京	Beijing	93	172462	128146	39641	65325
天 津	Tianjin	56	56325	35132	12308	14322
河 北	Hebei	122	96757	36017	19771	7362
山 西	Shanxi	82	59509	21590	9821	6436
内 蒙 古	Inner Mongolia	53	38870	10221	5072	2666
辽 宁	Liaoning	115	91044	46423	18455	16651
吉 林	Jilin	62	56742	41074	17062	13882
黑 龙 江	Heilongjiang	81	61886	35613	12790	14303
上 海	Shanghai	64	138239	69761	21809	32042
江 苏	Jiangsu	167	162909	94755	32245	39073
浙 江	Zhejiang	108	129686	67412	27377	25049
安 徽	Anhui	120	89783	40544	12392	14132
福 建	Fujian	90	67986	40561	17043	12105
江 西	Jiangxi	103	99958	20942	8384	5410
山 东	Shandong	146	170237	66341	27485	21348
河 南	Henan	141	125335	37743	17808	9961
湖 北	Hubei	128	132696	55457	18579	23466
湖 南	Hunan	125	110832	51662	20536	17418
广 东	Guangdong	154	202289	83351	29340	32738
广 西	Guangxi	78	62137	32935	14735	7504
海 南	Hainan	20	18189	4955	2340	1219
重 庆	Chongqing	65	55550	31157	11959	11205
四 川	Sichuan	126	114162	59261	21214	18682
贵 州	Guizhou	72	34667	16265	7032	3835
云 南	Yunnan	81	54436	22467	10355	5221
西 藏	Tibet	7	3670	1486	620	222
陕 西	Shaanxi	95	108290	51125	14513	22989
甘 肃	Gansu	49	43663	16061	4949	5543
青 海	Qinghai	12	6997	1630	656	327
宁 夏	Ningxia	19	14302	3890	1808	849
新 疆	Xinjiang	54	34710	9203	4322	1976

学校R&D人员(2019年)
Education by Region (2019)

#硕士毕业 Master	#本科毕业 Undergraduate	#全时人员 Full-time Personnel	R&D人员全时当量 (人年) Full-time Equivalent of R&D Personnel (man-year)	#研究人员 Researchers	基础研究 Basic Research	应用研究 Applied Research	试验发展 Experimental Development
473456	**264539**	**538572**	**565478**	**502611**	**266780**	**258166**	**40532**
228226	127548	275473	286915	256087	128459	140284	18172
91012	51589	96384	103120	89227	48962	44577	9581
104135	61287	103280	112327	99910	53814	48448	10065
50083	24115	63435	63117	57387	35545	24857	2714
32762	21670	65732	63119	56809	26590	34154	2375
12683	7564	16965	17267	15857	7132	8102	2034
18516	9476	9595	12885	11623	5327	7151	407
9209	4794	10520	10435	8898	5346	4187	901
4749	2585	3855	4309	4051	1469	2297	544
18797	10321	23458	22849	21164	10713	11147	989
18189	6736	19193	19524	17290	12276	6310	938
13097	7058	20784	20744	18933	12557	7400	788
21090	13495	41197	38725	33177	20400	15939	2387
36533	17662	40436	42574	40512	20076	17807	4691
27647	13243	22233	26832	23772	11497	14209	1127
15905	8394	21153	21066	18523	12134	8278	654
17427	10284	14473	16127	13726	4062	11398	667
9898	4891	7611	8295	6945	4752	2925	618
28374	15235	28773	30763	27582	14067	13753	2942
17593	9038	11669	13783	11459	5472	6695	1616
17946	11390	24797	26431	23072	9803	12969	3660
20461	13082	20634	23109	20330	11455	9522	2133
30959	17573	34817	36914	31573	18597	16808	1508
15782	8461	11827	13218	11256	6623	4955	1639
2235	1346	1252	1709	1456	712	962	35
11951	6896	9696	12120	10582	5219	5749	1153
23246	14291	25341	27127	23655	10430	14911	1786
7295	4830	4510	5693	5160	3317	2234	141
9995	6560	7786	9473	8059	6005	3182	286
786	442	397	510	408	326	171	13
16957	9307	27914	26432	24587	13313	9069	4050
6133	3890	6538	7329	6890	3631	3434	264
784	451	485	664	580	284	352	28
1652	1288	1807	1915	1549	1080	743	92
4805	2286	3124	3538	3136	2117	1351	70

4-3 各地区理工农医类高等

R&D Personnel in Higher Education in Natural

地区	Region	学校数 (个) Number of Institutions (unit)	从业人员 (人) Employed Persons (person)	R&D人员合计 (人) R&D Personnel (person)	#女性 Female	#博士毕业 Doctor
全国	**National Total**	**2294**	**1816848**	**668249**	**166090**	**301876**
东部地区	Eastern Region	917	872047	342065	83770	165488
中部地区	Middle Region	623	432292	119297	30855	49711
西部地区	Western Region	587	377454	127821	29831	52981
东北地区	Northeast Region	167	135055	79066	21634	33696
北京	Beijing	74	134702	81783	18166	46927
天津	Tianjin	25	40159	21093	4554	9711
河北	Hebei	117	60483	11763	4493	3292
山西	Shanxi	68	40291	13142	4834	4351
内蒙古	Inner Mongolia	47	26415	4813	1575	1629
辽宁	Liaoning	59	59399	29233	8139	12008
吉林	Jilin	55	35735	23854	6852	9512
黑龙江	Heilongjiang	53	39921	25979	6643	12176
上海	Shanghai	65	113337	50833	13056	23753
江苏	Jiangsu	152	112706	50455	10475	26496
浙江	Zhejiang	106	92387	27672	6881	14581
安徽	Anhui	108	60396	26222	5034	11784
福建	Fujian	93	41934	17902	5003	6231
江西	Jiangxi	95	73243	9485	2650	2768
山东	Shandong	130	120260	35970	10311	13900
河南	Henan	157	83430	14594	4990	5100
湖北	Hubei	87	98048	30545	6371	14838
湖南	Hunan	108	76884	25309	6976	10870
广东	Guangdong	138	144351	43039	10363	20175
广西	Guangxi	65	37113	14773	4869	4007
海南	Hainan	17	11728	1555	468	422
重庆	Chongqing	61	33154	11812	2992	4533
四川	Sichuan	109	76026	31203	6512	13258
贵州	Guizhou	46	18915	5614	1962	1650
云南	Yunnan	72	33609	9457	2975	2910
西藏	Tibet	3	2253	495	138	59
陕西	Shaanxi	80	79512	34774	5579	18986
甘肃	Gansu	42	31624	8158	1108	4442
青海	Qinghai	12	4803	602	129	69
宁夏	Ningxia	15	10127	2246	767	569
新疆	Xinjiang	35	23903	3874	1225	869

学校R&D人员(2019年)
Sciences & Technology by Region (2019)

#硕士毕业 Master	#本科毕业 Undergraduate	#全时人员 Full-time Personnel	R&D人员全时当量 (人年) Full-time Equivalent of R&D Personnel (man-year)	#研究人员 Researchers	基础研究 Basic Research	应用研究 Applied Research	试验发展 Experimental Development
200456	**133496**	**534495**	**445369**	**398634**	**207493**	**197508**	**40368**
94335	66258	273608	227991	204446	102328	107577	18086
36885	25937	95403	79489	69114	36619	33314	9556
41671	27018	102239	85186	76938	39538	35594	10054
27565	14283	63245	52702	48137	29009	21022	2671
18346	10289	65418	54516	49608	23130	29021	2365
6082	4745	16873	14060	13087	5801	6253	2006
4573	3352	9410	7839	7097	3215	4240	384
4728	3192	10510	8756	7453	4435	3420	901
1937	1058	3855	3209	3055	932	1734	544
10990	5664	23388	19487	18218	9137	9393	958
9141	3400	19077	15899	14205	10265	4708	926
7434	5219	20780	17316	15714	9607	6921	788
14204	9937	40662	33883	28863	17644	13852	2387
14179	8388	40361	33629	32476	16026	12923	4680
7172	5320	22132	18440	16498	7566	9747	1127
7523	4936	20966	17471	15555	10379	6443	649
6133	4923	14321	11930	10045	3205	8068	657
3601	2574	7588	6318	5190	3371	2337	610
11761	9091	28764	23972	21612	10797	10232	2942
5269	3593	11669	9723	8079	3279	4830	1614
7810	5689	24433	20357	17934	7421	9286	3650
7954	5953	20237	16864	14903	7734	6998	2132
11399	9693	34425	28687	24266	14515	12665	1508
5762	3972	11820	9847	8346	4552	3657	1639
486	520	1242	1035	894	428	576	31
4046	2871	9446	7871	6840	3676	3043	1152
9687	6393	24962	20799	18426	8202	10814	1784
2361	1366	4489	3740	3524	2221	1380	139
3415	2605	7558	6297	5520	3944	2070	284
207	201	396	330	259	191	126	12
8958	5119	27817	23181	21837	10531	8600	4049
2316	1392	6524	5434	5249	2695	2475	264
224	245	481	401	347	126	247	28
785	852	1797	1498	1222	833	573	91
1973	944	3094	2580	2312	1636	875	69

4-4 各地区人文社科类高等
R&D Personnel in Higher Education in Social

地区	Region	学校数（个）Number of Institutions (unit)	从业人员（人）Employed Persons (person)	R&D人员合计（人）R&D Personnel (person)	#女性 Female	#博士毕业 Doctor
全国	**National Total**	**2376**	**797470**	**564931**	**296331**	**151385**
东部地区	Eastern Region	967	343032	284366	145589	85095
中部地区	Middle Region	559	185821	108641	56665	27112
西部地区	Western Region	613	194000	127880	67404	28038
东北地区	Northeast Region	237	74617	44044	26673	11140
北京	Beijing	88	37760	46363	21475	18398
天津	Tianjin	53	16166	14039	7754	4611
河北	Hebei	120	36274	24254	15278	4070
山西	Shanxi	66	19218	8448	4987	2085
内蒙古	Inner Mongolia	45	12455	5408	3497	1037
辽宁	Liaoning	102	31645	17190	10316	4643
吉林	Jilin	58	21007	17220	10210	4370
黑龙江	Heilongjiang	77	21965	9634	6147	2127
上海	Shanghai	60	24902	18928	8753	8289
江苏	Jiangsu	164	50203	44300	21770	12577
浙江	Zhejiang	103	37299	39740	20496	10468
安徽	Anhui	114	29387	14322	7358	2348
福建	Fujian	88	26052	22659	12040	5874
江西	Jiangxi	90	26715	11457	5734	2642
山东	Shandong	126	49977	30371	17174	7448
河南	Henan	98	41905	23149	12818	4861
湖北	Hubei	97	34648	24912	12208	8628
湖南	Hunan	94	33948	26353	13560	6548
广东	Guangdong	148	57938	40312	18977	12563
广西	Guangxi	73	25024	18162	9866	3497
海南	Hainan	17	6461	3400	1872	797
重庆	Chongqing	65	22396	19345	8967	6672
四川	Sichuan	116	38136	28058	14702	5424
贵州	Guizhou	56	15752	10651	5070	2185
云南	Yunnan	71	20827	13010	7380	2311
西藏	Tibet	4	1417	991	482	163
陕西	Shaanxi	76	28778	16351	8934	4003
甘肃	Gansu	47	12039	7903	3841	1101
青海	Qinghai	11	2194	1028	527	258
宁夏	Ningxia	14	4175	1644	1041	280
新疆	Xinjiang	35	10807	5329	3097	1107

学校R&D人员(2019年)
Sciences & Humanities by Region (2019)

#硕士毕业 Master	#本科毕业 Undergraduate	#全时人员 Full-time Personnel	R&D人员全时当量(人年) Full-time Equivalent of R&D Personnel (man-year)	#研究人员 Researchers	基础研究 Basic Research	应用研究 Applied Research	试验发展 Experimental Development
273000	**131043**	**4077**	**120110**	**103976**	**59286**	**60658**	**165**
133891	61290	1865	58923	51641	26131	32707	85
54127	25652	981	23631	20113	12343	11263	25
62464	34269	1041	27141	22973	14276	12854	12
22518	9832	190	10414	9250	6536	3835	43
14416	11381	314	8602	7201	3460	5133	10
6601	2819	92	3208	2771	1330	1849	28
13943	6124	185	5046	4526	2111	2911	23
4481	1602	10	1679	1445	912	767	
2812	1527		1100	996	537	563	
7807	4657	70	3362	2946	1576	1754	32
9048	3336	116	3625	3085	2011	1603	11
5663	1839	4	3428	3219	2949	479	
6886	3558	535	4842	4314	2756	2086	
22354	9274	75	8945	8036	4050	4885	11
20475	7923	101	8393	7273	3931	4462	
8382	3458	187	3595	2968	1754	1836	5
11294	5361	152	4196	3681	857	3330	10
6297	2317	23	1977	1755	1381	588	7
16613	6144	9	6791	5970	3270	3521	
12324	5445		4061	3381	2193	1865	2
10136	5701	364	6074	5138	2382	3682	10
12507	7129	397	6245	5427	3721	2524	1
19560	7880	392	8227	7307	4083	4143	1
10020	4489	7	3371	2910	2072	1299	1
1749	826	10	674	562	284	387	3
7905	4025	250	4249	3741	1543	2706	1
13559	7898	379	6328	5229	2228	4097	3
4934	3464	21	1953	1636	1096	854	3
6580	3955	228	3176	2539	2061	1112	2
579	241	1	180	149	135	44	1
7999	4188	97	3252	2750	2783	469	0
3817	2498	14	1895	1641	936	959	1
560	206	4	263	233	158	105	
867	436	10	417	326	246	170	1
2832	1342	30	958	824	481	476	1

4-5 各地区高等学校R&D
Intramural Expenditures on R&D in

单位：万元

地区	Region	R&D经费内部支出 Intramural Expenditures on R&D	基础研究 Basic Research	应用研究 Applied Research	试验发展 Experimental Development
全　国	**National Total**	**17966165**	**7222426**	**8793037**	**1950702**
东部地区	Eastern Region	10743294	4465859	5265985	1011449
中部地区	Middle Region	2960828	1109768	1427694	423366
西部地区	Western Region	2808298	1089729	1333570	384999
东北地区	Northeast Region	1453746	557070	765787	130888
北　京	Beijing	2808088	1022847	1568146	217095
天　津	Tianjin	524717	166375	251796	106547
河　北	Hebei	253766	106794	136325	10647
山　西	Shanxi	159874	83636	64941	11297
内蒙古	Inner Mongolia	73426	20405	42624	10397
辽　宁	Liaoning	655590	201333	402380	51877
吉　林	Jilin	285928	143532	117535	24860
黑龙江	Heilongjiang	512229	212205	245872	54151
上　海	Shanghai	1548140	837331	602086	108723
江　苏	Jiangsu	1554530	602698	716637	235195
浙　江	Zhejiang	929999	405132	468081	56785
安　徽	Anhui	427124	223827	178500	24797
福　建	Fujian	562900	198353	327549	36998
江　西	Jiangxi	245564	141233	92354	11977
山　东	Shandong	676298	261220	316219	98860
河　南	Henan	412169	143723	204742	63704
湖　北	Hubei	1046913	280407	556035	210471
湖　南	Hunan	669184	236942	331122	101121
广　东	Guangdong	1857816	852118	865976	139722
广　西	Guangxi	237177	93110	62812	81255
海　南	Hainan	27039	12992	13170	877
重　庆	Chongqing	462499	191765	202759	67974
四　川	Sichuan	785882	248260	468620	69003
贵　州	Guizhou	175298	77025	90645	7629
云　南	Yunnan	162711	85115	60503	17093
西　藏	Tibet	9068	5017	3789	262
陕　西	Shaanxi	629650	250093	260910	118647
甘　肃	Gansu	143465	67107	72556	3802
青　海	Qinghai	24428	6608	17326	494
宁　夏	Ningxia	60484	21843	31362	7278
新　疆	Xinjiang	44209	23382	19662	1166

经费内部支出(2019年)
Higher Education by Region (2019)

(10 000 yuan)

日常性支出 Routine Expenses	#人员劳务费 Labor Cost	资产性支出 Assets Expenditure	#仪器和设备支出 Equipment	政府资金 Government Funds	企业资金 Self-raised Funds by Enterprises	国外资金 Foreign Funds	其他资金 Other Funds
14412065	**3702057**	**3554100**	**2594093**	**10485268**	**4709735**	**62097**	**2709065**
8526091	2194971	2217203	1618141	6401518	2761704	57652	1522419
2418910	642450	541918	410826	1696855	733765	1990	528218
2277754	571229	530544	348732	1614528	721986	1636	470148
1189310	293407	264435	216395	772367	492280	819	188280
2427556	575512	380533	297189	1674470	775680	41024	316913
420652	67826	104065	57974	233424	180900	748	109645
196006	50518	57761	52484	142367	61420	11	49969
135719	28412	24155	20626	99779	36295	13	23786
60359	12054	13067	13067	53791	9114	1	10519
548841	130825	106749	84404	303387	268135	478	83589
235110	70745	50818	43888	179932	57147	221	48628
405360	91836	106869	88103	289049	166998	120	56062
1142322	293514	405818	250219	973040	377736	8782	188582
1263088	285832	291442	242536	810782	542233	2143	199372
781994	257535	148005	129076	500747	249573	3127	176551
334681	88996	92443	68309	235732	72333	135	118924
402779	131267	160121	103960	382809	99964	261	79865
178475	54623	67089	37056	149608	58938	36	36982
555616	128370	120682	104423	399576	138547	279	137896
287088	63343	125081	105735	214801	104266	9	93093
929727	201756	117187	99656	601875	299903	1395	143741
553220	205320	115964	79443	395059	162030	403	111692
1316347	398958	541468	373640	1270568	332864	1272	253112
133758	32169	103419	49477	194858	15037	24	27258
19732	5640	7308	6639	13735	2786	4	10514
361215	127946	101284	53163	232399	119234	28	110838
698215	179596	87667	60604	388125	272010	754	124992
108705	33358	66593	37029	121324	24137		29837
146425	36856	16286	12347	123993	18009	253	20456
7188	1335	1880	1880	7183	1035		850
535227	92029	94423	90878	308362	213694	507	107087
110821	28571	32644	19591	85856	33686	65	23859
18513	3720	5915	3331	19547	2388		2493
53915	10555	6568	6568	43093	7468	2	9921
43412	13039	797	797	35997	6173	1	2038

4-6 各地区理工农医类高等学校R&D
Intramural Expenditures on R&D in Higher Education

单位：万元

地 区	Region	R&D经费内部支出 Intramural Expenditures on R&D	基础研究 Basic Research	应用研究 Applied Research	试验发展 Experimental Development
全 国	**National Total**	**15635701**	**6241479**	**7446803**	**1947419**
东部地区	Eastern Region	9420168	3931770	4478140	1010259
中部地区	Middle Region	2557661	940088	1195280	422293
西部地区	Western Region	2323786	872427	1066413	384945
东北地区	Northeast Region	1334086	497195	706970	129922
北 京	Beijing	2525925	928332	1380681	216912
天 津	Tianjin	486184	149958	229746	106480
河 北	Hebei	205410	88028	106804	10578
山 西	Shanxi	138033	74075	52661	11297
内 蒙 古	Inner Mongolia	56885	13563	32926	10397
辽 宁	Liaoning	612951	181471	380445	51035
吉 林	Jilin	230340	119756	85848	24736
黑 龙 江	Heilongjiang	490796	195968	240677	54151
上 海	Shanghai	1340759	718755	513281	108723
江 苏	Jiangsu	1413607	551775	626823	235009
浙 江	Zhejiang	733614	329492	347338	56785
安 徽	Anhui	368005	198023	145301	24681
福 建	Fujian	490087	182716	270746	36625
江 西	Jiangxi	201914	120060	69921	11934
山 东	Shandong	580058	226509	254690	98860
河 南	Henan	339408	111896	163827	63686
湖 北	Hubei	945119	248664	486880	209575
湖 南	Hunan	565182	187370	276692	101121
广 东	Guangdong	1625597	746355	739740	139503
广 西	Guangxi	191176	65189	44731	81255
海 南	Hainan	18927	9851	8292	784
重 庆	Chongqing	363123	163264	131892	67966
四 川	Sichuan	678353	212962	396390	69001
贵 州	Guizhou	135555	58609	69333	7613
云 南	Yunnan	126058	64948	44026	17085
西 藏	Tibet	5429	3076	2092	262
陕 西	Shaanxi	550734	196323	235765	118646
甘 肃	Gansu	108482	51871	52813	3799
青 海	Qinghai	22226	5180	16552	494
宁 夏	Ningxia	50290	18469	24546	7275
新 疆	Xinjiang	35475	18973	15347	1154

经费内部支出(2019年)
in Natural Sciences & Technology by Region (2019)

(10 000 yuan)

#日常性支出 Routine Expenses	#人员劳务费 Labor Cost	资产性支出 Assets Expenditure	#仪器和设备支出 Equipment	政府资金 Government Funds	企业资金 Self-raised Funds by Enterprises	国外资金 Foreign Funds	其他资金 Other Funds
12201913	**3070508**	**3433788**	**2476025**	**9111866**	**3933020**	**48070**	**2542745**
7266486	1887198	2153682	1554622	5663816	2271616	45490	1439246
2043015	515712	514646	384313	1448314	607201	1463	500683
1815572	419327	508214	327036	1316307	580589	569	426321
1076840	248271	257246	210054	683429	473614	550	176494
2151980	529236	373946	290603	1512058	666922	32385	314560
382968	53522	103216	57124	206408	171131	610	108036
152814	29697	52595	47319	110833	47999		46577
115681	20972	22353	18824	86555	29965		21514
45770	6097	11115	11115	41068	6538		9279
509470	117361	103481	81546	273679	260125	309	78838
183252	52549	47088	40597	139763	47678	126	42773
384119	78362	106677	87911	269987	165811	115	54883
944922	265314	395837	240238	857322	300662	7959	174816
1131465	252720	282142	233237	732558	488197	1310	191542
594279	202466	139336	120406	405905	158776	2558	166375
282351	70649	85654	61520	197221	57293	55	113436
334486	111750	155602	99441	342978	73019	45	74045
137821	43534	64093	34063	126476	43179	30	32230
462939	92827	117119	100860	339419	109294	30	131316
218259	39016	121150	101804	173366	79058	9	86976
832859	178039	112260	95388	544586	260625	1166	138742
456046	163502	109137	72715	320112	137081	204	107786
1098948	347940	526649	358821	1146695	253433	594	224875
90319	19651	100856	46975	162383	7567		21226
11685	1727	7242	6573	9640	2184		7104
265738	97101	97385	49312	173081	88175	28	101839
595058	145106	83295	56280	326037	237330	286	114701
69563	19396	65992	36433	94222	15208		26125
110396	21485	15662	11745	96077	13856	157	15968
3620	864	1809	1809	4995	348		86
461536	73361	89198	85653	274065	175582	33	101054
78337	15944	30146	17542	60763	24986	65	22668
16406	3071	5820	3236	17499	2382		2345
44020	7933	6270	6270	37651	3061		9579
34809	9317	666	666	28467	5556		1452

4-7 各地区人文社科类高等学校R&D
Intramural Expenditures on R&D in Higher Education

单位：万元

地区	Region	R&D经费内部支出 Intramural Expenditures on R&D	基础研究 Basic Research	应用研究 Applied Research	试验发展 Experimental Development	日常性支出 Routine Expenses
全国	**National Total**	**2330464**	**980947**	**1346234**	**3283**	**2210152**
东部地区	Eastern Region	1323126	534090	787846	1190	1259605
中部地区	Middle Region	403167	169680	232414	1072	375895
西部地区	Western Region	484512	217302	267156	54	462182
东北地区	Northeast Region	119660	59876	58818	966	112471
北京	Beijing	282163	94515	187465	183	275576
天津	Tianjin	38534	16417	22050	67	37684
河北	Hebei	48357	18767	29521	69	43191
山西	Shanxi	21841	9561	12280		20039
内蒙古	Inner Mongolia	16541	6842	9699		14588
辽宁	Liaoning	42639	19862	21935	842	39371
吉林	Jilin	55588	23777	31687	124	51858
黑龙江	Heilongjiang	21433	16238	5195		21241
上海	Shanghai	207381	118576	88806		197400
江苏	Jiangsu	140923	50923	89814	186	131623
浙江	Zhejiang	196384	75640	120743	0	187715
安徽	Anhui	59119	25803	33199	117	52330
福建	Fujian	72812	15637	56802	373	68293
江西	Jiangxi	43649	21174	22433	42	40653
山东	Shandong	96240	34711	61530		92677
河南	Henan	72761	31827	40916	18	68830
湖北	Hubei	101795	31743	69156	896	96868
湖南	Hunan	104002	49571	54430		97175
广东	Guangdong	232219	105763	126236	219	217399
广西	Guangxi	46002	27921	18081		43439
海南	Hainan	8113	3141	4878	94	8046
重庆	Chongqing	99376	28501	70867	8	95476
四川	Sichuan	107529	35298	72230	1	103157
贵州	Guizhou	39743	18416	21312	16	39142
云南	Yunnan	36653	20167	16478	8	36029
西藏	Tibet	3639	1941	1698		3568
陕西	Shaanxi	78917	53770	25145	2	73692
甘肃	Gansu	34983	15236	19743	4	32485
青海	Qinghai	2202	1428	774		2107
宁夏	Ningxia	10193	3374	6816	3	9895
新疆	Xinjiang	8734	4408	4315	11	8603

经费内部支出(2019年)
in Social Sciences & Humanities by Region (2019)

(10 000 yuan)

#人员劳务费 Labor Cost	资产性支出 Assets Expenditure	#仪器和设备支出 Equipment	政府资金 Government Funds	企业资金 Self-raised Funds by Enterprises	国外资金 Foreign Funds	其他资金 Other Funds
631549	**120312**	**118069**	**1373402**	**776715**	**14027**	**166320**
307772	63521	63519	737703	490088	12163	83173
126739	27272	26513	248540	126564	528	27535
151902	22330	21696	298220	141398	1067	43827
45136	7189	6341	88939	18666	270	11786
46275	6587	6587	162412	108759	8639	2353
14304	850	850	27016	9770	138	1609
20821	5165	5165	31534	13421	11	3391
7441	1802	1802	13225	6330	13	2273
5957	1953	1952	12723	2576	1	1240
13465	3268	2857	29708	8011	169	4751
18197	3730	3292	40169	9468	95	5856
13475	192	192	19062	1187	6	1179
28200	9981	9981	115718	77074	823	13765
33112	9300	9298	78223	54036	834	7831
55069	8669	8669	94842	90797	569	10176
18347	6789	6789	38512	15040	80	5488
19517	4519	4519	39831	26945	217	5819
11089	2996	2994	23132	15760	6	4752
35542	3563	3563	60157	29253	249	6581
24327	3931	3931	41436	25208		6117
23717	4926	4269	57290	39277	229	4999
41818	6827	6728	74947	24950	199	3905
51018	14819	14819	123873	79431	678	28236
12518	2563	2502	32475	7470	24	6033
3913	66	66	4095	602	4	3411
30846	3900	3851	59318	31059		8998
34490	4372	4323	62089	34681	468	10291
13962	601	596	27102	8930		3712
15371	624	602	27916	4153	96	4488
470	70	70	2188	687		764
18668	5225	5225	34296	38112	475	6033
12627	2498	2048	25093	8699		1191
649	95	95	2048	6		148
2622	298	298	5442	4407	2	343
3722	132	132	7530	617	1	586

4-8 各地区高等学校R&D经费外部支出(2019年)
External Expenditure on R&D in Higher Education by Region (2019)

单位：万元 (10 000 yuan)

地区	Region	R&D经费外部支出 Total	对境内研究机构支出 to Domestic Research institutions	对境内高等学校支出 to Domestic Higher Education	对境内企业支出 to Domestic Enterprises	对境外机构支出 to Foreign Institutions
全国	**National Total**	**1411710**	**458457**	**482613**	**319836**	**143316**
东部地区	Eastern Region	926325	310374	336489	227364	46951
中部地区	Middle Region	153482	52089	58338	32176	9789
西部地区	Western Region	190590	76121	62274	45852	5243
东北地区	Northeast Region	141312	19872	25512	14444	81333
北京	Beijing	266067	91208	103628	67420	2985
天津	Tianjin	35427	15369	9196	10229	588
河北	Hebei	14790	1862	2638	9715	356
山西	Shanxi	4734	1256	2367	1084	24
内蒙古	Inner Mongolia	3439	1037	2067	334	1
辽宁	Liaoning	37266	6788	14529	8185	7616
吉林	Jilin	12565	3225	6273	2941	122
黑龙江	Heilongjiang	91482	9859	4710	3317	73596
上海	Shanghai	151300	42753	37152	31979	38979
江苏	Jiangsu	146005	45961	48294	48522	1975
浙江	Zhejiang	78003	8803	48612	18701	22
安徽	Anhui	15815	8419	4573	2096	15
福建	Fujian	20552	9272	6806	4096	12
江西	Jiangxi	4311	514	1606	1139	1027
山东	Shandong	34517	9996	18019	6070	316
河南	Henan	8373	1901	2048	1556	2857
湖北	Hubei	91980	30742	40102	15791	5110
湖南	Hunan	28269	9257	7641	10511	756
广东	Guangdong	178887	84735	61871	30551	1711
广西	Guangxi	10916	3565	2704	4177	433
海南	Hainan	778	416	274	80	8
重庆	Chongqing	22725	7798	10812	3154	588
四川	Sichuan	48546	14430	14311	19223	334
贵州	Guizhou	4335	1952	1121	929	164
云南	Yunnan	13922	2946	6569	3554	807
西藏	Tibet	126	89	28		8
陕西	Shaanxi	73489	39206	18898	12779	2592
甘肃	Gansu	2427	799	851	670	3
青海	Qinghai	677	342	232	31	72
宁夏	Ningxia	8380	3304	3832	902	241
新疆	Xinjiang	1609	652	849	99	

4-9 各地区理工农医类高等学校R&D经费外部支出(2019年)
External Expenditure on R&D in Higher Education in Natural Sciences & Technology by Region (2019)

单位：万元 (10 000 yuan)

地　区	Region	R&D经费外部支出 Total	对境内研究机构支出 to Domestic Research institutions	对境内高等学校支出 to Domestic Higher Education	对境内企业支出 to Domestic Enterprises	对境外机构支出 to Foreign Institutions
全　国	**National Total**	**1389369**	**454506**	**476140**	**315449**	**143274**
东部地区	Eastern Region	910162	307167	332003	224080	46912
中部地区	Middle Region	151080	51810	57731	31752	9787
西部地区	Western Region	187620	75715	61404	45258	5243
东北地区	Northeast Region	140506	19814	25001	14359	81332
北　京	Beijing	261213	90374	100996	66859	2984
天　津	Tianjin	35303	15349	9138	10229	588
河　北	Hebei	14566	1862	2638	9711	356
山　西	Shanxi	4726	1255	2367	1080	24
内蒙古	Inner Mongolia	3427	1033	2060	334	1
辽　宁	Liaoning	36793	6771	14254	8152	7616
吉　林	Jilin	12234	3184	6040	2889	121
黑龙江	Heilongjiang	91479	9859	4707	3317	73596
上　海	Shanghai	150659	42750	37082	31877	38949
江　苏	Jiangsu	144343	45839	48094	48438	1973
浙　江	Zhejiang	74872	8707	48415	17729	22
安　徽	Anhui	14738	8308	4398	2017	15
福　建	Fujian	18114	7793	6607	3702	12
江　西	Jiangxi	4161	508	1585	1041	1027
山　东	Shandong	34030	9866	17846	6008	311
河　南	Henan	8355	1901	2041	1556	2857
湖　北	Hubei	91376	30683	40002	15583	5108
湖　南	Hunan	27725	9155	7338	10476	756
广　东	Guangdong	176284	84211	60914	29448	1711
广　西	Guangxi	10467	3428	2455	4151	433
海　南	Hainan	778	416	274	80	8
重　庆	Chongqing	22347	7798	10812	3148	588
四　川	Sichuan	47980	14386	14269	18992	334
贵　州	Guizhou	4161	1952	1121	923	164
云　南	Yunnan	13830	2946	6553	3524	807
西　藏	Tibet	126	89	28		8
陕　西	Shaanxi	72461	38986	18386	12499	2592
甘　肃	Gansu	2279	799	822	655	3
青　海	Qinghai	677	342	232	31	72
宁　夏	Ningxia	8267	3304	3819	902	241
新　疆	Xinjiang	1600	652	849	99	

4-10 各地区人文社科类高等学校R&D经费外部支出(2019年)
External Expenditure on R&D in Higher Education in Social Sciences & Humanities by Region (2019)

单位：万元 (10 000 yuan)

地区	Region	R&D经费外部支出 Total	对境内研究机构支出 to Domestic Research Institutions	对境内高等学校支出 to Domestic Higher Education	对境内企业支出 to Domestic Enterprises	对境外机构支出 to Foreign Institutions
全国	**National Total**	**22341**	**3951**	**6473**	**4386**	**42**
东部地区	Eastern Region	16163	3207	4486	3284	39
中部地区	Middle Region	2402	279	607	424	2
西部地区	Western Region	2970	407	870	594	
东北地区	Northeast Region	806	58	510	85	1
北京	Beijing	4855	834	2632	561	2
天津	Tianjin	124	20	58		
河北	Hebei	224			4	
山西	Shanxi	8	1	1	4	
内蒙古	Inner Mongolia	12	4	7		
辽宁	Liaoning	473	17	275	33	
吉林	Jilin	330	41	233	52	1
黑龙江	Heilongjiang	3		3		
上海	Shanghai	641	2	70	102	30
江苏	Jiangsu	1662	122	200	85	2
浙江	Zhejiang	3130	97	198	972	
安徽	Anhui	1077	111	176	79	
福建	Fujian	2438	1479	198	394	
江西	Jiangxi	150	6	21	98	
山东	Shandong	487	131	173	62	5
河南	Henan	19	1	7		
湖北	Hubei	604	59	100	209	2
湖南	Hunan	545	101	303	35	
广东	Guangdong	2603	524	956	1103	
广西	Guangxi	449	137	249	26	
海南	Hainan					
重庆	Chongqing	379		0	5	
四川	Sichuan	566	45	42	231	
贵州	Guizhou	174			6	
云南	Yunnan	92		16	30	
西藏	Tibet					
陕西	Shaanxi	1028	221	513	280	
甘肃	Gansu	148		29	15	
青海	Qinghai					
宁夏	Ningxia	113		13		
新疆	Xinjiang	9				

4-11 各地区高等学校R&D课题(2019年)
R&D Projects of Higher Education by Region (2019)

地区	Region	R&D课题数 (项) R&D Projects (item)	投入人员 (人年) Input of Personnel (man-year)	投入经费 (万元) Input of Funds (10 000 yuan)
全国	**National Total**	**1188769**	**565362**	**11539736**
东部地区	Eastern Region	611604	286868	6844271
中部地区	Middle Region	223384	103097	1794017
西部地区	Western Region	262661	112286	1890068
东北地区	Northeast Region	91120	63111	1011380
北京	Beijing	115571	63118	2056048
天津	Tianjin	27651	17263	272881
河北	Hebei	28951	12884	126598
山西	Shanxi	17358	10434	102300
内蒙古	Inner Mongolia	11452	4309	56582
辽宁	Liaoning	39917	22846	484977
吉林	Jilin	28619	19522	174951
黑龙江	Heilongjiang	22584	20744	351452
上海	Shanghai	69317	38716	1010279
江苏	Jiangsu	89894	42570	1041783
浙江	Zhejiang	79436	26827	588675
安徽	Anhui	36144	21060	274425
福建	Fujian	43629	16121	276162
江西	Jiangxi	26722	8298	177627
山东	Shandong	60683	30762	425805
河南	Henan	34570	13784	233258
湖北	Hubei	57027	26428	637157
湖南	Hunan	51563	23093	369249
广东	Guangdong	91361	36899	1026859
广西	Guangxi	26794	13218	130376
海南	Hainan	5111	1709	19182
重庆	Chongqing	32811	12111	229876
四川	Sichuan	67028	27112	570258
贵州	Guizhou	18530	5691	89821
云南	Yunnan	19449	9460	118797
西藏	Tibet	1338	509	7179
陕西	Shaanxi	57767	26432	523540
甘肃	Gansu	12668	7329	82501
青海	Qinghai	1114	663	9745
宁夏	Ningxia	4850	1915	35634
新疆	Xinjiang	8860	3537	35759

4-12 各地区理工农医类高等学校R&D课题(2019年)
R&D Projects of Higher Education in Natural Sciences & Technology by Region (2019)

地 区	Region	R&D课题数 (项) R&D Projects (item)	投入人员 (人年) Input of Personnel (man-year)	投入经费 (万元) Input of Funds (10 000 yuan)
全 国	**National Total**	**644100**	**445369**	**10437660**
东部地区	Eastern Region	330833	227991	6203469
中部地区	Middle Region	114228	79489	1612555
西部地区	Western Region	145101	85186	1658288
东北地区	Northeast Region	53938	52702	963348
北 京	Beijing	65287	54516	1893213
天 津	Tianjin	16399	14060	250490
河 北	Hebei	12590	7839	113123
山 西	Shanxi	9800	8756	92294
内 蒙 古	Inner Mongolia	6705	3209	46967
辽 宁	Liaoning	22375	19487	463432
吉 林	Jilin	14926	15899	155918
黑 龙 江	Heilongjiang	16637	17316	343997
上 海	Shanghai	42199	33883	919643
江 苏	Jiangsu	49825	33629	952731
浙 江	Zhejiang	37205	18440	504543
安 徽	Anhui	21242	17471	255479
福 建	Fujian	22523	11930	240883
江 西	Jiangxi	11627	6318	153672
山 东	Shandong	32609	23972	384810
河 南	Henan	13774	9723	201441
湖 北	Hubei	32598	20357	574661
湖 南	Hunan	25187	16864	335007
广 东	Guangdong	49737	28687	928597
广 西	Guangxi	14524	9847	105458
海 南	Hainan	2459	1035	15438
重 庆	Chongqing	16040	7871	190958
四 川	Sichuan	36783	20799	515427
贵 州	Guizhou	10405	3740	78752
云 南	Yunnan	10443	6297	102625
西 藏	Tibet	440	330	5431
陕 西	Shaanxi	35670	23181	472829
甘 肃	Gansu	6067	5434	68810
青 海	Qinghai	519	401	8321
宁 夏	Ningxia	2608	1498	31876
新 疆	Xinjiang	4897	2580	30834

4-13 各地区人文社科类高等学校R&D课题(2019年)
R&D Projects of Higher Education in Social Sciences & Humanities by Region (2019)

地区	Region	R&D课题数 (项) R&D Projects (item)	投入人员 (人年) Input of Personnel (man-year)	投入经费 (万元) Input of Funds (10 000 yuan)
全国	**National Total**	**544669**	**119993**	**1102077**
东部地区	Eastern Region	280771	58876	640802
中部地区	Middle Region	109156	23608	181463
西部地区	Western Region	117560	27100	231781
东北地区	Northeast Region	37182	10409	48032
北京	Beijing	50284	8602	162835
天津	Tianjin	11252	3203	22391
河北	Hebei	16361	5045	13476
山西	Shanxi	7558	1678	10006
内蒙古	Inner Mongolia	4747	1100	9615
辽宁	Liaoning	17542	3359	21544
吉林	Jilin	13693	3622	19033
黑龙江	Heilongjiang	5947	3428	7455
上海	Shanghai	27118	4833	90636
江苏	Jiangsu	40069	8941	89052
浙江	Zhejiang	42231	8387	84132
安徽	Anhui	14902	3589	18946
福建	Fujian	21106	4191	35279
江西	Jiangxi	15095	1980	23955
山东	Shandong	28074	6790	40995
河南	Henan	20796	4061	31817
湖北	Hubei	24429	6071	62496
湖南	Hunan	26376	6229	34242
广东	Guangdong	41624	8211	98263
广西	Guangxi	12270	3371	24918
海南	Hainan	2652	674	3744
重庆	Chongqing	16771	4240	38918
四川	Sichuan	30245	6313	54832
贵州	Guizhou	8125	1951	11069
云南	Yunnan	9006	3163	16172
西藏	Tibet	898	179	1748
陕西	Shaanxi	22097	3252	50712
甘肃	Gansu	6601	1895	13691
青海	Qinghai	595	262	1424
宁夏	Ningxia	2242	417	3758
新疆	Xinjiang	3963	957	4925

4-14 按学科分高等学校R&D课题(2019年)
R&D Projects Taken by R&D Institutions by Discipline (2019)

学科	Discipline	R&D课题数(项) R&D Projects (item)	投入人员(人年) Input of Personnel (man-year)	投入经费(万元) Input of Funds (10 000 yuan)
全 国	**National Total**	**1188769**	**565362**	**11539736**
数 学	Mathematics	15058	9165	129328
信息科学与系统科学	Information & System Science	12891	7561	212099
力 学	Mechanics	4789	3707	95416
物理学	Physics	19628	14424	485941
化 学	Chemistry	26872	17909	401898
天文学	Astronomy	663	483	11819
地球科学	Earth Science	20326	12931	380139
生物学	Biology	29771	20240	552009
心理学	Psychology	7050	2192	29549
农 学	Agriculture	25124	14684	415028
林 学	Forestry	5532	3656	73784
畜牧、兽医科学	Livestock, Veterinary Medicine	9247	5085	124917
水产学	Aquatic	3567	1570	53415
基础医学	Basic Medicine	29898	23072	347417
临床医学	Clinic Medicine	78155	69327	752754
预防医学与公共卫生学	Protective Medicine	5386	4866	124792
军事医学与特种医学	Military Medicine & Special Medicine	251	159	4682
药 学	Pharmacy	9778	7377	136523
中医学与中药学	Traditional Chinese Medicine	22776	18965	178039
工程与技术科学基础学科	Engineering & Basic Technology Science	7347	4681	174350
信息与系统科学相关工程与技术	Information and System Science-related Engineering and Technology	10795	6931	198087
自然科学相关工程与技术	Science and Technology-related Engineering and Technology	6771	4268	183614
测绘科学技术	Surveying & Mapping	3046	2264	65520
材料科学	Material Science	34284	23505	652914
矿山工程技术	Mining	9456	4934	131353
冶金工程技术	Metallurgy	3031	2182	103913
机械工程	Mechanical Engineering	35777	23037	642829
动力与电气工程	Power & Electrical Engineering	19464	13548	385320
能源科学技术	Energy Technology	7002	4493	172155
核科学技术	Nuclear Technology	1462	1269	42150
电子与通信技术	Electronics & Communication technology	34533	23435	683258
计算机科学技术	Computer Technology	36251	22875	570194
化学工程	Chemical Engineering	14952	8764	207249
产品应用相关工程与技术	Products Application-related Engineering and Technology	2847	1965	51160
纺织科学技术	Textile Technology	2665	1527	34855
食品科学技术	Food Technology	9720	5847	127214
土木建筑工程	Civil Construction	26650	16056	412724
水利工程	Water Conservancy	4714	3597	82021
交通运输工程	Transportaiton Engineering	14162	8847	278024
航空、航天科学技术	Aviation and Aerospace	5277	3929	227518
环境科学技术及资源科学技术	Environment & Resources	20202	13157	355213
安全科学技术	Security	3261	2065	56460
管理学	Management	118085	29450	390842
马克思主义	Marxism	27606	6381	34438
哲 学	Phylosophy	7655	1686	14657
宗教学	Religion	1188	278	2610
语言学	Linguistics	30721	7302	42313
文 学	Literature	24539	5603	40293
艺术学	Arts	49945	11275	117970
历史学	Histry	13160	2910	32005
考古学	Archaeology	2903	458	26296
经济学	Economics	65040	14105	154656
政治学	Politics	12068	2572	23082
法 学	Law	31280	6000	58385
军事学	Military			
社会学	Sociology	27730	6052	55191
民族学与文化学	Ethnography & Culture	8749	2135	18249
新闻学与传播学	Journalism	15236	2635	26706
图书馆、情报与文献学	Library and Information Literature	7645	1813	11787
教育学	Education	82309	18637	99820
体育科学	Physical Science	18269	4573	30012
统计学	Statistics	4210	948	12783
其 他	Others			

4-15 按来源和合作形式分高等学校R&D课题(2019年)
R&D Projects of Higher Education by Sources and Cooperation Modality (2019)

项　目	Item	R&D课题数 (项) R&D Projects (item)	投入人员 (人年) Input of Personnel (man-year)	投入经费 (万元) Input of Funds (10 000 yuan)
总　计	**Total**	**1188769**	**565362**	**11539736**
按课题来源分组	**By Sources of Topics**			
政府科技项目	GovernmentS&T Projects	603681	302281	6182378
企业委托科技项目	S&T Projects Entrusted by Enterprise	285571	122522	3528425
自选科技项目	S&T Projects Chosen by Enterprise	175804	56504	496312
来自国外的科技项目	Oversease S&T Projects	2894	1527	94302
其它科技项目	Others	120819	82527	1238319
按合作形式分组	**By Cooperation Modality**			
与境外机构合作	Cooperation with Oversease Institutes	13006	8814	233793
与境内高等学校合作	Cooperation with Higher Education	35352	24309	856432
与国内独立研究机构合作	Cooperation with Independent Research Institutes	27720	23176	891752
与境内注册的其他企业合作	Cooperation with Other Enterprise	45970	24939	656875
独立完成	Independent Implementation	922293	394779	7169432
其　他	Others	144428	89343	1731452

4-16 各地区高等学校
S&T Output of Higher

地 区	Region	发表科技论文(篇) Scientific Papers Issued (piece)	#国外发表 Published in Foreign Periodicals	出版科技著作(种) Publication on S&T (kind)
全 国	**National Total**	**1447336**	**542557**	**43331**
东部地区	Eastern Region	715901	304126	20217
中部地区	Middle Region	282173	90915	9926
西部地区	Western Region	313040	94396	9678
东北地区	Northeast Region	136222	53120	3510
北 京	Beijing	131118	58870	4568
天 津	Tianjin	35702	16767	724
河 北	Hebei	35323	7619	1339
山 西	Shanxi	23319	6777	995
内蒙古	Inner Mongolia	13071	2612	803
辽 宁	Liaoning	55286	20915	1633
吉 林	Jilin	35716	12401	965
黑龙江	Heilongjiang	45220	19804	912
上 海	Shanghai	97943	48060	2900
江 苏	Jiangsu	141247	59160	2655
浙 江	Zhejiang	57773	28031	2103
安 徽	Anhui	41199	14108	981
福 建	Fujian	29689	10315	822
江 西	Jiangxi	25726	6808	932
山 东	Shandong	75357	33188	2435
河 南	Henan	50235	10828	2567
湖 北	Hubei	80071	33801	2539
湖 南	Hunan	61623	18593	1912
广 东	Guangdong	106172	41079	2365
广 西	Guangxi	24973	4387	751
海 南	Hainan	5577	1037	306
重 庆	Chongqing	38089	13796	1623
四 川	Sichuan	76144	28871	1792
贵 州	Guizhou	19806	2660	721
云 南	Yunnan	24454	4839	1064
西 藏	Tibet	1165	89	27
陕 西	Shaanxi	77050	29232	1877
甘 肃	Gansu	17701	3835	626
青 海	Qinghai	3046	848	75
宁 夏	Ningxia	5920	1044	173
新 疆	Xinjiang	11621	2183	146

科技产出(2019年)
Education by Region(2019)

专利申请数 (件) Patents Application (piece)	#发明专利 Invetions	有效发明专利 (件) Patent in Force (piece)	专利所有权转让及许可数 (件) Number of Transfer and Licensing of Patent Ownership (piece)	专利所有权转让及许可收入 (万元) Revenue from Transfer and Licensing of Patent Ownership (10 000 yuan)	形成国家或行业标准数 (项) Number of National and Industrial Standard (item)
340685	**210885**	**414032**	**9330**	**155993**	**941**
176800	119284	244989	5710	90494	389
73583	39988	62679	1603	18031	465
62933	33028	68882	1470	34095	75
27369	18585	37482	547	13372	12
19848	16799	59498	402	8902	143
9666	7258	12388	165	1002	3
6074	2670	4769	155	847	17
3822	2363	4748	154	688	
1502	421	1135	2	545	8
12115	8044	14267	279	10811	8
6173	3945	6202	56	980	1
9081	6596	17013	212	1581	3
14235	11559	25991	409	15304	28
48844	32292	55199	2636	21394	37
23356	15735	33047	953	10387	54
15211	8933	10262	303	1224	37
9347	5411	9694	156	1856	
7408	2245	3099	100	1243	9
17847	10762	23091	450	15667	38
12824	5524	9975	323	2142	45
18475	12436	21243	500	5554	288
15843	8487	13352	223	7180	86
27042	16514	20938	379	14958	69
5944	2896	6703	108	1274	3
541	284	374	5	177	
6920	4711	11621	236	6011	8
15546	7979	15684	479	12303	12
4412	1714	1845	64	162	11
3848	1726	4419	47	109	11
62	21	28			
18665	11717	24457	453	12234	17
3196	849	1663	63	1323	2
562	218	134	1	3	
646	263	158	16	122	
1630	513	1035	1	10	3

4-17 各地区理工农医类
S&T Output of Higher Education in Social

地区	Region	发表科技论文(篇) Scientific Papers Issued (piece)	#国外发表 Published in Foreign Periodicals	出版科技著作(种) Publication on S&T (kind)
全国	**National Total**	**1083321**	**523834**	**13619**
东部地区	Eastern Region	540676	292511	5178
中部地区	Middle Region	204432	88177	3702
西部地区	Western Region	231130	90980	3442
东北地区	Northeast Region	107083	52166	1297
北京	Beijing	99197	55882	979
天津	Tianjin	27405	16289	175
河北	Hebei	24729	7470	405
山西	Shanxi	16599	6662	358
内蒙古	Inner Mongolia	8922	2339	316
辽宁	Liaoning	42410	20435	611
吉林	Jilin	25965	12025	274
黑龙江	Heilongjiang	38708	19706	412
上海	Shanghai	79040	46243	565
江苏	Jiangsu	110356	57666	993
浙江	Zhejiang	40016	26777	413
安徽	Anhui	30404	13967	379
福建	Fujian	18687	9720	217
江西	Jiangxi	16836	6535	299
山东	Shandong	57978	32280	685
河南	Henan	35418	10532	1114
湖北	Hubei	60395	32575	856
湖南	Hunan	44780	17906	696
广东	Guangdong	80631	39214	672
广西	Guangxi	15967	4289	158
海南	Hainan	2637	970	74
重庆	Chongqing	26162	13277	493
四川	Sichuan	59355	27689	691
贵州	Guizhou	12290	2570	270
云南	Yunnan	16218	4707	383
西藏	Tibet	760	85	7
陕西	Shaanxi	62239	28270	684
甘肃	Gansu	12796	3749	240
青海	Qinghai	2569	840	33
宁夏	Ningxia	4824	1041	100
新疆	Xinjiang	9028	2124	67

高等学校科技产出(2019年)
Sciences & Humanities by Region(2019)

专利申请数 (件) Patents Application (piece)	#发明专利 Invetions	有效发明专利 (件) Patent in Force (piece)	专利所有权转让及许可数 (件) Number of Transfer and Licensing of Patent Ownership (piece)	专利所有权转让及许可收入 (万元) Revenue from Transfer and Licensing of Patent Ownership (10 000 yuan)	形成国家或行业标准数 (项) Number of National and Industrial Standard (item)
330375	**209617**	**412669**	**9229**	**155936**	**934**
173292	118806	244526	5647	90462	388
69002	39355	62140	1569	18007	462
61137	32928	68646	1468	34095	72
26944	18528	37357	545	13372	12
19759	16748	59396	402	8902	143
9390	7256	12388	165	1002	3
5673	2638	4717	154	846	17
3693	2363	4748	154	688	
1496	420	1133	2	545	8
11828	7992	14184	277	10811	8
6087	3940	6160	56	980	1
9029	6596	17013	212	1581	3
14022	11511	25953	409	15304	28
47824	32147	55109	2574	21364	36
23342	15735	33047	953	10387	54
13797	8583	10145	274	1207	34
9062	5368	9687	156	1856	
6571	2231	3067	98	1243	9
17535	10712	23061	450	15667	38
12048	5383	9865	320	2136	45
18337	12414	21223	500	5554	288
14556	8381	13092	223	7180	86
26174	16419	20805	379	14958	69
5823	2888	6664	108	1274	2
511	272	363	5	177	
6745	4711	11613	236	6011	6
14816	7920	15631	478	12303	12
4372	1714	1840	64	162	11
3613	1706	4316	47	109	11
50	19	26			
18564	11716	24457	453	12234	17
2835	841	1647	63	1323	2
562	218	134	1	3	
636	262	152	15	121	
1625	513	1033	1	10	3

4-18 各地区人文社科类

S&T Output of Higher Education in Social

地区	Region	发表科技论文（篇） Scientific Papers Issued (piece)	#国外发表 Published in Foreign Periodicals	出版科技著作（种） Publication on S&T (kind)
全国	**National Total**	**364015**	**18723**	**29712**
东部地区	Eastern Region	175225	11615	15039
中部地区	Middle Region	77741	2738	6224
西部地区	Western Region	81910	3416	6236
东北地区	Northeast Region	29139	954	2213
北京	Beijing	31921	2988	3589
天津	Tianjin	8297	478	549
河北	Hebei	10594	149	934
山西	Shanxi	6720	115	637
内蒙古	Inner Mongolia	4149	273	487
辽宁	Liaoning	12876	480	1022
吉林	Jilin	9751	376	691
黑龙江	Heilongjiang	6512	98	500
上海	Shanghai	18903	1817	2335
江苏	Jiangsu	30891	1494	1662
浙江	Zhejiang	17757	1254	1690
安徽	Anhui	10795	141	602
福建	Fujian	11002	595	605
江西	Jiangxi	8890	273	633
山东	Shandong	17379	908	1750
河南	Henan	14817	296	1453
湖北	Hubei	19676	1226	1683
湖南	Hunan	16843	687	1216
广东	Guangdong	25541	1865	1693
广西	Guangxi	9006	98	593
海南	Hainan	2940	67	232
重庆	Chongqing	11927	519	1130
四川	Sichuan	16789	1182	1101
贵州	Guizhou	7516	90	451
云南	Yunnan	8236	132	681
西藏	Tibet	405	4	20
陕西	Shaanxi	14811	962	1193
甘肃	Gansu	4905	86	386
青海	Qinghai	477	8	42
宁夏	Ningxia	1096	3	73
新疆	Xinjiang	2593	59	79

高等学校科技产出(2019年)
Sciences & Humanities by Region(2019)

专利申请数(件) Patents Application (piece)	#发明专利 Invetions	有效发明专利(件) Patent in Force (piece)	专利所有权转让及许可数(件) Number of Transfer and Licensing of Patent Ownership (piece)	专利所有权转让及许可收入(万元) Revenue from Transfer and Licensing of Patent Ownership (10 000 yuan)	形成国家或行业标准数(项) Number of National and Industrial Standard (item)
10310	**1268**	**1363**	**101**	**57**	**7**
3508	478	463	63	32	1
4581	633	539	34	25	3
1796	100	236	2	1	3
425	57	125	2		
89	51	102			
276	2				
401	32	52	1	1	
129					
6	1	2			
287	52	83	2		
86	5	42			
52					
213	48	38			
1020	145	90	62	31	1
14					
1414	350	117	29	18	3
285	43	7			
837	14	32	2	1	
312	50	30			
776	141	110	3	6	
138	22	20			
1287	106	260			
868	95	133			
121	8	39			1
30	12	11			
175		8			2
730	59	53	1	0	
40		5			
235	20	103			
12	2	2			
101	1				
361	8	16			
10	1	6	1	1	
5		2			

五、高技术产业

High-tech Industry

5-1 高技术产业生产经营情况（2019年）
Statistics on Production and Management in High-tech Industry(2019)

单位：亿元 (100 million yuan)

行 业	Industry	企业数（个）Number of Enterprises (unit)	营业收入 Revenue from Principal Business	利润总额 Profits
合 计	**Total**	**35833**	**158849**	**10504**
医药制造业	**Manufacture of Medicines**	**7392**	**23884**	**3184**
#化学药品制造	Manufacture of Chemical Medicine	2392	12303	1653
中成药生产	Manufacture of Finished Traditional Chinese Herbal Medicine	1542	4591	638
生物药品制品制造	Manufacture of Biopharmaceutical Products	847	2465	452
电子及通信设备制造业	**Manufacture of Electronic Equipment and Communication Equipment**	**19109**	**100098**	**5273**
#电子工业专用设备制造	Manufacture of Special Equipment for Electronic Industry	999	1348	115
光纤光缆及锂离子电池制造	Manufacture of Optical Fiber and Cable, and Lithium Ion Battery	1418	6509	354
#锂离子电池制造	Manufacture of Lithium Ion Batteries	1095	5293	289
通信设备、雷达及配套设备制造	Manufacture of Communication Equipment, Radar and Matching Equipment	2098	36991	1921
#通信系统设备制造	Manufacture of Communication System Equipment	955	14573	1338
通信终端设备制造	Manufacture of Communication Terminal Equipment	1063	22072	568
雷达及配套设备制造	Manufacture of Radar and Related Equipment	80	347	15
广播电视设备制造	Manufacture of Broadcasting and TV Equipment	603	1413	89
非专业视听设备制造	Manufacture of Non-professional Audio-visual Equipment	1099	6559	187
电子器件制造	Manufacture of Electronic Appliances	4227	20761	872
#电子真空器件制造	Manufacture of Electronic Vacuum Appliances	461	931	74
半导体分立器件制造	Manufacture of Semiconductor Discreting Appliances	389	1219	84
集成电路制造	Manufacture of Integrate Circuit	708	4289	384
光电子器件制造	Manufacture of Optoelectronic Devices	813	3816	114
电子元件及电子专用材料制造	Manufacture of Electronic Components and Electronic Specialized Materials	6562	19189	1267
#电阻电容电感元件制造	Manufacture of Resistance, Capacitance and Inductance Components	1155	2347	175
电子电路制造	Manufacture of Electronic Circuit	1356	5754	360
电子专用材料制造	Manufacture of Electronic Specialized Materials	1114	3836	241
智能消费设备制造	Manufacturing of Intelligent Consumption Equipment	815	3683	257
其他电子设备制造	Other Electronic Equipment	1288	3645	211
计算机及办公设备制造业	**Manufacture of Computers and Office Equipments**	**2268**	**20611**	**663**
#计算机整机制造	Manufacture of Entired Computer	245	12764	170
计算机零部件制造	Manufacture of Parts and Fixture for Computer	792	3120	197
计算机外围设备制造	Manufacture of Computer Peripheral Equipment	636	2427	129
办公设备制造	Manufacture of Office Equipment	281	1056	76
医疗仪器设备及仪器仪表制造业	**Manufacture of Medical Equipments and Meters**	**6322**	**9980**	**1131**
#医疗仪器设备及器械制造	Manufacture of Medical Equipment and Appliances	1853	2897	418
#医疗诊断、监护及治疗设备制造	Manufacture of Medical Diagnosis, Monitoring and Treatment Equipment	546	1115	165
医疗、外科及兽医用器械制造	Manufacture of Medical, Surgical and Veterinary Instruments	504	771	103
通用仪器仪表制造	Manufacture of General Instruments	2954	4600	451
专用仪器仪表制造	Manufacture of Special Instruments	889	1362	147
信息化学品制造业	**Manufacture of Electronic Chemicals**	**184**	**565**	**31**

注：表5-1至表5-4的数据口径为规模以上工业企业。
Note: Statistics from table 5-1 to table 5-4 cover industrial enterprises above designated size.

5-2 各地区高技术产业生产经营情况（2019年）
Statistics on Production and Management in High-tech Industry by Region(2019)

单位：个，亿元 (unit,100 million yuan)

地　区	Region	企业数(个) Number of Enter-prises (unit)	营业收入 Revenue from Principal Business	利润总额 Profits
全　国	**National Total**	**35833**	**158849**	**10504**
东部地区	Eastern Region	23736	109388	7295
中部地区	Middle Region	6863	25109	1526
西部地区	Western Region	4260	21385	1265
东北地区	Northeast Region	974	2966	417
北　京	Beijing	853	5850	522
天　津	Tianjin	491	2720	165
河　北	Hebei	670	1576	189
山　西	Shanxi	180	1274	56
内蒙古	Inner Mongolia	99	364	10
辽　宁	Liaoning	493	1929	235
吉　林	Jilin	311	617	145
黑龙江	Heilongjiang	170	420	37
上　海	Shanghai	1111	7438	439
江　苏	Jiangsu	5111	23964	1405
浙　江	Zhejiang	3150	8384	825
安　徽	Anhui	1466	4034	217
福　建	Fujian	1184	6563	501
江　西	Jiangxi	1500	5233	362
山　东	Shandong	1564	5911	479
河　南	Henan	1106	6118	337
湖　北	Hubei	1230	4434	282
湖　南	Hunan	1381	4016	272
广　东	Guangdong	9542	46723	2731
广　西	Guangxi	365	1536	127
海　南	Hainan	60	258	40
重　庆	Chongqing	747	5777	216
四　川	Sichuan	1422	7761	367
贵　州	Guizhou	428	1151	58
云　南	Yunnan	256	854	137
西　藏	Tibet	11	16	7
陕　西	Shaanxi	683	3226	262
甘　肃	Gansu	109	278	50
青　海	Qinghai	37	131	5
宁　夏	Ningxia	49	182	20
新　疆	Xinjiang	54	109	7

5-3 高技术产业R&D活动
Statistics on R&D Activities and

行　业	Industry	研发机构数(个) R&D Institutions (unit)
合　计	**Total**	**17969**
医药制造业	**Manufacture of Medicines**	**3410**
#化学药品制造	Manufacture of Chemical Medicine	1400
中成药生产	Manufacture of Finished Traditional Chinese Herbal Medicine	670
生物药品制品制造	Manufacture of Biopharmaceutical Products	467
电子及通信设备制造业	**Manufacture of Electronic Equipment and Communication Equipment**	**9890**
#电子工业专用设备制造	Manufacture of Special Equipment for Electronic Industry	518
光纤光缆及锂离子电池制造	Manufacture of Optical Fiber and Cable, and Lithium Ion Battery	848
#锂离子电池制造	Manufacture of Lithium Ion Batteries	645
通信设备、雷达及配套设备制造	Manufacture of Communication Equipment, Radar and Matching Equipment	1238
#通信系统设备制造	Manufacture of Communication System Equipment	610
通信终端设备制造	Manufacture of Communication Terminal Equipment	557
雷达及配套设备制造	Manufacture of Radar and Related Equipment	71
广播电视设备制造	Manufacture of Broadcasting and TV Equipment	289
非专业视听设备制造	Manufacture of Non-professional Audio-visual Equipment	570
电子器件制造	Manufacture of Electronic Appliances	2272
#电子真空器件制造	Manufacture of Electronic Vacuum Appliances	195
半导体分立器件制造	Manufacture of Semiconductor Discreting Appliances	201
集成电路制造	Manufacture of Integrate Circuit	389
光电子器件制造	Manufacture of Optoelectronic Devices	450
电子元件及电子专用材料制造	Manufacture of Electronic Components and Electronic Specialized Materials	3039
#电阻电容电感元件制造	Manufacture of Resistance, Capacitance and Inductance Components	485
电子电路制造	Manufacture of Electronic Circuit	724
电子专用材料制造	Manufacture of Electronic Specialized Materials	520
智能消费设备制造	Manufacturing of Intelligent Consumption Equipment	468
其他电子设备制造	Other Electronic Equipment	648
计算机及办公设备制造业	**Manufacture of Computers and Office Equipments**	**1236**
#计算机整机制造	Manufacture of Entired Computer	157
计算机零部件制造	Manufacture of Parts and Fixture for Computer	347
计算机外围设备制造	Manufacture of Computer Peripheral Equipment	343
办公设备制造	Manufacture of Office Equipment	176
医疗仪器设备及仪器仪表制造业	**Manufacture of Medical Equipments and Meters**	**3106**
#医疗仪器设备及器械制造	Manufacture of Medical Equipment and Appliances	875
#医疗诊断、监护及治疗设备制造	Manufacture of Medical Diagnosis, Monitoring and Treatment Equipment	274
医疗、外科及兽医用器械制造	Manufacture of Medical, Surgical and Veterinary Instruments	250
通用仪器仪表制造	Manufacture of General Instruments	1488
专用仪器仪表制造	Manufacture of Special Instruments	470
信息化学品制造业	**Manufacture of Electronic Chemicals**	**86**

及相关情况（2019年）
Relatives in High-tech Industry(2019)

R&D人员折合全时当量（人年）Full-time Equivalent of R&D Personnel (man-year)	R&D经费内部支出（万元）Intramual Expenditure on R&D (10 000 yuan)	R&D项目数（项）R&D Projects (item)	R&D项目经费（万元）Expenditure on R&D Projects (10 000 yuan)	新产品开发项目数（项）New Products (unit)	新产品开发经费支出（万元）Expenditure on New Produts Development (10 000 yuan)
860961	**38039639**	**126645**	**39828434**	**156744**	**54074850**
122720	**6095605**	**32296**	**6844199**	**36098**	**7325193**
59109	3263091	15271	3655439	16600	3898886
24794	911124	6145	1122983	7021	1104136
18098	1226876	4941	1340031	5821	1441014
541634	**24350472**	**60583**	**25265043**	**77026**	**36370340**
14094	517274	2944	520045	3981	710700
34874	1664521	5035	1693892	5881	1967335
29491	1357277	3941	1400776	4674	1625549
159449	9018108	8391	9683056	10936	15535078
109428	6733901	3808	7255642	5030	11875963
46520	2142018	4112	2288543	5227	3449633
3501	142189	471	138872	679	209483
12172	355187	1750	358709	2431	479660
28770	1111174	3135	1219979	4213	1534545
120218	5909226	14690	5831114	19043	7892430
8531	204905	1182	191605	1490	287064
6094	209289	1257	206224	1476	340380
26400	2131135	3248	2158388	4186	2949800
22734	882784	2922	875154	3862	1312048
119553	3988785	17817	3960956	21111	5562660
15707	465292	2897	436035	3524	639685
38496	1133902	3991	1111148	4852	2015792
15971	751520	3645	747271	3857	924066
27282	1044062	2987	1245397	4087	1447640
25222	742135	3834	751895	5343	1240292
56199	**2434610**	**7384**	**2296278**	**9936**	**3268496**
14889	1044709	1214	883533	1634	1449875
13195	459367	1881	465092	2323	541132
11719	386718	1891	388910	2719	515910
6330	171042	882	177238	1044	241276
103585	**3304807**	**22901**	**3310293**	**29726**	**4714419**
30222	1088537	7028	1064562	9240	1593935
12476	526956	2494	519430	3380	794724
7607	240972	1924	226229	2327	335196
49165	1486475	10770	1514024	13499	1905946
13354	419800	3210	425835	4396	648470
2925	**120807**	**523**	**121868**	**522**	**122963**

5-3 续表

行 业	Industry	新产品销售收入(万元) Sales Revenue of New Products (10 000 yuan)
合 计	**Total**	**591642232**
医药制造业	**Manufacture of Medicines**	**66734599**
#化学药品制造	Manufacture of Chemical Medicine	36568744
中成药生产	Manufacture of Finished Traditional Chinese Herbal Medicine	13324938
生物药品制品制造	Manufacture of Biopharmaceutical Products	7306340
电子及通信设备制造业	**Manufacture of Electronic Equipment and Communication Equipment**	**413317546**
#电子工业专用设备制造	Manufacture of Special Equipment for Electronic Industry	4510320
光纤光缆及锂离子电池制造	Manufacture of Optical Fiber and Cable, and Lithium Ion Battery	29815887
#锂离子电池制造	Manufacture of Lithium Ion Batteries	25544575
通信设备、雷达及配套设备制造	Manufacture of Communication Equipment, Radar and Matching Equipment	174028255
#通信系统设备制造	Manufacture of Communication System Equipment	59913592
通信终端设备制造	Manufacture of Communication Terminal Equipment	113278533
雷达及配套设备制造	Manufacture of Radar and Related Equipment	836131
广播电视设备制造	Manufacture of Broadcasting and TV Equipment	5175442
非专业视听设备制造	Manufacture of Non-professional Audio-visual Equipment	26017964
电子器件制造	Manufacture of Electronic Appliances	74056189
#电子真空器件制造	Manufacture of Electronic Vacuum Appliances	2865703
半导体分立器件制造	Manufacture of Semiconductor Discreting Appliances	2423795
集成电路制造	Manufacture of Integrate Circuit	11355606
光电子器件制造	Manufacture of Optoelectronic Devices	16639582
电子元件及电子专用材料制造	Manufacture of Electronic Components and Electronic Specialized Materials	72781120
#电阻电容电感元件制造	Manufacture of Resistance, Capacitance and Inductance Components	6611184
电子电路制造	Manufacture of Electronic Circuit	29011618
电子专用材料制造	Manufacture of Electronic Specialized Materials	11546380
智能消费设备制造	Manufacturing of Intelligent Consumption Equipment	16371827
其他电子设备制造	Other Electronic Equipment	10560542
计算机及办公设备制造业	**Manufacture of Computers and Office Equipments**	**64684156**
#计算机整机制造	Manufacture of Entired Computer	41093018
计算机零部件制造	Manufacture of Parts and Fixture for Computer	8934461
计算机外围设备制造	Manufacture of Computer Peripheral Equipment	7258487
办公设备制造	Manufacture of Office Equipment	2365653
医疗仪器设备及仪器仪表制造业	**Manufacture of Medical Equipments and Meters**	**30002457**
#医疗仪器设备及器械制造	Manufacture of Medical Equipment and Appliances	6938507
#医疗诊断、监护及治疗设备制造	Manufacture of Medical Diagnosis, Monitoring and Treatment Equipment	2344322
医疗、外科及兽医用器械制造	Manufacture of Medical, Surgical and Veterinary Instruments	2063183
通用仪器仪表制造	Manufacture of General Instruments	15943815
专用仪器仪表制造	Manufacture of Special Instruments	3927816
信息化学品制造业	**Manufacture of Electronic Chemicals**	**1926129**

continued

#出口 Export	专　利 申请数 (件) Patent Applications (piece)	#发明专利 Inventions	有效发明 专利数 (件) Number of Inventions in Force (piece)	技术改造 经费支出 (万元) Expenditure for Technical Renovation (10 000 yuan)	购买境内技 术经费支出 (万元) Expenditure for Purchase of Domestic Technology (10 000 yuan)	技术引进 经费支出 (万元) Expenditure for Acquisition of Foreign Technology (10 000 yuan)	消化吸收 经费支出 (万元) Expenditure for Assimilation of Technology (10 000 yuan)
200640543	**302459**	**162472**	**471949**	**5620067**	**2865748**	**1094013**	**95699**
5537530	**23400**	**11883**	**47910**	**1018337**	**256336**	**43147**	**22595**
3752702	9028	5284	20509	637244	192703	32964	8284
183868	4373	1941	12121	204656	14492	1913	330
918177	4044	2467	7582	65522	27728	7290	13576
147029267	**208228**	**120810**	**331787**	**3558257**	**2320229**	**846765**	**71780**
563244	7275	2738	8872	32045	1220	42	520
5355039	12510	5224	10192	356476	17514	1923	7464
4978814	10613	4513	7371	327131	17152	82	7464
64757754	50726	38789	164496	534011	2182676	673484	79
21024773	40480	33406	136824	78718	5132	2190	15
43676339	9117	4808	25916	434989	2177366	671294	64
56642	1129	575	1756	20305	178		
1430151	4607	1683	4272	32997	700	3721	4738
10140943	9752	4157	10425	229234	4298	6882	36660
29987751	53383	32821	68336	1260842	50058	125506	5139
1056327	4247	2550	2404	38754	1575	1736	17
499507	1841	572	2468	27135	466	47	27
5249462	9408	6418	16484	335131	19520	82004	74
3779178	11434	6508	9415	87639	3930	1872	
23580741	47591	26876	48776	954461	49306	29800	1558
2161867	4160	1251	4641	136383	1715	1437	1
9008255	22955	16839	16445	467280	28513	23692	
1865021	5517	2505	7664	121474	2472	1265	837
7720153	12713	4716	6355	57296	8932	5284	330
3493491	9671	3806	10063	100896	5526	125	15292
41660801	**17085**	**7497**	**29746**	**262638**	**10468**	**9043**	**10**
28324550	4245	2928	13561	150568	2973	1213	
6346149	3143	846	2342	57421	189	4605	
4501791	4761	1686	6793	25333	3363	926	10
882324	1957	573	2958	13032	978	123	
4963306	**43994**	**16725**	**47806**	**223291**	**25635**	**51148**	**1312**
1571925	14572	5928	17427	74203	5384	39266	499
564389	6847	3561	7594	31919	1641	36538	
465644	3022	999	3774	11745	1143	527	481
1824660	19516	7062	20946	83658	6097	10601	808
501027	6042	2243	5546	45661	13746	278	
251700	**777**	**394**	**1710**	**19899**	**3100**	**366**	

5-4 各地区高技术产业R&D活动
Statistics on R&D Activities and Relatives

单位：万元

地　区	Region	研　发 机构数 (个) R&D Institutions (unit)	R&D人员折 合全时当量 (人年) Full-time Equivalent of R&D Personnel (man-year)
全　国	**National Total**	**17969**	**860961**
东部地区	Eastern Region	13949	636309
中部地区	Middle Region	2817	132711
西部地区	Western Region	1010	76624
东北地区	Northeast Region	193	15316
北　京	Beijing	213	20692
天　津	Tianjin	102	11493
河　北	Hebei	293	9977
山　西	Shanxi	77	4582
内蒙古	Inner Mongolia	11	949
辽　宁	Liaoning	99	9280
吉　林	Jilin	46	2138
黑龙江	Heilongjiang	48	3898
上　海	Shanghai	172	21887
江　苏	Jiangsu	3488	134419
浙　江	Zhejiang	1817	89542
安　徽	Anhui	861	28177
福　建	Fujian	398	34417
江　西	Jiangxi	770	25669
山　东	Shandong	592	35706
河　南	Henan	330	27439
湖　北	Hubei	406	27319
湖　南	Hunan	373	19524
广　东	Guangdong	6848	277561
广　西	Guangxi	44	1879
海　南	Hainan	26	616
重　庆	Chongqing	234	14334
四　川	Sichuan	326	27133
贵　州	Guizhou	97	5601
云　南	Yunnan	66	4080
西　藏	Tibet	1	29
陕　西	Shaanxi	162	19707
甘　肃	Gansu	24	1131
青　海	Qinghai	10	446
宁　夏	Ningxia	25	1009
新　疆	Xinjiang	10	327

及相关情况（2019年）
in High-tech Industry by Region(2019)

(10 000 yuan)

R&D经费内部支出（万元）Intramual Expenditure on R&D (10 000 yuan)	R&D项目数（项）R&D Projects (item)	R&D项目经费（万元）Expenditure on R&D Projects (10 000 yuan)	新产品开发项目数（项）New Products (unit)	新产品开发经费支出（万元）Expenditure on New Produts Development (10 000 yuan)
38039639	**126645**	**39828434**	**156744**	**54074850**
28472357	88705	29892498	112808	42137680
5343369	21212	5593611	23329	6672945
3668406	13562	3672617	16029	4407219
555508	3166	669708	4578	857006
1473136	3412	1615011	5559	2167736
524978	2383	526132	2870	625142
340203	1927	326009	2553	497992
133299	704	150040	1057	160768
46943	269	48305	324	53010
375000	1795	438987	2277	477106
79722	614	102373	1175	197773
100786	757	128348	1126	182128
1635419	2960	1878119	4514	2233343
5706300	19249	5578968	20251	7471371
2972973	14330	3321843	16815	3591510
1137852	4713	1237470	5221	1301223
1780051	4800	1831011	5095	1807636
825657	4271	851217	4988	1358505
1959129	7773	2045287	8339	2025149
858613	3671	901477	3353	790644
1529398	3675	1554332	3959	1839880
858549	4178	899075	4751	1221927
12040270	31541	12711785	46263	21652515
49524	485	48622	692	86899
39898	330	58334	549	65287
688633	3156	684247	3444	776668
1348151	5346	1333116	6329	1651066
248541	1130	264114	1376	271485
90051	715	99853	801	119107
3963	20	4392	28	3830
977969	1693	1001738	2324	1215704
88613	191	55427	237	121063
14147	80	18192	72	26213
89846	283	94246	242	66212
22027	194	20367	160	15961

5-4 续表

地　区	Region	新产品销售收入（万元） Sales Revenue of New Products (10 000 yuan)	#出口 Export
全　国	**National Total**	**591642232**	**200640543**
东部地区	Eastern Region	448390066	155079550
中部地区	Middle Region	93733636	33240291
西部地区	Western Region	42878574	11729905
东北地区	Northeast Region	6639957	590797
北　京	Beijing	21893124	5575617
天　津	Tianjin	8238239	3423528
河　北	Hebei	6230760	1517910
山　西	Shanxi	2769881	1154486
内蒙古	Inner Mongolia	361953	3218
辽　宁	Liaoning	3328113	416809
吉　林	Jilin	1476949	170909
黑龙江	Heilongjiang	1834894	3079
上　海	Shanghai	16051846	5739037
江　苏	Jiangsu	87837106	43323934
浙　江	Zhejiang	46309629	9648577
安　徽	Anhui	19031542	3611740
福　建	Fujian	21823437	8208995
江　西	Jiangxi	17953385	4028109
山　东	Shandong	19873487	2271762
河　南	Henan	24056395	18782553
湖　北	Hubei	18403954	2362684
湖　南	Hunan	11518479	3300719
广　东	Guangdong	220050838	75366320
广　西	Guangxi	1816093	830367
海　南	Hainan	81600	3870
重　庆	Chongqing	13304004	7204178
四　川	Sichuan	15748665	2595384
贵　州	Guizhou	1906597	51831
云　南	Yunnan	1116216	72247
西　藏	Tibet		
陕　西	Shaanxi	6300734	419560
甘　肃	Gansu	725500	378045
青　海	Qinghai	314299	1466
宁　夏	Ningxia	1128680	71055
新　疆	Xinjiang	155832	102557

continued

专　利申请数（件） Patent Applications (piece)	#发明专利 Inventions	有效发明专利数（件） Number of Inventions in Force (piece)	技术改造经费支出（万元） Expenditure for Technical Renovation (10 000 yuan)	购买境内技术经费支出（万元） Expenditure for Purchase of Domestic Technology (10 000 yuan)	技术引进经费支出（万元） Expenditure for Acquisition of Foreign Technology (10 000 yuan)	消化吸收经费支出（万元） Expenditure for Assimilation of Technology (10 000 yuan)
302459	**162472**	**471949**	**5620067**	**2865748**	**1094013**	**95699**
234185	128983	389528	4091685	2716502	1031446	76313
41263	20068	42762	625566	58344	8021	16040
22873	11284	32003	779007	78716	54314	3319
4138	2137	7656	123809	12186	232	27
9619	6332	27149	15393	79665	38880	
3083	1297	5540	49442	6231	2710	14
4111	2395	3716	25268	37343	1291	985
429	165	1138	9791	2230	17	30
476	413	394	2265			
2807	1377	4879	54254	6892		27
574	371	1295	4746	4344	150	
757	389	1482	64809	950	82	
9501	6174	20036	120473	127663	111063	47120
40794	18235	47535	608883	40092	57623	7741
22787	9886	23874	325245	55207	5185	4414
9836	4549	8902	240842	13340	1084	
10154	4525	12064	491155	40909	38206	10059
7459	1905	4946	74263	2576	1047	
11074	5992	18387	283320	74450	20273	105
5233	1574	6469	58324	11078	1142	133
12092	8764	13660	102667	9498	2961	305
6214	3111	7647	139680	19623	1770	15572
122963	74083	230537	2169100	2253307	756216	5876
875	313	1335	7985	4109	43	402
99	64	690	3407	1635		
3996	1904	4211	75051	8789	9057	
10508	5309	13595	329918	46479	34647	2836
1610	849	3044	139998	2662	1212	81
642	200	1237	8895	1434	2994	
1	1	74				
3979	2006	7170	201659	11810	5346	
259	108	476	1924	1040	1015	
171	59	155	1086			
251	92	190	8075			
105	30	122	2151	2395		

5-5 国家级高新区企业
Major Indicators of High-Technology

单位：万元

开发区	Development Area	企业数（个）Number of Enterprises (unit)	期末从业人员（人）Employed Persons (person)
合 计	**Total**	**141147**	**22134834**
中关村国家自主创新示范区	Zhongguancun Science Park	24892	2809570
天津滨海高新技术产业开发区	Tianjin Binhai High-tech Industrial Development Zone	4357	281036
石家庄高新技术产业开发区	Shijiazhuang High-tech Industrial Development Zone	1720	159779
唐山高新技术产业开发区	Tangshan High-tech Industrial Development Zone	303	17345
保定国家高新技术产业开发区	Baoding High-tech Industrial Development Zone	606	114657
承德高新技术产业开发区	Chengde High-tech Industrial Development Zone	70	14629
燕郊高新技术产业开发区	Yanjiao High-tech Industrial Development Zone	248	30911
太原高新技术产业开发区	Taiyuan High-tech Industrial Development Zone	1540	149621
长治高新技术产业开发区	Changzhi High-tech Industrial Development Zone	124	45945
呼和浩特金山高新技术产业开发区	Hohhot Jinshan High-tech Industrial Development Zone	26	62971
包头稀土高新技术产业开发区	Baotou Rare Earth High-tech Industrial Development Zone	561	116952
鄂尔多斯高新技术产业开发区	Eerduosi High-tech Industrial Development Zone	47	9072
沈阳高新技术产业开发区	Shenyang High-tech Industrial Development Zone	966	109194
大连高新技术产业园区	Dalian High-tech Industrial Development Zone	2242	190481
鞍山高新技术产业开发区	Anshan High-tech Industrial Development Zone	371	40205
本溪高新技术产业开发区	Benxi High-tech Industrial Development Zone	85	9950
锦州高新技术产业开发区	Jinzhou High-tech Industrial Development Zone	95	21690
营口高新技术产业开发区	Yingkou High-tech Industrial Development Zone	107	20148
阜新高新技术产业开发区	Fuxin High-tech Industrial Development Zone	110	16449
辽阳高新技术产业开发区	Liaoyang High-tech Industrial Development Zone	43	33444
长春高新技术产业开发区	Changchun High-tech Industrial Development Zone	860	177910
长春净月高新技术产业开发区	Changchun Jingyue High-tech Industrial Development Zone	303	32570
吉林高新技术产业开发区	Jilin High-tech Industrial Development Zone	417	63942
通化国家医药高新技术产业开发区	Tonghua Medicine High-tech Industrial Development Zone	81	12058
延吉高新技术产业开发区	Yanji High-tech Industrial Development Zone	203	10245
哈尔滨高新技术产业开发区	Haerbin High-tech Industrial Development Zone	580	97715
齐齐哈尔高新技术产业开发区	Qiqihaer High-tech Industrial Development Zone	102	24265
大庆高新技术产业开发区	Daqing High-tech Industrial Development Zone	370	67440
上海张江高新技术产业开发区	Shanghai Zhangjiang Hi-Tech Park	8180	1314021
上海紫竹高新技术产业开发区	Shanghai Zizhu High-tech Industrial Development Zone	230	34058
南京高新技术产业开发区	Nanjing High-tech Industrial Development Zone	3173	362037
无锡国家高新技术产业开发区	Wuxi High-tech Industrial Development Zone	1214	269876
江阴高新技术产业开发区	Jiangyin High-tech Industrial Development Zone	440	89485
徐州高新技术产业开发区	Xuzhou High-tech Industrial Development Zone	233	59900
常州高新技术产业开发区	Changzhou High-tech Industrial Development Zone	1486	212832
武进国家高新技术产业开发区	Wujin High-tech Industrial Development Zone	549	137019
苏州国家高新技术产业开发区	Suzhou High-tech Industrial Development Zone	1386	228346
昆山高新技术产业开发区	Kunshan High-tech Industrial Development Zone	836	176848
苏州工业园区	Suzhou Industrial Park	3171	301010
常熟高新技术产业开发区	Changshu High-tech Industrial Development Zone	555	77176
南通高新技术产业开发区	Nantong High-tech Industrial Development Zone	471	103486
连云港高新技术产业开发区	Lianyungang High-tech Industrial Development Zone	174	40308
淮安高新技术产业开发区	Huaian High-tech Industrial Development Zone	158	18791
盐城高新技术产业开发区	Yancheng High-tech Industrial Development Zone	397	62637
扬州高新技术产业开发区	Yangzhou High-tech Industrial Development Zone	257	36886
镇江高新技术产业开发区	Zhenjiang High-tech Industrial Development Zone	481	54149
泰州医药高新技术产业开发区	Taizhou Medical High-tech Industrial Development Zone	488	83065
宿迁高新技术产业开发区	Suqian Medicine High-tech Industrial Development Zone	172	31582
杭州高新技术产业开发区	Hangzhou High-tech Industrial Development Zone	2294	378037
萧山临江高新技术产业开发区	Xiaoshan Linjiang High-tech Industrial Development Zone	1078	200682
宁波国家高新技术产业开发区	Ningbo High-tech Industrial Development Zone	1122	251061
温州高新技术产业开发区	Wenzhou High-tech Industrial Development Zone	563	109011

主要经济指标（2019年）
Industrial Development Zone (2019)

(10 000 yuan)

营业收入 Revenue	#技术收入 Tech-related	#销售收入 Sales Revenue	总产值 Gross Output Value	净利润 Profits after Taxes	实缴税费 Taxes	出口额 Exports
3855494314	**473439306**	**2727592302**	**2402619739**	**260974354**	**185942513**	**413714707**
664221790	134507879	190851622	118866591	35141541	25971406	25073393
54176105	5874823	33837041	27802768	6355703	1837800	3330753
21230780	4239320	13404677	11420281	1876684	1209295	849478
1253535	75854	1096392	1195003	94344	82613	45139
20584948	325329	18559328	11018287	470155	940082	743682
1682022	58387	1576786	1479619	55997	77627	11142
4874024	106133	3381860	2652431	310933	284114	56036
30090534	1260265	27851956	17201223	640651	574336	234188
3472612	13130	3178773	3310427	275962	344043	29254
9610818	13155	9489429	1122685	662658	574294	143536
19487231	775098	17646362	13033138	319725	524652	723572
1465578	21685	1319844	1374779	63665	56766	200917
14116545	3836708	6945021	5320198	634015	461938	749055
25815950	2603491	17697759	13961038	1366418	1180955	4262699
8394343	1121566	7160486	7060748	1326263	667259	371975
695706	11804	643648	593668	25389	57809	51065
2268484	18932	2081214	2102647	62136	95735	169660
5372980	22023	5150637	5316337	506170	221160	677613
1283357	10998	1258350	1314140	62568	40206	130123
8984378	954	6497967	6431163	-21016	277541	68171
53700369	1781204	46312545	46397287	4081813	4783601	1120541
2688612	129803	2133891	1015568	439385	194589	43051
8032358	74358	7521489	7409146	484102	1362369	85910
1226350	759	850751	879859	144278	94577	21744
1805038	10542	1679558	1675545	-23267	843465	22760
17516042	2437385	14020794	8575469	623538	1284725	811590
3365375	16228	3206802	3231468	117087	174404	139167
14748318	369274	13438140	11851091	388017	2151690	287251
251570697	47932077	181254984	120327337	21864127	11826786	27708908
7583487	1914017	4427365	2489680	1454608	437749	936744
67788533	4881191	57318486	56764119	2660023	3572023	8284497
43283093	1283178	40751180	38459020	2930081	1787339	15768186
17756504	295328	15970739	16886181	885983	688127	3223696
11235146	38191	11105829	9039093	849825	580498	535250
30019266	4637282	24139314	24703837	2159948	1072962	4593268
17300028	422747	11294661	11790448	1875940	1177698	2133117
35474141	1582173	31886359	31020168	1270986	1199937	16951170
17772244	236194	16683343	16663438	1074563	729776	5599733
56453221	4679351	43506062	44409811	4509206	3327914	19279445
11800089	190744	11309457	11286133	668037	426712	2800553
25763647	643473	24497581	14116380	2999687	1175290	3542402
6795699	46816	6590854	7731401	1546104	703626	314066
1584931	18546	1476571	1482587	-3448	64553	90490
4297322	24860	3838190	2886683	157858	138755	591538
3880161	113378	3588432	3917919	208991	184764	559039
7253958	167285	6063491	5631895	195758	191424	685271
11705284	226148	10990424	11835457	394493	574088	204762
3343676	23989	3235786	3373721	126989	102434	372382
70926030	19937773	43724885	40070159	6026537	4076934	5458087
34041397	391316	30642426	28908763	1649211	1297757	4034084
46182871	2775536	34257544	34262110	4096034	3145799	7364692
7683143	371454	7197836	7710337	1101800	381186	1155422

5-5 续表 1

单位：万元

开发区	Development Area	企业数（个）Number of Enterprises (unit)	期末从业人员（人）Employed Persons (person)
嘉兴秀洲高新技术产业开发区	Jiaxing Xiuzhou High-tech Industrial Development Zone	161	61974
莫干山高新技术产业开发区	Moganshan High-tech Industrial Development Zone	309	52993
绍兴国家高新技术产业开发区	Shaoxing High-tech Industrial Development Zone	443	70724
衢州高新技术开发区	Quzhou High-tech Industrial Development Zone	318	67555
合肥高新技术产业开发区	Hefei High-tech Industrial Development Zone	2429	325514
芜湖国家高新技术产业开发区	Wuhu High-tech Industrial Development Zone	275	86639
蚌埠国家高新技术产业开发区	Bengbu High-tech Industrial Development Zone	402	77646
淮南高新技术产业开发区	Huainan High-tech Industrial Development Zone	100	15769
马鞍山慈湖高新技术产业开发区	Maanshan Cihu High-tech Industrial Development Zone	211	39579
铜陵狮子山高新技术产业开发区	Tongling Shizishan High-tech Industrial Development Zone	98	12188
福州高新技术产业开发区	Fuzhou High-tech Industrial Development Zone	391	97594
厦门火炬高技术产业开发区	Xiamen Torch High-tech Industrial Development Zone	1577	251561
莆田高新技术产业开发区	Putian High-tech Industrial Development Zone	167	49138
三明高新技术产业开发区	Sanming High-tech Industrial Development Zone	104	18031
泉州高新技术产业开发区	Quanzhou High-tech Industrial Development Zone	358	89151
漳州高新技术产业开发区	Zhangzhou High-tech Industrial Development Zone	470	93605
龙岩高新技术产业开发区	Longyan High-tech Industrial Development Zone	150	28401
南昌高新技术产业开发区	Nanchang High-tech Industrial Development Zone	618	153641
景德镇高新技术产业开发区	Jingdezhen High-tech Industrial Development Zone	285	70810
九江共青城高新技术产业开发区	Jiujiang Gongqingcheng High-tech Industrial Development Zone	190	25512
新余高新技术企业开发区	Xinyu High-tech Industrial Development Zone	261	69481
鹰潭国家高新技术产业开发区	Yingtan High-tech Industrial Development Zone	167	26003
赣州高新技术产业开发区	Ganzhou High-tech Industrial Development Zone	191	17583
吉安高新技术产业开发区	Jian High-tech Industrial Development Zone	158	40058
宜春丰城高新技术产业开发区	Yichun Fengcheng High-tech Industrial Development Zone	189	26710
抚州高新技术产业开发区	Fuzhou High-tech Industrial Development Zone	210	41859
济南高新技术产业开发区	Jinan High-tech Industrial Development Zone	1216	317537
青岛高新技术产业开发区	Qingdao High-tech Industrial Development Zone	711	178132
淄博高新技术产业开发区	Zibo High-tech Industrial Development Zone	525	137410
枣庄高新技术产业开发区	Zaozhuang High-tech Industrial Development Zone	161	23648
黄河三角洲农业高新技术产业示范区	Huanghesanjiaozhou Agricultural High-tech Industrial Development Zone	29	3599
烟台高新技术产业开发区	Yantai High-tech Industrial Development Zone	353	57607
潍坊高新技术产业开发区	Weifang High-tech Industrial Development Zone	620	203371
济宁高新技术产业开发区	Jining High-tech Industrial Development Zone	636	169672
泰安高新技术产业开发区	Taian High-tech Industrial Development Zone	332	57544
威海火炬高技术产业开发区	Weihai Torch High-tech Industrial Development Zone	323	125620
莱芜高新技术产业开发区	Laiwu High-tech Industrial Development Zone	147	12622
临沂高新技术产业开发区	Linyi High-tech Industrial Development Zone	376	52323
德州高新技术产业开发区	Dezhou High-tech Industrial Development Zone	204	18665
郑州高新技术产业开发区	Zhengzhou High-tech Industrial Development Zone	2608	219211
洛阳高新技术产业开发区	Luoyang High-tech Industrial Development Zone	995	175029
平顶山高新技术产业开发区	Pingdingshan High-tech Industrial Development Zone	126	28380
安阳高新技术产业开发区	Anyang High-tech Industrial Development Zone	342	67984
新乡高新技术产业开发区	Xinxiang High-tech Industrial Development Zone	303	54749
焦作高新技术产业开发区	Jiaozuo High-tech Industrial Development Zone	132	41486
南阳高新技术产业开发区	Nanyang High-tech Industrial Development Zone	188	42003
武汉东湖新技术开发区	Wuhan Donghu New Technology Development Zone	3480	574602
黄石大冶湖高新技术产业开发区	Huangshi Dazhi High-tech Industrial Development Zone	499	84913
宜昌高新技术产业开发区	Yichang High-tech Industrial Development Zone	378	127134
襄阳高新技术产业开发区	Xiangyang High-tech Industrial Development Zone	964	199094
荆门高新技术产业开发区	Jingmen High-tech Industrial Development Zone	534	109734
孝感高新技术产业开发区	Xiaogan High-tech Industrial Development Zone	538	103357
荆州高新技术产业开发区	Jingzhou High-tech Industrial Development Zone	91	10655
黄冈高新技术产业开发区	Huanggang High-tech Industrial Development Zone	380	56409
咸宁高新技术产业开发区	Xianning High-tech Industrial Development Zone	428	73024
随州高新技术产业开发区	Suizhou High-tech Industrial Development Zone	304	50200
仙桃高新技术产业开发区	Xiantao High-tech Industrial Development Zone	362	83667
潜江高新技术产业开发区	Qianjiang High-tech Industrial Development Zone	30	7684

continued

(10 000 yuan)

营业收入 Revenue	#技术收入 Tech-related	#销售收入 Sales Revenue	总产值 Gross Output Value	净利润 Profits after Taxes	实缴税费 Taxes	出口额 Exports
8264317	37946	7044287	6259093	920895	507797	1850747
6232122	129232	5706400	5412490	457051	296671	1259936
8350735	62331	7871116	7608591	414973	355744	1505572
9878659	20540	9486324	9123450	602841	408193	816071
62221087	13119042	46266563	42245118	5128345	4818519	9162436
14091904	252198	13057471	12062912	665748	502687	1180912
12626827	281471	11158287	7479039	743392	880259	250223
1822499	18909	1713727	767156	42064	45760	6635
13218757	1592892	10540764	9661162	468652	348307	605984
3420209	26835	3216646	3144048	102326	68607	199480
12422360	2110698	9648543	10241783	939126	489202	1158349
36007960	2276758	30231930	30458740	1800738	1391336	12341452
6783530	12005	6750446	6793148	389634	189331	409537
3908179	2255	3854202	4639664	54621	49899	91025
7766248	95909	7259706	8872488	392420	297668	683126
11839459	25461	11573290	11799347	999000	621534	1518113
3332612	12766	3265342	3496309	112402	146171	128456
35601578	1836312	32773132	31262954	1521459	2453383	2928626
9171222	346712	8710936	8179284	191962	211701	845883
3172112	202947	2956876	3339528	282321	51895	204249
16261794	109482	16030718	15912568	886412	415020	776130
6121159	66647	5603040	5838634	367290	215377	250289
1766609	21976	1638564	1534935	98170	59734	181012
5136333	2005	5093171	5241469	384651	128420	2370062
5471885	19027	5359674	5577621	393905	391709	133339
6610554	129682	6358283	6168482	456193	289388	249872
56197232	7384910	47747291	37565467	2883149	3233418	3211981
35977655	3530755	30427858	26987841	2748245	1698194	5169933
22872116	897087	21105696	21224659	1137344	2172639	1733733
1880920	21668	1359785	897057	68949	76862	134848
4658312	736	3799947	2491573	58011	101358	2929
7894512	540263	7024517	5353811	660298	317789	728018
41798492	246826	39967694	29148333	2372239	1205613	3323023
27931091	66494	26158685	24622579	1397631	888095	1463141
7706938	1200506	5445082	6005696	277616	317054	276625
17051605	705155	16068469	14059234	1533862	782282	2835603
1158822	3933	1087327	1152937	39438	34510	116718
7674096	11008	7633376	7768396	502271	156141	258518
2005956	887	1894453	1953074	30500	74366	188980
29409538	4716838	21584301	12946503	1831931	983909	1556500
20125421	541752	18773943	17258706	521859	813070	1039632
5614008	46690	3395676	3333418	221433	171991	211985
8010291	74348	7773627	6552671	454439	728063	251093
6384608	53300	6167181	6276959	1025094	261948	502669
4718789	143945	4427442	4055369	279718	80787	189111
3035928	276608	2545119	2423923	246420	144267	166957
130525890	42746868	69987932	48086841	11849426	6960346	10329174
11036393	56205	10260085	10199862	681654	331901	411953
16513946	950151	14831978	12866437	1099654	761385	1286862
36000354	1842608	33271479	34552659	3120916	1418065	629067
16777190	306187	16080881	17494862	1537770	621447	649012
15200201	124851	14931397	13573193	773391	735066	284341
1121530	37575	1001462	1004817	32956	36071	50586
5839509	22459	5623375	5932701	304929	327650	349092
10007895	337891	9483447	10995606	936481	334718	290413
6749178	639	6353866	7106667	371544	167305	406883
7332994	100878	7100713	7297176	308170	193188	934379
4109730	1432	4103078	2667702	79375	52082	65025

5-5 续表 2

单位：万元

开发区	Development Area	企业数（个）Number of Enterprises (unit)	期末从业人员（人）Employed Persons (person)
长沙高新技术产业开发区	Changsha High-tech Industrial Development Zone	1873	368766
株洲高新技术产业开发区	Zhuzhou High-tech Industrial Development Zone	428	168256
湘潭高新技术产业开发区	Xiangtan High-tech Industrial Development Zone	346	87006
衡阳高新技术产业开发区	Hengyang High-tech Industrial Development Zone	213	59482
常德高新技术产业开发区	Changde High-tech Industrial Development Zone	385	46111
益阳高新技术产业开发区	Yiyang High-tech Industrial Development Zone	391	49257
郴州高新技术产业开发区	Chenzhou High-tech Industrial Development Zone	101	20743
怀化高新技术产业开发区	Huaihua High-tech Industrial Development Zone	158	13665
广州高新技术产业开发区	Guangzhou High-tech Industrial Development Zone	5282	705326
深圳高新技术产业开发区	Shenzhen High-tech Industrial Development Zone	6011	1005244
珠海高新技术产业开发区	Zhuhai High-tech Industrial Development Zone	1439	254953
汕头高新技术产业开发区	Shantou High-tech Industrial Development Zone	296	28366
佛山高新技术产业开发区	Foshan High-tech Industrial Development Zone	2233	338559
江门高新技术产业开发区	Jiangmen High-tech Industrial Development Zone	608	112418
湛江高新技术产业开发区	Zhanjiang High-tech Industrial Development Zone	101	30819
茂名高新技术产业开发区	Maoming High-tech Industrial Development Zone	153	21326
肇庆高新技术产业开发区	Zhaoqing High-tech Industrial Development Zone	260	56095
惠州仲恺高新技术产业开发区	Huizhou Zhongkai High-tech Industrial Development Zone	603	195853
源城高新技术产业开发区	Yuancheng High-tech Industrial Development Zone	141	51922
清远高新技术产业开发区	Qingyuan High-tech Industrial Development Zone	210	61674
东莞松山湖高新技术产业开发区	Dongguan Songshanhu High-tech Industrial Development Zone	733	126909
中山国家高新技术产业开发区	Zhongshan High-tech Industrial Development Zone	772	148767
南宁高新技术产业开发区	Nanning High-tech Industrial Development Zone	1019	205083
柳州高新技术产业开发区	Liuzhou High-tech Industrial Development Zone	680	130613
桂林国家高新技术产业开发区	Guilin High-tech Industrial Development Zone	636	108503
北海高新技术产业开发区	Beihai High-tech Industrial Development Zone	129	42930
海口国家高新技术产业开发区	Haikou High-tech Industrial Development Zone	231	39239
重庆高新技术产业开发区	Chongqing High-tech Industrial Development Zone	1442	238751
璧山高新技术产业开发区	Bishan High-tech Industrial Development Zone	294	58279
荣昌高新技术产业开发区	Rongchang High-tech Industrial Development Zone	248	51435
永川高新技术产业开发区	Yongchuan High-tech Industrial Development Zone	334	84408
成都高新技术产业开发区	Chengdu High-tech Industrial Development Zone	2650	409934
自贡高新技术产业开发区	Zigong High-tech Industrial Development Zone	296	43405
攀枝花高新技术产业开发区	Panzhihua High-tech Industrial Development Zone	141	18192
泸州高新技术产业开发区	Luzhou High-tech Industrial Development Zone	434	57813
德阳高新技术产业开发区	Deyang High-tech Industrial Development Zone	238	33726
绵阳国家高新技术产业开发区	Mianyang High-tech Industrial Development Zone	278	115765
内江高新技术产业开发区	Neijiang High-tech Industrial Development Zone	126	17970
乐山高新技术产业开发区	Leshan High-tech Industrial Development Zone	277	55677
贵阳国家高新技术产业开发区	Guiyang High-tech Industrial Development Zone	901	214482
安顺高新技术产业开发区	Anshun High-tech Industrial Development Zone	150	25795
昆明国家高新技术产业开发区	Kunming High-tech Industrial Development Zone	328	87619
玉溪高新技术产业开发区	Yuxi High-tech Industrial Development Zone	100	27699
楚雄高新技术产业开发区	Chuxiong High-tech Industrial Development Zone	74	9613
西安高新技术产业开发区	Xi'an High-tech Industrial Development Zone	4752	547793
宝鸡高新技术产业开发区	Baoji High-tech Industrial Development Zone	746	160305
杨凌农业高新技术产业示范区	Yangling Agricultural High-tech Industries Demonstration Zone	229	28637
咸阳高新技术产业开发区	Xianyang High-tech Industrial Development Zone	103	28184
渭南国家高新技术产业开发区	Weinan High-tech Industrial Development Zone	125	21482
榆林高新科技产业园区	Yulin High-tech Industrial Development Zone	140	37910
安康高新技术产业开发区	Ankang High-tech Industrial Development Zone	257	29737
兰州高新技术产业开发区	Lanzhou High-tech Industrial Development Zone	672	126019
白银高新技术产业开发区	Baiyin High-tech Industrial Development Zone	213	59813
青海高新技术产业开发区	Qinghai High-tech Industrial Development Zone	99	10071
银川高产业开发区	Yinchuan High-tech Industrial Development Zone	96	12269
宁夏石嘴山高新技术产业开发区	Ningxia Shizuishan High-tech Industrial Development Zone	85	14971
乌鲁木齐高新技术产业开发区	Wulumuqi High-tech Industrial Development Zone	542	249111
昌吉高新技术产业开发区	Changji High-tech Industrial Development Zone	226	12898
石河子高新技术产业开发区	Shihezi High-tech Industrial Development Zone	35	17905

continued

(10 000 yuan)

营业收入 Revenue	#技术收入 Tech-related	#销售收入 Sales Revenue	总产值 Gross Output Value	净利润 Profits after Taxes	实缴税费 Taxes	出口额 Exports
47828327	5677054	35657415	35616294	3704575	1839183	4521709
25958751	494330	22853429	19963281	1113592	1136504	1161817
14844108	1619916	12916536	14622801	776180	555397	1009209
8036934	815991	6572673	5327354	309395	257972	1095836
5224199	15056	4870475	5231544	269204	121063	107457
8437118	670573	7681870	8227078	333204	308036	417144
2045702	13922	1985391	1708052	-404546	39453	323080
1212338	71505	1063738	1078660	44275	49663	7088
117245692	19553842	91231801	74082459	8784592	5520529	11532817
170393340	40814731	115799289	110808948	20412290	7133362	32117599
34074936	1175348	30837946	23164855	2969492	1742203	7249449
2508892	131904	2293198	2061473	190773	121132	352905
44514791	1797905	40499480	40975815	3994340	2066883	6975754
11657598	51920	11180271	11395018	667560	446869	3547421
9527650	69027	9182679	9689097	1176464	941106	747877
3731678	59710	3427319	3360961	215787	146104	189879
5530728	27738	5436145	5262729	261391	228817	728325
23136349	1259749	20904284	21457802	1412349	999358	8793626
5155161	51444	4880063	5071491	182091	156252	972105
7588854	197768	6355176	6058605	329019	251409	862130
56844264	400830	52863815	54733635	1339564	1297712	13837188
16499076	239994	14705610	14092561	675295	598629	6116988
26983793	4976119	19655590	13078046	1493283	714800	3403290
26088192	168194	24390720	21624397	514487	932478	829312
10125658	1131602	7995453	8779890	755045	569538	918651
8240232	48921	8019824	7399327	824463	150372	1612474
4437794	175449	3777424	3781274	332581	508562	96432
33744718	2790301	28293275	30654017	1290952	783835	10102338
4087505	133661	3816833	4164361	275065	147392	684016
5113849	54519	4820695	5092877	490526	304184	415932
10495012	307932	9510978	9474299	996539	518459	415858
70324000	17361563	47143219	45220524	6273120	2651208	19193361
5432220	73448	5073305	5301195	246051	197541	403689
4352515	33109	4102873	4342108	395792	146915	49943
8317771	167594	7747641	6413090	527903	323274	232052
5668423	23909	5587403	5642620	266147	125381	189718
15049283	201030	14594549	8249092	149333	387958	1658192
2672040	159436	2305618	2831122	217078	93457	151610
7222568	41289	6563018	7087683	368390	216097	432180
24685458	2800014	17434222	11802648	727355	954687	848990
2378022	46703	2273222	2883601	70240	99270	74595
22675558	653459	14839501	14653420	1081903	675537	181005
9835383	6003	8685190	9746227	752981	5374496	180097
1944280	28518	1896550	2047265	44061	40893	9360
116403362	18643746	79137186	84797456	11082364	8710787	13761457
21669497	176644	19388768	21767051	747377	1270709	668488
2537262	550647	1621816	1866474	238109	88391	53238
5560015	371390	4810526	5211715	290873	951540	605571
4743098	4155	2959560	3461132	340145	150982	180879
10020930	120965	8525926	6833787	2161952	1746898	1083
4133139	914943	1721707	4015566	740424	205340	41356
18226655	1647247	8797494	6995743	597078	1871025	390079
9293009	6570	9097577	5027360	70400	225334	63148
602620	13090	581674	676621	20754	26535	8504
901022	26714	684144	711951	-40715	14715	29732
1483912	10659	1287444	1243979	79616	62408	80834
42178914	1939323	7066098	4414970	2110175	1441372	119330
2568664	62602	2109705	1873047	131703	72608	154310
4820857	3959	2945450	3107268	162359	180822	9632

六、企业创新活动

Innovation Activities of Enterprises

6-1 规模(限额)以上企业创新活动总体情况(2019年)
Enterprises above Designated Size with Innovation(2019)

项 目	Item	开展创新活动企业数(个) Number of Innovation-active Enterprises (unit)	#实现创新企业 Innovators	#同时实现四种创新企业 Enterprises with all 4 kinds of innovation	在全部企业中占比(%) Of Total(%) 开展创新活动企业 Innovation-active Enterprises	实现创新企业 Innovators	同时实现四种创新企业 Enterprises with all 4 kinds of innovation
总 计	**Total**	**363422**	**335617**	**68273**	**45.2**	**41.7**	**8.5**
一、按规模分	**by Size of Enterprises**						
大型企业	Large-sized Industrial Enterprises	16088	15254	4639	73.3	69.5	21.1
中型企业	Medium-sized Industrial Enterprises	71172	67561	14552	51.1	48.5	10.4
小型企业	Small -sized Industrial Enterprises	250955	229243	46630	47.0	43.0	8.7
微型企业	Micro-sized Industrial Enterprises	25207	23559	2452	22.9	21.4	2.2
二、按登记注册类型分	**by Status of Registration**						
内资企业	Domestic Funded	329956	305088	62209	44.4	41.0	8.4
国有企业	State-owned Enterprises	2638	2455	266	32.6	30.3	3.3
集体企业	Collective-owned Enterprises	959	888	92	22.6	21.0	2.2
股份合作企业	Cooperative Enterprises	549	515	92	35.2	33.0	5.9
联营企业	Joint Ownership Enterprises	57	53	9	25.7	23.9	4.1
有限责任公司	Limited Liability Corporations	87105	81366	15691	45.0	42.0	8.1
股份有限公司	Share-holding Corporations Ltd.	14650	13748	4274	65.1	61.1	19.0
私营企业	Private Enterprises	223974	206039	41781	43.7	40.2	8.1
其他企业	Other Enterprises	24	24	4	16.8	16.8	2.8
港、澳、台商投资企业	Enterprises with Funds from Hong Kong, Macau and Taiwan	15434	14179	3052	54.2	49.8	10.7
外商投资企业	Foreign Funded Enterprises	18032	16350	3012	54.3	49.3	9.1
三、按行业分	**by Industrial Sector**						
采矿业	Mining	3064	2636	167	30.0	25.8	1.6
制造业	Manufacturing	215850	194615	50595	61.0	55.0	14.3
电力、热力、燃气及水生产和供应业	Production and Supply of Electricity,Heat, Gas and Water	4823	4180	113	35.1	30.4	0.8
建筑业	Construction	17400	16824	1924	31.9	30.8	3.5
批发和零售业	Wholesale and Retail Trades	70545	69983	7230	29.0	28.7	3.0
交通运输、仓储和邮政业	Transport,Storage and Post	9132	8808	672	23.0	22.2	1.7
信息传输、软件和信息技术服务业	Information Transmission,Software and Information Technology	16997	15104	4382	75.3	66.9	19.4
租赁和商务服务业	Leasing and Business Services	11549	11025	1118	29.8	28.5	2.9
科学研究和技术服务业	Scientific Research and Technical Services	12013	10527	1872	53.7	47.0	8.4
水利、环境和公共设施管理业	Management of Water Conservancy, Environment and Public Facilities	2049	1915	200	36.9	34.5	3.6
四、按地区分	**by Region**						
东部地区	Eastern Region	228274	210659	43938	47.5	43.8	9.1
中部地区	Middle Region	74532	67436	14400	44.6	40.3	8.6
西部地区	Western Region	50014	47555	8394	40.3	38.3	6.8
东北地区	Northeast Region	10602	9967	1541	32.3	30.4	4.7

注：按规模分小型企业和微型企业仅包括规模(限额)以上小型企业和微型企业。6-1至6-7各表同。

6-1 续表 continued

项　目	Item	开展创新活动企业数（个） Number of Innovation-active Enterprises (unit)	#实现创新企业 Innovators	#同时实现四种创新企业 Enterprises with all 4 kinds of innovation	在全部企业中占比(%) Of Total(%) 开展创新活动企业 Innovation-active Enterprises	实现创新企业 Innovators	同时实现四种创新企业 Enterprises with all 4 kinds of innovation
北　京	Beijing	12690	11387	1534	44.9	40.3	5.4
天　津	Tianjin	5996	5759	947	38.1	36.6	6.0
河　北	Hebei	9135	8839	1467	39.8	38.5	6.4
山　西	Shanxi	3560	3427	435	32.6	31.4	4.0
内蒙古	Inner Mongolia	2178	2092	204	31.8	30.6	3.0
辽　宁	Liaoning	6016	5595	910	33.1	30.8	5.0
吉　林	Jilin	2284	2154	349	32.7	30.8	5.0
黑龙江	Heilongjiang	2302	2218	282	30.0	28.9	3.7
上　海	Shanghai	13063	12443	2116	39.7	37.9	6.4
江　苏	Jiangsu	48973	42086	8363	55.5	47.7	9.5
浙　江	Zhejiang	42203	39157	9478	51.9	48.1	11.6
安　徽	Anhui	15519	14343	3557	49.5	45.8	11.4
福　建	Fujian	16512	15999	3055	39.9	38.7	7.4
江　西	Jiangxi	9774	9346	2307	42.9	41.1	10.1
山　东	Shandong	22623	21324	4429	42.7	40.2	8.4
河　南	Henan	15150	14503	2658	37.8	36.2	6.6
湖　北	Hubei	14535	12967	3006	47.4	42.3	9.8
湖　南	Hunan	15994	12850	2437	50.9	40.9	7.8
广　东	Guangdong	56419	53043	12461	49.0	46.0	10.8
广　西	Guangxi	4539	4366	601	34.4	33.1	4.6
海　南	Hainan	660	622	88	36.7	34.6	4.9
重　庆	Chongqing	7258	6895	1642	45.1	42.8	10.2
四　川	Sichuan	13058	12476	2264	42.9	41.0	7.4
贵　州	Guizhou	4514	4129	804	42.7	39.1	7.6
云　南	Yunnan	4493	4276	894	42.8	40.8	8.5
西　藏	Tibet	227	221	14	38.3	37.3	2.4
陕　西	Shaanxi	7523	7205	1194	41.7	39.9	6.6
甘　肃	Gansu	1895	1770	285	38.1	35.5	5.7
青　海	Qinghai	617	587	87	39.7	37.7	5.6
宁　夏	Ningxia	1019	963	176	41.8	39.5	7.2
新　疆	Xinjiang	2693	2575	229	30.9	29.5	2.6

6-2 规模(限额)以上企业产品和
Enterprises above Designated Size

项　目	Item	开展产品或工艺创新活动企业数(个) Number of Product or Process Innovationactive Enterprises (unit)	#实现产品或工艺创新企业 Product or Process Innovators
总　计	**Total**	**251432**	**206275**
一、按规模分	**by Size of Enterprises**		
大型企业	Large-sized Industrial Enterprises	13536	12119
中型企业	Medium-sized Industrial Enterprises	47967	41475
小型企业	Small -sized Industrial Enterprises	179166	144660
微型企业	Micro-sized Industrial Enterprises	10763	8021
二、按登记注册类型分	**by Status of Registration**		
内资企业	Domestic Funded	224509	183732
国有企业	State-owned Enterprises	1420	1125
集体企业	Collective-owned Enterprises	447	327
股份合作企业	Cooperative Enterprises	404	343
联营企业	Joint Ownership Enterprises	34	29
有限责任公司	Limited Liability Corporations	57582	47566
股份有限公司	Share-holding Corporations Ltd.	12080	10476
私营企业	Private Enterprises	152532	123856
其他企业	Other Enterprises	10	10
港、澳、台商投资企业	Enterprises with Funds from Hong Kong, Macau and Taiwan	12463	10572
外商投资企业	Foreign Funded Enterprises	14460	11971
三、按行业分	**by Industrial Sector**		
采矿业	Mining	1866	1262
制造业	Manufacturing	182828	150836
电力、热力、燃气及水生产和供应业	Production and Supply of Electricity,Heat, Gas and Water	2811	1850
建筑业	Construction	8356	7069
批发和零售业	Wholesale and Retail Trades	21852	19660
交通运输、仓储和邮政业	Transport,Storage and Post	3347	2773
信息传输、软件和信息技术服务业	Information Transmission,Software and Information Technology	15104	11526
租赁和商务服务业	Leasing and Business Services	4764	3680
科学研究和技术服务业	Scientific Research and Technical Services	9483	6858
水利、环境和公共设施管理业	Management of Water Conservancy, Environment and Public Facilities	1021	761
四、按地区分	**by Region**		
东部地区	Eastern Region	166749	138319
中部地区	Middle Region	50033	39101
西部地区	Western Region	28687	24043
东北地区	Northeast Region	5963	4812

工艺创新分布情况(2019年)
with Product or Process Innovation(2019)

		在全部企业中占比(%) Of Total(%)			
#实现产品创新企业 Product Innovators	#实现工艺创新企业 Process Innovators	开展产品或工艺创新活动企业 Product or Process Innovation-active Enterprises	#实现产品或工艺创新企业 Product or Process Innovators	#实现产品创新企业 Product Innovators	#实现工艺创新企业 Process Innovators
155052	**172603**	**31.2**	**25.6**	**19.3**	**21.4**
9245	10822	61.6	55.2	42.1	49.3
31107	35496	34.4	29.8	22.3	25.5
109591	119577	33.6	27.1	20.5	22.4
5109	6708	9.8	7.3	4.6	6.1
137684	154054	30.2	24.7	18.5	20.7
672	962	17.5	13.9	8.3	11.9
195	288	10.5	7.7	4.6	6.8
285	277	25.9	22.0	18.3	17.8
18	26	15.3	13.1	8.1	11.7
34099	40498	29.7	24.6	17.6	20.9
8513	8860	53.7	46.6	37.8	39.4
93894	103135	29.7	24.2	18.3	20.1
8	8	7.0	7.0	5.6	5.6
8211	8816	43.8	37.1	28.8	31.0
9157	9733	43.6	36.1	27.6	29.3
412	1213	18.3	12.4	4.0	11.9
119134	126533	51.7	42.6	33.7	35.8
355	1787	20.5	13.5	2.6	13.0
3879	6620	15.3	12.9	7.1	12.1
12390	16414	9.0	8.1	5.1	6.7
1308	2478	8.4	7.0	3.3	6.2
9737	8508	66.9	51.1	43.1	37.7
2437	2858	12.3	9.5	6.3	7.4
4958	5529	42.4	30.6	22.1	24.7
442	663	18.4	13.7	8.0	11.9
106803	113880	34.7	28.8	22.2	23.7
28376	33864	29.9	23.4	17.0	20.3
16476	20742	23.1	19.4	13.3	16.7
3397	4117	18.2	14.7	10.3	12.5

6-2 续表

项 目	Item	开展产品或工艺创新活动企业数(个) Number of Product or Process Innovationactive Enterprises (unit)	#实现产品或工艺创新企业 Product or Process Innovators
北 京	Beijing	9033	6834
天 津	Tianjin	3750	3248
河 北	Hebei	5480	4882
山 西	Shanxi	1794	1524
内蒙古	Inner Mongolia	979	801
辽 宁	Liaoning	3661	2929
吉 林	Jilin	1240	1006
黑龙江	Heilongjiang	1062	877
上 海	Shanghai	8784	7598
江 苏	Jiangsu	39221	28945
浙 江	Zhejiang	34039	29602
安 徽	Anhui	10698	8703
福 建	Fujian	10354	9141
江 西	Jiangxi	6911	6183
山 东	Shandong	13729	11489
河 南	Henan	8453	7257
湖 北	Hubei	10048	7687
湖 南	Hunan	12129	7747
广 东	Guangdong	42029	36316
广 西	Guangxi	2269	1938
海 南	Hainan	330	264
重 庆	Chongqing	4939	4338
四 川	Sichuan	7654	6464
贵 州	Guizhou	2773	2143
云 南	Yunnan	2707	2305
西 藏	Tibet	85	64
陕 西	Shaanxi	4187	3497
甘 肃	Gansu	1067	837
青 海	Qinghai	296	232
宁 夏	Ningxia	671	568
新 疆	Xinjiang	1060	856

continued

#实现产品创新企业 Product Innovators	#实现工艺创新企业 Process Innovators	在全部企业中占比(%) Of Total(%)			
		开展产品或工艺创新活动企业 Product or Process Innovation-active Enterprises	#实现产品或工艺创新企业 Product or Process Innovators	#实现产品创新企业 Product Innovators	#实现工艺创新企业 Process Innovators
5060	5092	32.0	24.2	17.9	18.0
2257	2783	23.8	20.6	14.3	17.7
3297	4127	23.9	21.3	14.4	18.0
945	1334	16.4	13.9	8.6	12.2
407	708	14.3	11.7	5.9	10.3
2082	2530	20.1	16.1	11.5	13.9
722	845	17.7	14.4	10.3	12.1
593	742	13.8	11.4	7.7	9.7
5493	6128	26.7	23.1	16.7	18.6
21526	24458	44.4	32.8	24.4	27.7
25099	23366	41.8	36.4	30.8	28.7
6774	7643	34.1	27.8	21.6	24.4
6633	7580	25.0	22.1	16.0	18.3
5108	5346	30.4	27.2	22.4	23.5
8302	9936	25.9	21.7	15.7	18.7
5106	6198	21.1	18.1	12.7	15.5
5758	6530	32.7	25.1	18.8	21.3
4685	6813	38.6	24.7	14.9	21.7
28976	30187	36.5	31.5	25.1	26.2
1239	1688	17.2	14.7	9.4	12.8
160	223	18.3	14.7	8.9	12.4
3419	3680	30.7	26.9	21.2	22.8
4653	5483	25.1	21.2	15.3	18.0
1489	1880	26.2	20.3	14.1	17.8
1530	2042	25.8	22.0	14.6	19.5
26	57	14.4	10.8	4.4	9.6
2281	3004	23.2	19.4	12.6	16.6
496	742	21.4	16.8	10.0	14.9
142	203	19.0	14.9	9.1	13.0
359	507	27.6	23.3	14.7	20.8
435	748	12.2	9.8	5.0	8.6

6-3 规模(限额)以上企业产品或
Innovation Activities for Product or Process Innovation

项 目	Item	开展产品或工艺创新活动企业数(个) Number of Product or Process Innovation-active Enterprises (unit)	内部研发 In-house R&D
总 计	**Total**	**251432**	**56.4**
一、按规模分	**by Size of Enterprises**		
大型企业	Large-sized Industrial Enterprises	13536	62.9
中型企业	Medium-sized Industrial Enterprises	47967	52.3
小型企业	Small -sized Industrial Enterprises	179166	58.4
微型企业	Micro-sized Industrial Enterprises	10763	32.0
二、按登记注册类型分	**by Status of Registration**		
内资企业	Domestic Funded	224509	55.8
国有企业	State-owned Enterprises	1420	37.7
集体企业	Collective-owned Enterprises	447	34.2
股份合作企业	Cooperative Enterprises	404	61.1
联营企业	Joint Ownership Enterprises	34	38.2
有限责任公司	Limited Liability Corporations	57582	51.7
股份有限公司	Share-holding Corporations Ltd.	12080	64.8
私营企业	Private Enterprises	152532	56.8
其他企业	Other Enterprises	10	70.0
港、澳、台商投资企业	Enterprises with Funds from Hong Kong, Macau and Taiwan	12463	62.3
外商投资企业	Foreign Funded Enterprises	14460	60.1
三、按行业分	**by Industrial Sector**		
采矿业	Mining	1866	55.0
制造业	Manufacturing	182828	69.4
电力、热力、燃气及水生产和供应业	Production and Supply of Electricity,Heat, Gas and Water	2811	47.2
建筑业	Construction	8356	22.9
批发和零售业	Wholesale and Retail Trades	21852	
交通运输、仓储和邮政业	Transport,Storage and Post	3347	13.7
信息传输、软件和信息技术服务业	Information Transmission,Software and Information Technology	15104	28.3
租赁和商务服务业	Leasing and Business Services	4764	16.0
科学研究和技术服务业	Scientific Research and Technical Services	9483	50.0
水利、环境和公共设施管理业	Management of Water Conservancy, Environment and Public Facilities	1021	33.6
四、按地区分	**by Region**		
东部地区	Eastern Region	166749	58.4
中部地区	Middle Region	50033	57.9
西部地区	Western Region	28687	44.8
东北地区	Northeast Region	5963	42.7

注：内部研发和外部研发数据不包括批发和零售业。
Note: Statistics on In-house R&D and External R&D do not cover the sector of wholesale and Retail Trades.

工艺创新活动类型(2019年)
in Enterprises above Designated Size(2019)

在开展产品或工艺创新活动企业中，有下列活动形式的企业占比(%) Of Product or Process innovation-active enterprises(%)						
外部研发 External R&D	获得机器设备和软件 Acquisition of Machinery, Equipment and Software	从外部获取相关技术 Acquisition of other External Knowledge	相关培训 Training for Innovative Activities	市场推介 Market Introduction of Innovations	相关设计 Design	其他创新活动 Other Innovation Activities
7.6	**55.9**	**3.8**	**36.3**	**18.0**	**17.2**	**22.6**
21.8	56.4	11.0	54.6	26.7	19.5	35.0
9.7	50.4	5.9	43.5	21.6	17.8	25.8
6.3	58.1	2.7	33.5	16.5	17.1	21.0
3.1	43.0	3.7	28.7	15.8	12.5	19.6
7.6	55.4	3.8	35.9	18.0	17.0	22.1
12.5	45.4	8.2	45.4	17.7	9.4	26.6
3.4	51.7	3.6	34.7	15.9	8.1	15.4
2.5	52.7	1.0	27.2	13.9	16.1	17.1
5.9	55.9	5.9	52.9	14.7	2.9	20.6
9.9	53.2	5.3	41.4	20.1	16.0	25.7
18.0	60.5	6.0	47.0	27.6	21.6	30.4
5.8	55.9	3.0	32.9	16.5	17.1	20.0
40.0	70.0	20.0	80.0	40.0	10.0	40.0
7.6	62.5	3.2	38.1	17.0	19.2	25.7
8.6	58.2	4.2	41.1	17.9	18.8	28.6
16.9	57.5	1.4	29.4	6.3	3.2	17.4
8.3	66.8	2.0	34.4	16.9	19.3	22.2
10.8	57.8	1.6	29.4	3.9	2.2	18.7
6.8	34.9	11.1	49.3	23.2	6.7	28.1
	22.6	8.5	44.6	28.1	18.9	22.5
3.4	29.6	7.9	37.9	14.9	6.1	23.1
8.2	19.8	8.3	37.2	20.3	10.3	24.1
3.5	20.4	8.4	40.5	20.6	10.0	22.5
11.9	27.4	11.5	40.8	14.2	8.1	26.2
7.0	31.1	9.6	40.1	16.2	8.8	23.5
7.1	56.2	3.8	35.9	17.7	17.7	23.3
8.4	58.7	3.3	34.4	16.9	15.3	19.3
8.8	50.7	4.5	40.9	21.4	17.5	23.9
8.5	49.2	3.6	40.3	19.3	15.6	26.6

6-3 续表

项 目	Item	开展产品或工艺创新活动企业数(个) Number of Product or Process Innovation-active Enterprises (unit)	内部研发 In-house R&D
北 京	Beijing	9033	30.7
天 津	Tianjin	3750	43.4
河 北	Hebei	5480	46.7
山 西	Shanxi	1794	33.1
内蒙古	Inner Mongolia	979	32.4
辽 宁	Liaoning	3661	50.1
吉 林	Jilin	1240	28.5
黑龙江	Heilongjiang	1062	33.7
上 海	Shanghai	8784	36.8
江 苏	Jiangsu	39221	73.3
浙 江	Zhejiang	34039	62.1
安 徽	Anhui	10698	58.1
福 建	Fujian	10354	55.8
江 西	Jiangxi	6911	63.8
山 东	Shandong	13729	56.2
河 南	Henan	8453	58.8
湖 北	Hubei	10048	52.6
湖 南	Hunan	12129	61.7
广 东	Guangdong	42029	56.3
广 西	Guangxi	2269	30.7
海 南	Hainan	330	29.7
重 庆	Chongqing	4939	57.6
四 川	Sichuan	7654	50.3
贵 州	Guizhou	2773	42.5
云 南	Yunnan	2707	50.4
西 藏	Tibet	85	11.8
陕 西	Shaanxi	4187	34.6
甘 肃	Gansu	1067	43.8
青 海	Qinghai	296	39.2
宁 夏	Ningxia	671	57.4
新 疆	Xinjiang	1060	17.8

continued

在开展产品或工艺创新活动企业中，有下列活动形式的企业占比(%) Of Product or Process innovation-active enterprises(%)						
外部研发 External R&D	获得机器设备和软件 Acquisition of Machinery, Equipment and Software	从外部获取相关技术 Acquisition of other External Knowledge	相关培训 Training for Innovative Activities	市场推介 Market Introduction of Innovations	相关设计 Design	其他创新活动 Other Innovation Activities
8.3	33.1	6.5	38.2	19.3	13.2	25.9
6.8	39.8	3.7	43.7	20.1	16.1	28.7
6.5	64.5	2.9	37.6	18.1	14.8	20.7
8.5	51.7	4.7	42.3	20.1	12.5	24.1
8.8	45.6	3.5	39.7	16.4	12.2	23.4
8.2	43.1	3.5	41.2	19.4	15.0	27.5
8.1	62.7	3.3	39.4	17.8	15.6	25.8
10.1	54.5	4.3	38.1	20.4	17.8	24.4
6.6	42.0	6.1	45.4	23.1	18.9	31.1
8.6	70.4	3.1	31.3	13.2	12.6	19.0
6.7	49.3	2.6	27.9	13.7	17.7	18.7
12.0	55.6	4.0	43.1	20.6	19.2	24.2
7.0	32.2	3.6	34.4	17.4	18.4	20.9
5.5	75.0	2.8	33.9	16.2	16.5	20.1
8.7	38.9	3.9	38.0	19.3	16.9	22.1
7.6	33.8	3.4	36.5	18.3	15.6	19.8
8.0	62.3	3.3	33.7	17.0	15.2	19.0
7.9	67.4	2.8	25.0	12.4	11.5	13.6
5.6	68.5	4.5	43.0	22.8	24.0	29.5
6.0	50.3	5.8	44.7	25.6	18.4	28.8
12.4	39.7	4.8	37.6	20.9	16.4	21.5
8.8	45.0	4.2	40.4	19.7	18.6	23.4
10.2	58.1	4.6	40.9	22.1	18.0	24.5
7.9	48.8	4.3	33.0	17.7	14.1	20.3
7.9	56.6	4.4	45.6	24.0	21.2	24.4
4.7	36.5	3.5	30.6	20.0	12.9	15.3
9.0	44.7	4.7	41.8	21.6	17.9	23.5
11.3	40.4	4.5	40.4	22.7	15.5	19.4
6.8	57.1	5.4	40.9	23.3	17.6	25.0
10.1	69.3	4.6	41.9	19.5	14.0	27.3
5.9	40.3	4.7	43.5	21.6	14.7	23.4

6-4 规模以上工业企业创
Innovation Expenditure of Industrial

项 目	Item	创新费用支出合计(亿元) Total Core Innovation Expenditure (100 Million Yuan)	1.内部研发经费支出 In-house R&D
总 计	**Total**	**23184.6**	**13971.1**
一、按规模分	**by Size of Enterprises**		
大型企业	Large-sized Industrial Enterprises	12701.3	6737.9
中型企业	Medium-sized Industrial Enterprises	4789.6	3259.1
小型企业	Small -sized Industrial Enterprises	5495.2	3867.6
微型企业	Micro-sized Industrial Enterprises	198.3	106.6
二、按登记注册类型分	**by Status of Registration**		
内资企业	Domestic Funded	18570.5	11219.0
国有企业	State-owned Enterprises	197.2	83.2
集体企业	Collective-owned Enterprises	8.7	5.7
股份合作企业	Cooperative Enterprises	8.5	6.3
联营企业	Joint Ownership Enterprises	0.5	0.4
有限责任公司	Limited Liability Corporations	8095.3	4449.8
股份有限公司	Share-holding Corporations Ltd.	3507.1	2139.1
私营企业	Private Enterprises	6730.8	4516.7
其他企业	Other Enterprises	22.3	17.6
港、澳、台商投资企业	Enterprises with Funds from Hong Kong, Macau and Taiwan	1779.2	1138.4
外商投资企业	Foreign Funded Enterprises	2834.8	1613.8
三、按行业分	**by Industrial Sector**		
采矿业	Mining	519.9	288.1
煤炭开采和洗选业	Mining and Washing of Coal	244.9	109.2
石油和天然气开采业	Extraction of Petroleum and Natural Gas	144.2	93.8
黑色金属矿采选业	Mining of Ferrous Metal Ores	24.8	13.4
有色金属矿采选业	Mining of Non-ferrous Metal Ores	38.6	21.8
非金属矿采选业	Mining and Processing of Nonmetal Ores	28.6	18.6
开采专业及辅助性活动	Mining Support Service Activities	38.6	31.2
制造业	Manufacturing	22231.3	13538.5
农副食品加工业	Processing of Food from Agricultural Products	364.2	262.0
食品制造业	Manufacture of Foods	257.3	156.2
酒、饮料和精制茶制造业	Manufacture of Liquor, Beverages and Refined Tea	173.0	107.6
烟草制品业	Manufacture of Tobacco	163.5	30.4
纺织业	Manufacture of Textile	365.2	265.9
纺织服装、服饰业	Manufacture of Textile, Apparel and Accessories	140.8	105.6
皮革、毛皮、羽毛及其制品和制鞋业	Manufacture of Leather, Fur, Feather and Related Products and Shoes	104.2	80.3

新费用支出情况(2019年)

Enterprises above Designated Size(2019)

所占比重(%) As Percentage of Total (%)	2.外部研发经费支出 External R&D	所占比重(%) As Percentage of Total (%)	3.获得机器设备和软件经费支出 Acquisition of Machinery, Equipment and Software	所占比重(%) As Percentage of Total (%)	4.从外部获取相关技术经费支出 Acquisition of other External Knowledge	所占比重(%) As Percentage of Total (%)
60.3	**893.0**	**3.9**	**7306.4**	**31.5**	**1014.1**	**4.4**
53.0	616.6	4.9	4454.8	35.1	892.0	7.0
68.0	152.9	3.2	1298.2	27.1	79.4	1.7
70.4	115.0	2.1	1477.2	26.9	35.4	0.6
53.8	8.4	4.2	76.0	38.3	7.3	3.7
60.4	705.7	3.8	5950.6	32.0	695.2	3.7
42.2	14.7	7.5	98.9	50.2	0.4	0.2
65.5	0.1	1.1	2.9	33.3		
74.1			2.2	25.9		
80.0			0.1	20.0		
55.0	332.8	4.1	3043.8	37.6	268.9	3.3
61.0	146.3	4.2	1134.5	32.3	87.2	2.5
67.1	211.1	3.1	1664.5	24.7	338.5	5.0
78.9	0.8	3.6	3.7	16.6	0.2	0.9
64.0	57.3	3.2	552.1	31.0	31.4	1.8
56.9	130.0	4.6	803.6	28.3	287.4	10.1
55.4	27.6	5.3	200.3	38.5	3.9	0.8
44.6	9.3	3.8	123.6	50.5	2.8	1.1
65.0	13.9	9.6	35.8	24.8	0.7	0.5
54.0	0.9	3.6	10.4	41.9	0.1	0.4
56.5	1.4	3.6	15.3	39.6	0.1	0.3
65.0	0.4	1.4	9.6	33.6		
80.8	1.7	4.4	5.6	14.5	0.1	0.3
60.9	828.8	3.7	6861.4	30.9	1002.6	4.5
71.9	4.7	1.3	95.8	26.3	1.7	0.5
60.7	5.8	2.3	89.7	34.9	5.6	2.2
62.2	3.2	1.9	60.9	35.2	1.3	0.8
18.6	4.5	2.8	89.7	54.9	38.9	23.8
72.8	3.3	0.9	90.8	24.9	5.2	1.4
75.0	1.0	0.7	33.4	23.7	0.8	0.6
77.1	2.4	2.3	21.3	20.4	0.2	0.2

6-4 续表 1

项　目	Item	创新费用支出合计(亿元) Total Core Innovation Expenditure (100 Million Yuan)	1.内部研发经费支出 In-house R&D
木材加工和木、竹、藤、棕、草制品业	Processing of Timbers and Manufacture of Wood,Bamboo, Rattan, Palm and Straw	81.9	63.2
家具制造业	Manufacture of Furniture	106.3	73.6
造纸和纸制品业	Manufacture of Paper and Paper Products	233.4	157.7
印刷和记录媒介复制业	Printing,Reproduction of Recording Media	138.4	79.6
文教、工美、体育和娱乐用品制造业	Manufacture of Artworks, and Articles for Culture, Education, Sports and Recreation	162.0	118.2
石油加工、炼焦和核燃料加工业	Processing of Petroleum ,Coking and Processing of Nucleus Fuel	437.6	184.7
化学原料和化学制品制造业	Manufacture of Chemical Raw Material and Chemical Products	1379.3	923.4
医药制造业	Manufacture of Medicines	979.6	609.6
化学纤维制造业	Manufacture of Chemical Fiber	182.1	123.7
橡胶和塑料制品业	Manufacture of Rubber and Plastic	545.3	357.6
非金属矿物制品业	Manufacture of Non-metallic Mineral Products	758.0	520.1
黑色金属冶炼和压延加工业	Manufacture and Processing of Ferrous Metals	1892.4	886.3
有色金属冶炼和压延加工业	Manufacture and Processing of Non-ferrous Metals	736.4	479.8
金属制品业	Manufacture of Metal Products	674.2	466.4
通用设备制造业	Manufacture of General Purpose Machinery	1162.7	822.9
专用设备制造业	Manufacture of Special Purpose Machinery	1045.8	776.7
汽车制造业	Manufacture of Motor Vehicles	2787.3	1289.6
铁路、船舶、航空航天和其他运输设备制造业	Manufacture of Railway, Ships, Aerospace and Other Transport Equipment	763.7	429.1
电气机械和器材制造业	Manufacture of Electrical Machinery and Equipment	1947.8	1406.2
计算机、通信和其他电子设备制造业	Manufacture of Computer, Communication and Other Electronic Equipment	4197.8	2448.1
仪器仪表制造业	Manufacture of Measuring Instrument and Meter	324.4	229.1
其他制造业	Other Manufacturing	60.3	39.8
废弃资源综合利用业	Waste Recycling and Recovery	40.2	28.2
金属制品、机械和设备修理业	Repaire Service of Metal Products, Machinery and Equipment	26.2	17.1
电力、热力、燃气及水生产和供应业	Production and Distribution of Electricity, Gas and Water	433.7	144.5
电力、热力生产和供应业	Production and Supply of Electric Power and Heat Power	362.9	113.0
燃气生产和供应业	Production and Distribution of Gas	42.4	17.0
水的生产和供应业	Production and Distribution of Water	28.1	14.4
四、按地区分	**by Region**		
东部地区	Eastern Region	14750.6	9143.4
中部地区	Middle Region	4370.7	2823.2
西部地区	Western Region	2776.8	1554.4
东北地区	Northeast Region	1286.6	450.1

continued

所占比重 (%) As Percentage of Total (%)	2.外部研发经费支出 External R&D	所占比重 (%) As Percentage of Total (%)	3.获得机器设备和软件经费支出 Acquisition of Machinery, Equipment and Software	所占比重 (%) As Percentage of Total (%)	4.从外部获取相关技术经费支出 Acquisition of other External Knowledge	所占比重 (%) As Percentage of Total (%)
77.2	0.5	0.6	18.1	22.1	0.1	0.1
69.2	1.5	1.4	30.9	29.1	0.3	0.3
67.6	0.8	0.3	73.8	31.6	1.1	0.5
57.5	0.8	0.6	53.7	38.8	4.3	3.1
73.0	1.9	1.2	40.4	24.9	1.5	0.9
42.2	4.8	1.1	234.0	53.5	14.1	3.2
66.9	25.9	1.9	410.6	29.8	19.4	1.4
62.2	110.6	11.3	229.5	23.4	29.9	3.1
67.9	1.5	0.8	54.0	29.7	2.9	1.6
65.6	8.8	1.6	166.9	30.6	12.0	2.2
68.6	5.3	0.7	227.0	29.9	5.6	0.7
46.8	9.8	0.5	923.5	48.8	72.8	3.8
65.2	5.4	0.7	243.1	33.0	8.1	1.1
69.2	4.9	0.7	197.2	29.2	5.7	0.8
70.8	27.3	2.3	288.8	24.8	23.7	2.0
74.3	21.4	2.0	237.6	22.7	10.1	1.0
46.3	149.3	5.4	1031.0	37.0	317.4	11.4
56.2	86.8	11.4	190.7	25.0	57.1	7.5
72.2	35.9	1.8	463.4	23.8	42.3	2.2
58.3	284.0	6.8	1149.2	27.4	316.5	7.5
70.6	12.6	3.9	79.5	24.5	3.2	1.0
66.0	3.1	5.1	17.2	28.5	0.2	0.3
70.1	0.7	1.7	11.2	27.9	0.1	0.2
65.3	0.2	0.8	8.4	32.1	0.5	1.9
33.3	36.7	8.5	244.8	56.4	7.7	1.8
31.1	36.0	9.9	206.4	56.9	7.5	2.1
40.1	0.4	0.9	25.0	59.0		
51.2	0.2	0.7	13.5	48.0		
62.0	620.8	4.2	4221.6	28.6	764.8	5.2
64.6	130.5	3.0	1354.8	31.0	62.2	1.4
56.0	100.2	3.6	1041.4	37.5	80.8	2.9
35.0	41.5	3.2	688.6	53.5	106.4	8.3

6-4 续表 2

项 目	Item	创新费用支出合计（亿元） Total Core Innovation Expenditure (100 Million Yuan)	1.内部研发经费支出 In-house R&D
北 京	Beijing	494.1	285.2
天 津	Tianjin	304.7	213.4
河 北	Hebei	710.7	438.6
山 西	Shanxi	269.3	138.1
内蒙古	Inner Mongolia	177.8	118.4
辽 宁	Liaoning	525.9	310.2
吉 林	Jilin	616.9	68.4
黑龙江	Heilongjiang	143.9	71.5
上 海	Shanghai	1240.3	590.7
江 苏	Jiangsu	3148.2	2206.2
浙 江	Zhejiang	1798.5	1274.2
安 徽	Anhui	932.9	576.5
福 建	Fujian	795.4	598.5
江 西	Jiangxi	543.9	320.2
山 东	Shandong	1680.1	1210.9
河 南	Henan	800.4	608.7
湖 北	Hubei	897.6	586.5
湖 南	Hunan	926.6	593.1
广 东	Guangdong	4556.0	2314.9
广 西	Guangxi	329.0	104.5
海 南	Hainan	22.9	10.8
重 庆	Chongqing	472.7	335.9
四 川	Sichuan	630.3	387.9
贵 州	Guizhou	182.9	91.0
云 南	Yunnan	259.7	129.8
西 藏	Tibet	1.4	0.6
陕 西	Shaanxi	375.5	240.8
甘 肃	Gansu	120.8	50.6
青 海	Qinghai	25.0	9.4
宁 夏	Ningxia	94.1	41.6
新 疆	Xinjiang	107.5	44.1

continued

所占比重 (%) As Percentage of Total (%)	2.外部研发经费支出 External R&D	所占比重 (%) As Percentage of Total (%)	3.获得机器设备和软件经费支出 Acquisition of Machinery, Equipment and Software	所占比重 (%) As Percentage of Total (%)	4.从外部获取相关技术经费支出 Acquisition of other External Knowledge	所占比重 (%) As Percentage of Total (%)
57.7	29.0	5.9	149.2	30.2	30.7	6.2
70.0	15.0	4.9	70.9	23.3	5.4	1.8
61.7	17.7	2.5	245.1	34.5	9.3	1.3
51.3	9.7	3.6	117.6	43.7	3.9	1.4
66.6	4.4	2.5	50.5	28.4	4.5	2.5
59.0	14.3	2.7	170.8	32.5	30.6	5.8
11.1	20.1	3.3	460.1	74.6	68.3	11.1
49.7	7.1	4.9	57.8	40.2	7.5	5.2
47.6	66.7	5.4	398.3	32.1	184.6	14.9
70.1	96.5	3.1	808.5	25.7	37.0	1.2
70.8	52.2	2.9	438.0	24.4	34.1	1.9
61.8	28.3	3.0	320.1	34.3	8.0	0.9
75.2	20.3	2.6	159.6	20.1	17.0	2.1
58.9	8.6	1.6	200.3	36.8	14.8	2.7
72.1	61.3	3.6	364.2	21.7	43.7	2.6
76.0	17.3	2.2	164.1	20.5	10.3	1.3
65.3	37.1	4.1	264.9	29.5	9.1	1.0
64.0	29.6	3.2	287.8	31.1	16.1	1.7
50.8	259.6	5.7	1579.2	34.7	402.3	8.8
31.8	7.4	2.2	214.4	65.2	2.7	0.8
47.2	2.7	11.8	8.8	38.4	0.6	2.6
71.1	14.6	3.1	110.5	23.4	11.7	2.5
61.5	25.3	4.0	202.1	32.1	15.0	2.4
49.8	5.8	3.2	73.6	40.2	12.5	6.8
50.0	9.1	3.5	100.8	38.8	20.0	7.7
42.9			0.8	57.1		
64.1	24.2	6.4	105.4	28.1	5.1	1.4
41.9	1.6	1.3	59.9	49.6	8.7	7.2
37.6	0.4	1.6	15.1	60.4	0.1	0.4
44.2	1.5	1.6	50.9	54.1	0.1	0.1
41.0	5.8	5.4	57.2	53.2	0.4	0.4

6-5 规模(限额)以上企业产品或

Cooperation for Product or Process Innovation

项目	Item	开展创新合作的企业数（个）Enterprises with Cooperation for Product or Process Innovation (unit)	创新合作企业占全部企业的比重(%) Of Total (%)	集团内其他企业 Other Enterprises within the Enterprise Group	高等学校 Universities
总计	**Total**	**164183**	**20.4**	**28.0**	**28.2**
一、按规模分	**by Size of Enterprises**				
大型企业	Large-sized Industrial Enterprises	11004	50.1	60.1	47.5
中型企业	Medium-sized Industrial Enterprises	34323	24.6	39.5	31.5
小型企业	Small -sized Industrial Enterprises	112302	21.1	21.5	26.0
微型企业	Micro-sized Industrial Enterprises	6554	5.9	25.3	17.4
二、按登记注册类型分	**by Status of Registration**				
内资企业	Domestic Funded	146528	19.7	25.9	28.8
国有企业	State-owned Enterprises	1032	12.8	47.8	40.2
集体企业	Collective-owned Enterprises	260	6.1	20.4	20.8
股份合作企业	Cooperative Enterprises	226	14.5	14.2	19.9
联营企业	Joint Ownership Enterprises	24	10.8	16.7	25.0
有限责任公司	Limited Liability Corporations	40028	20.7	41.3	33.1
股份有限公司	Share-holding Corporations Ltd.	9111	40.5	34.7	48.4
私营企业	Private Enterprises	95839	18.7	18.4	25.1
其他企业	Other Enterprises	8	5.6	37.5	50.0
港、澳、台商投资企业	Enterprises with Funds from Hong Kong, Macau and Taiwan	8068	28.3	39.0	24.7
外商投资企业	Foreign Funded Enterprises	9587	28.9	51.2	22.6
三、按行业分	**by Industrial Sector**				
采矿业	Mining	1195	11.7	37.1	37.2
制造业	Manufacturing	116749	33.0	24.5	29.5
电力、热力、燃气及水生产和供应业	Production and Supply of Electricity,Heat, Gas and Water	1670	12.2	50.2	26.4
建筑业	Construction	6169	11.3	36.8	36.2
批发和零售业	Wholesale and Retail Trades	16484	6.8	31.7	13.6
交通运输、仓储和邮政业	Transport,Storage and Post	2206	5.6	40.2	13.4
信息传输、软件和信息技术服务业	Information Transmission,Software and Information Technology	9725	43.1	39.8	27.9
租赁和商务服务业	Leasing and Business Services	3099	8.0	39.4	18.6
科学研究和技术服务业	Scientific Research and Technical Services	6208	27.7	38.8	45.1
水利、环境和公共设施管理业	Management of Water Conservancy, Environment and Public Facilities	678	12.2	32.0	33.9
四、按地区分	**by Region**				
东部地区	Eastern Region	106753	22.2	27.5	26.8
中部地区	Middle Region	32632	19.5	26.9	31.3
西部地区	Western Region	20871	16.8	31.5	29.4
东北地区	Northeast Region	3927	12.0	33.0	36.7

工艺创新合作开展情况(2019年)
in Enterprises above Designated Size(2019)

在创新合作企业中，与下列伙伴开展合作的企业占比(%) Share of Enterprises Cooperate with These Partners in Enterprises with Cooperation for Innovation(%)								
研究机构 Public Research institutes	政府部门 Government Departments	行业协会 Industry Associations	供应商 Suppliers	客户 Clients or Customers	竞争对手或同行业企业 Competitors or other Enterprises in this Sector	市场咨询机构 Consultants	风险投资机构 Venture Capital Institutes	其他合作对象 Others
15.9	**10.2**	**19.6**	**39.1**	**45.7**	**16.2**	**12.8**	**0.7**	**15.0**
30.2	14.2	21.5	35.9	31.7	13.7	14.0	0.7	10.8
18.1	11.3	19.7	37.3	40.7	14.9	13.7	0.9	13.6
14.1	9.4	19.4	40.0	48.6	16.6	12.5	0.7	15.5
11.8	12.4	19.5	36.9	46.4	19.7	11.8	1.5	21.2
16.4	10.8	20.4	38.8	45.6	16.5	12.8	0.8	15.4
28.8	24.1	20.7	33.3	28.7	12.9	10.2	1.0	14.7
13.1	24.6	30.0	36.2	37.7	16.2	5.4	0.8	20.8
13.7	4.4	18.1	31.0	50.4	15.9	11.5	1.3	16.8
16.7	25.0	29.2	41.7	37.5	20.8	20.8	4.2	4.2
19.8	12.1	19.1	36.6	38.9	15.3	12.2	0.7	14.2
28.8	14.0	21.9	33.2	38.0	14.6	13.1	0.9	12.9
13.6	9.7	20.8	40.3	49.4	17.2	13.1	0.8	16.2
37.5	12.5	37.5	12.5	12.5	12.5	12.5		12.5
12.6	6.3	14.7	41.4	47.4	14.5	14.3	0.5	12.4
11.6	5.0	11.8	41.4	45.8	12.2	12.2	0.5	11.4
32.5	10.9	13.7	39.5	18.0	10.7	6.8	0.5	14.7
16.5	7.7	18.5	40.8	47.7	15.1	12.0	0.5	13.0
22.8	12.4	14.0	47.3	11.7	8.9	11.1	0.6	14.0
19.5	16.9	34.4	40.7	25.5	16.0	15.4	0.8	18.4
9.0	12.0	20.0	41.2	50.7	19.9	15.5	1.4	23.1
10.3	15.5	22.0	35.7	35.6	18.0	13.0	1.0	23.1
12.3	21.1	18.4	26.1	47.4	23.2	13.5	1.7	19.1
9.9	18.8	24.1	24.9	42.5	20.2	21.1	2.3	22.0
24.7	19.7	26.3	25.6	33.9	16.0	15.4	1.2	15.2
22.0	23.6	26.4	29.6	27.1	13.1	16.5	1.2	20.1
14.3	8.8	19.2	39.9	48.1	16.5	13.7	0.7	14.8
18.5	12.1	21.7	37.0	41.2	14.8	10.9	0.8	15.0
18.8	14.2	19.4	38.8	42.0	17.2	12.0	0.8	16.7
22.0	10.7	15.5	34.2	40.2	12.4	9.2	0.8	13.7

6-5 续表

项　目	Item	开展创新合作的企业数 (个) Enterprises with Cooperation for Product or Process Innovation (unit)	创新合作企业占全部企业的比重 (%) Of Total (%)	集团内其他企业 Other Enterprises within the Enterprise Group	高等学校 Universities
北　京	Beijing	5302	18.8	41.9	29.7
天　津	Tianjin	2450	15.6	37.7	28.8
河　北	Hebei	3631	15.8	26.4	29.0
山　西	Shanxi	1310	12.0	31.5	37.1
内蒙古	Inner Mongolia	711	10.4	39.8	31.9
辽　宁	Liaoning	2317	12.8	32.4	38.2
吉　林	Jilin	875	12.5	32.7	35.0
黑龙江	Heilongjiang	735	9.6	35.4	34.0
上　海	Shanghai	6157	18.7	43.0	27.7
江　苏	Jiangsu	22738	25.7	26.9	32.7
浙　江	Zhejiang	22419	27.5	19.5	21.1
安　徽	Anhui	7284	23.3	23.3	40.6
福　建	Fujian	7324	17.7	26.0	22.8
江　西	Jiangxi	4833	21.2	27.6	25.1
山　东	Shandong	9693	18.3	30.7	34.8
河　南	Henan	5999	15.0	28.2	28.3
湖　北	Hubei	6492	21.2	28.2	30.7
湖　南	Hunan	6714	21.4	26.8	27.7
广　东	Guangdong	26799	23.3	26.5	23.5
广　西	Guangxi	1673	12.7	35.6	26.7
海　南	Hainan	240	13.3	46.7	27.1
重　庆	Chongqing	3650	22.7	31.2	23.8
四　川	Sichuan	5623	18.5	29.7	32.1
贵　州	Guizhou	1874	17.7	30.4	27.2
云　南	Yunnan	1992	19.0	32.4	27.2
西　藏	Tibet	61	10.3	42.6	32.8
陕　西	Shaanxi	3037	16.8	27.2	33.0
甘　肃	Gansu	781	15.7	35.5	33.7
青　海	Qinghai	221	14.2	41.2	32.1
宁　夏	Ningxia	507	20.8	34.3	35.5
新　疆	Xinjiang	741	8.5	38.6	26.3

continued

在创新合作企业中，与下列伙伴开展合作的企业占比(%) Share of Enterprises Cooperate with These Partners in Enterprises with Cooperation for Innovation(%)								
研究机构 Public Research institutes	政府部门 Government Departments	行业协会 Industry Associations	供应商 Suppliers	客户 Clients or Customers	竞争对手或同行业企业 Competitors or other Enterprises in this Sector	市场咨询机构 Consultants	风险投资机构 Venture Capital Institutes	其他合作对象 Others
19.4	13.7	18.3	31.6	41.1	17.3	13.3	0.9	12.9
14.9	10.6	16.7	40.1	43.7	14.2	13.6	0.6	11.0
19.4	11.0	18.3	34.6	39.1	13.3	9.9	0.5	14.3
22.1	10.5	14.0	35.3	31.3	14.3	10.2	0.8	13.6
24.1	14.3	15.2	33.5	27.8	10.4	11.0	0.3	16.2
20.9	8.9	15.8	35.4	41.9	12.4	9.2	0.4	11.9
22.4	13.0	14.1	33.8	37.6	12.7	9.0	0.8	15.4
24.9	13.5	16.2	31.0	37.8	12.2	9.3	1.9	17.3
14.2	9.9	19.8	40.2	44.7	15.2	15.6	1.0	13.4
15.2	8.4	19.1	37.7	45.5	15.2	11.2	0.7	12.7
11.0	7.4	18.5	38.4	53.7	16.6	14.5	0.4	14.9
19.4	11.3	20.3	38.0	44.4	15.3	13.5	0.8	14.2
14.4	10.3	20.2	40.3	46.2	16.9	12.4	0.6	18.6
18.1	12.2	22.2	37.7	41.9	13.8	11.3	0.8	15.9
20.5	11.3	19.8	36.2	42.4	14.1	10.8	0.5	12.9
18.3	11.5	20.5	36.7	40.4	15.1	10.3	0.5	12.4
15.8	12.4	23.0	40.1	44.5	16.8	9.5	1.0	17.8
19.8	13.4	24.3	32.9	36.5	12.7	9.6	0.7	15.0
12.2	7.3	19.7	46.8	52.0	19.1	16.9	1.0	17.0
17.6	13.6	18.2	41.3	39.6	17.3	12.0	0.9	18.6
26.3	19.2	20.8	32.5	30.4	17.1	12.9	0.4	25.8
14.4	11.5	20.8	41.6	49.6	18.4	11.6	0.8	15.1
18.1	12.4	21.8	36.8	42.8	17.4	11.9	0.8	15.8
20.3	17.1	17.2	39.6	39.6	17.4	11.9	1.2	21.0
20.6	16.2	17.9	41.3	43.2	16.9	15.4	0.9	17.0
26.2	21.3	16.4	44.3	36.1	11.5	23.0	3.3	23.0
19.2	15.4	19.0	36.6	43.3	18.0	10.2	0.8	17.0
23.6	18.4	17.4	38.7	33.2	16.0	10.0	1.0	16.4
29.0	24.0	16.7	32.6	26.2	15.4	11.8	0.9	18.1
23.5	16.6	17.2	38.3	32.9	15.2	14.0	1.0	13.4
20.8	16.5	16.6	40.5	35.5	17.1	13.2	0.5	17.4

6-6 规模(限额)以上企业组织和
Enterprises above Designated Size with

项　目	Item	实现组织或营销创新企业数（个） Number of Organizational or Marketing Innovators (unit)
总　计	**Total**	**279114**
一、按规模分	**by Size of Enterprises**	
大型企业	Large-sized Industrial Enterprises	12547
中型企业	Medium-sized Industrial Enterprises	57425
小型企业	Small -sized Industrial Enterprises	187652
微型企业	Micro-sized Industrial Enterprises	21490
二、按登记注册类型分	**by Status of Registration**	
内资企业	Domestic Funded	256626
国有企业	State-owned Enterprises	2152
集体企业	Collective-owned Enterprises	797
股份合作企业	Cooperative Enterprises	369
联营企业	Joint Ownership Enterprises	46
有限责任公司	Limited Liability Corporations	69818
股份有限公司	Share-holding Corporations Ltd.	11498
私营企业	Private Enterprises	171923
其他企业	Other Enterprises	23
港、澳、台商投资企业	Enterprises with Funds from Hong Kong, Macau and Taiwan	10569
外商投资企业	Foreign Funded Enterprises	11919
三、按行业分	**by Industrial Sector**	
采矿业	Mining	2150
制造业	Manufacturing	149198
电力、热力、燃气及水生产和供应业	Production and Supply of Electricity,Heat, Gas and Water	3452
建筑业	Construction	15311
批发和零售业	Wholesale and Retail Trades	67551
交通运输、仓储和邮政业	Transport,Storage and Post	8099
信息传输、软件和信息技术服务业	Information Transmission,Software and Information Technology	12672
租赁和商务服务业	Leasing and Business Services	10307
科学研究和技术服务业	Scientific Research and Technical Services	8630
水利、环境和公共设施管理业	Management of Water Conservancy, Environment and Public Facilities	1744
四、按地区分	**by Region**	
东部地区	Eastern Region	169311
中部地区	Middle Region	58053
西部地区	Western Region	42883
东北地区	Northeast Region	8867

营销创新情况(2019年)
Organizational or Marketing Innovation(2019)

#实现组织创新企业 Organizational Innovators	#实现营销创新企业 Marketing Innovators	在全部企业中占比(%) Of Total(%)		
		实现组织或营销创新企业 Organizational or Marketing Innovators	#实现组织创新企业 Organizational Innovators	#实现营销创新企业 Marketing Innovators
222011	**205342**	**34.7**	**27.6**	**25.5**
10893	8728	57.1	49.6	39.7
47048	40630	41.2	33.8	29.2
147639	140603	35.2	27.7	26.4
16431	15381	19.5	14.9	14.0
204795	189367	34.5	27.6	25.5
1869	1133	26.6	23.1	14.0
648	478	18.8	15.3	11.3
273	269	23.7	17.5	17.3
34	34	20.7	15.3	15.3
57510	47914	36.0	29.7	24.7
9624	8815	51.1	42.8	39.2
134820	130708	33.5	26.3	25.5
17	16	16.1	11.9	11.2
8083	7771	37.1	28.4	27.3
9133	8204	35.9	27.5	24.7
1904	1101	21.1	18.7	10.8
117799	117202	42.2	33.3	33.1
3119	1409	25.1	22.7	10.3
14371	6419	28.0	26.3	11.8
49044	53391	27.7	20.1	21.9
7163	4108	20.4	18.0	10.3
10876	9456	56.2	48.2	41.9
8534	6562	26.6	22.0	16.9
7700	4694	38.5	34.4	21.0
1501	1000	31.4	27.0	18.0
132998	124041	35.2	27.7	25.8
46675	44866	34.7	27.9	26.8
35410	30236	34.6	28.6	24.4
6928	6199	27.0	21.1	18.9

6-6 续表

项　目	Item	实现组织或营销创新企业数(个) Number of Organizational or Marketing Innovators (unit)
北　京	Beijing	9158
天　津	Tianjin	4824
河　北	Hebei	7523
山　西	Shanxi	3076
内蒙古	Inner Mongolia	1929
辽　宁	Liaoning	4841
吉　林	Jilin	1961
黑龙江	Heilongjiang	2065
上　海	Shanghai	10214
江　苏	Jiangsu	31948
浙　江	Zhejiang	29754
安　徽	Anhui	12421
福　建	Fujian	13281
江　西	Jiangxi	7466
山　东	Shandong	18979
河　南	Henan	12879
湖　北	Hubei	11301
湖　南	Hunan	10910
广　东	Guangdong	43063
广　西	Guangxi	3947
海　南	Hainan	567
重　庆	Chongqing	5923
四　川	Sichuan	11157
贵　州	Guizhou	3696
云　南	Yunnan	3924
西　藏	Tibet	210
陕　西	Shaanxi	6616
甘　肃	Gansu	1631
青　海	Qinghai	545
宁　夏	Ningxia	848
新　疆	Xinjiang	2457

continued

#实现组织创新企业 Organizational Innovators	#实现营销创新企业 Marketing Innovators	在全部企业中占比(%) Of Total(%)		
		实现组织或营销创新企业 Organizational or Marketing Innovators	#实现组织创新企业 Organizational Innovators	#实现营销创新企业 Marketing Innovators
7245	5871	32.4	25.6	20.8
3907	3151	30.7	24.8	20.0
5997	5470	32.8	26.2	23.9
2471	2048	28.2	22.6	18.7
1583	1186	28.2	23.1	17.3
3765	3323	26.6	20.7	18.3
1555	1406	28.1	22.2	20.1
1608	1470	26.9	21.0	19.2
7985	7000	31.1	24.3	21.3
25470	22956	36.2	28.8	26.0
23028	22580	36.6	28.3	27.7
9855	9763	39.6	31.5	31.2
10249	9905	32.1	24.8	23.9
6001	5952	32.8	26.4	26.1
15471	14061	35.8	29.2	26.5
10285	9878	32.2	25.7	24.7
9350	8549	36.8	30.5	27.9
8713	8676	34.7	27.7	27.6
33183	32659	37.4	28.8	28.3
3142	2704	29.9	23.8	20.5
463	388	31.5	25.7	21.6
4877	4389	36.8	30.3	27.2
9145	7993	36.6	30.0	26.2
3132	2631	35.0	29.6	24.9
3316	2919	37.4	31.6	27.8
168	128	35.5	28.4	21.6
5469	4727	36.7	30.3	26.2
1370	1138	32.8	27.5	22.9
455	350	35.0	29.2	22.5
702	567	34.8	28.8	23.3
2051	1504	28.2	23.5	17.2

6-7 规模(限额)以上企业创新
Innovation Strategic Objectives in

项　目	Item	制定创新战略目标的企业数(个) Number of Enterprises with Innovation Strategic Objectives (unit)	制定创新战略目标企业占全部企业的比重(%) Of Total (%)
总　计	**Total**	**440706**	**55.6**
#有创新活动的企业	Innovation-active Enterprises	287203	79.0
#有技术创新活动的企业	Technological Innovation-active Enterprises	211054	84.0
一、按规模分	**by Size of Enterprises**		
大型企业	Large-sized Industrial Enterprises	17873	81.7
中型企业	Medium-sized Industrial Enterprises	88058	63.6
小型企业	Small -sized Industrial Enterprises	296955	56.0
微型企业	Micro-sized Industrial Enterprises	37820	37.2
二、按登记注册类型分	**by Status of Registration**		
内资企业	Domestic Funded	402232	55.0
国有企业	State-owned Enterprises	4222	53.1
集体企业	Collective-owned Enterprises	1535	37.2
股份合作企业	Cooperative Enterprises	673	43.6
联营企业	Joint Ownership Enterprises	73	34.6
有限责任公司	Limited Liability Corporations	111400	58.4
股份有限公司	Share-holding Corporations Ltd.	16152	72.6
私营企业	Private Enterprises	268146	53.2
其他企业	Other Enterprises	31	31.6
港、澳、台商投资企业	Enterprises with Funds from Hong Kong, Macau and Taiwan	17250	61.1
外商投资企业	Foreign Funded Enterprises	21224	64.6
三、按行业分	**by Industrial Sector**		
采矿业	Mining	4187	41.6
制造业	Manufacturing	225560	64.3
电力、热力、燃气及水生产和供应业	Production and Supply of Electricity,Heat, Gas and Water	7257	53.0
建筑业	Construction	27998	51.9
批发和零售业	Wholesale and Retail Trades	104519	44.1
交通运输、仓储和邮政业	Transport,Storage and Post	16962	43.6
信息传输、软件和信息技术服务业	Information Transmission,Software and Information Technology	17401	78.4
租赁和商务服务业	Leasing and Business Services	19165	50.6
科学研究和技术服务业	Scientific Research and Technical Services	14751	66.8
水利、环境和公共设施管理业	Management of Water Conservancy, Environment and Public Facilities	2906	53.8

战略目标制定情况(2019年)
Enterprises above Designated Size(2019)

在制定创新战略目标企业中，制定下列目标的企业占比(%) Share of Enterprises with these Objectives(%)					
保持本领域的国际领先地位 Maintain International Leading Level	赶超同行业国际领先企业 Try to Catch up with International Leading Level	赶超同行业国内领先企业 Try to Catch up with National Leading Level	增加创新投入，提升企业竞争力 Increase Input and Improve Competitiveness	保持现有的技术水平和生产经营状况 Maintain the Current Level	其他目标 Other Objectives
4.0	**5.5**	**20.6**	**51.7**	**17.9**	**0.4**
4.6	6.6	22.8	54.1	11.6	0.3
5.1	7.5	23.3	55.7	8.3	0.2
9.6	10.3	25.9	46.4	7.4	0.4
5.0	6.4	22.8	50.5	14.8	0.5
3.5	5.1	20.1	52.7	18.3	0.3
3.1	4.1	16.7	48.7	26.8	0.6
3.2	5.1	20.8	52.4	18.2	0.4
3.0	3.1	14.5	54.8	23.9	0.7
1.6	2.3	9.7	52.0	33.8	0.6
1.6	3.0	16.5	50.1	28.2	0.6
2.7	4.1	21.9	45.2	24.7	1.4
3.6	5.3	21.8	51.5	17.3	0.5
5.8	8.1	24.8	51.1	9.9	0.3
2.9	4.8	20.3	52.8	18.9	0.3
16.1	16.1	25.8	25.8	16.1	
9.2	9.4	19.7	46.6	14.7	0.4
15.0	11.1	17.1	42.1	14.2	0.4
1.7	2.4	13.7	52.0	29.7	0.5
4.6	6.8	21.3	53.0	14.1	0.2
4.1	4.6	22.0	43.7	24.6	1.1
1.6	2.2	14.3	56.7	24.9	0.4
3.3	4.2	19.9	48.3	23.6	0.7
2.9	4.2	21.3	45.4	25.5	0.7
5.5	5.7	22.7	57.1	8.7	0.3
3.9	4.9	21.8	49.8	18.8	0.6
4.6	5.8	22.6	51.7	15.0	0.3
1.8	3.6	19.2	55.6	19.2	0.6

6-7 续表

项　目	Item	制定创新战略目标的企业数(个) Number of Enterprises with Innovation Strategic Objectives (unit)	制定创新战略目标企业占全部企业的比重(%) Of Total (%)
四、按地区分	**by Region**		
东部地区	Eastern Region	268282	56.7
中部地区	Middle Region	90518	55.0
西部地区	Western Region	65766	53.8
东北地区	Northeast Region	16140	50.0
北　京	Beijing	16317	58.8
天　津	Tianjin	8367	54.1
河　北	Hebei	12615	55.9
山　西	Shanxi	5719	53.1
内蒙古	Inner Mongolia	3262	48.0
辽　宁	Liaoning	9035	50.5
吉　林	Jilin	3507	51.7
黑龙江	Heilongjiang	3598	47.2
上　海	Shanghai	18521	57.3
江　苏	Jiangsu	51960	60.2
浙　江	Zhejiang	45920	56.9
安　徽	Anhui	19134	62.0
福　建	Fujian	18576	46.4
江　西	Jiangxi	11990	53.3
山　东	Shandong	31048	59.1
河　南	Henan	20482	52.1
湖　北	Hubei	16824	55.6
湖　南	Hunan	16369	52.8
广　东	Guangdong	64002	56.3
广　西	Guangxi	6612	50.7
海　南	Hainan	956	53.9
重　庆	Chongqing	8721	54.8
四　川	Sichuan	16711	55.7
贵　州	Guizhou	5163	49.8
云　南	Yunnan	5878	56.7
西　藏	Tibet	303	51.9
陕　西	Shaanxi	9906	55.9
甘　肃	Gansu	2749	55.7
青　海	Qinghai	846	55.2
宁　夏	Ningxia	1383	57.8
新　疆	Xinjiang	4232	49.4

continued

在制定创新战略目标企业中，制定下列目标的企业占比(%) Share of Enterprises with these Objectives(%)					
保持本领域的国际领先地位 Maintain International Leading Level	赶超同行业国际领先企业 Try to Catch up with International Leading Level	赶超同行业国内领先企业 Try to Catch up with National Leading Level	增加创新投入，提升企业竞争力 Increase Input and Improve Competitiveness	保持现有的技术水平和生产经营状况 Maintain the Current Level	其他目标 Other Objectives
4.6	6.2	21.2	50.9	16.7	0.4
2.9	4.5	20.0	53.5	18.7	0.3
2.8	4.2	18.6	53.7	20.3	0.5
5.0	5.7	20.5	45.7	22.6	0.5
5.5	6.1	22.2	49.1	16.6	0.5
5.4	5.6	21.3	47.0	20.3	0.5
3.8	5.1	21.0	51.8	17.8	0.4
2.6	3.5	18.3	50.9	24.1	0.6
3.6	4.7	18.3	50.1	23.0	0.3
5.5	6.3	20.0	45.5	22.4	0.4
3.8	5.2	20.9	48.2	21.4	0.5
4.9	4.7	21.5	43.8	24.5	0.6
8.8	8.3	22.7	42.8	16.9	0.4
4.7	6.3	21.2	51.1	16.4	0.3
3.7	6.3	21.0	52.9	15.7	0.3
2.8	4.7	20.5	55.6	16.1	0.3
3.9	5.4	19.8	51.3	19.3	0.2
3.1	4.9	21.6	53.9	16.3	0.3
4.1	6.1	22.6	49.6	17.3	0.4
2.8	4.1	18.6	53.0	21.2	0.4
3.0	5.0	20.9	50.5	20.1	0.4
3.0	4.3	20.0	55.3	17.1	0.3
4.2	6.0	20.6	53.1	15.8	0.4
2.7	3.8	17.1	53.2	22.7	0.6
4.6	3.3	21.2	48.7	21.3	0.7
3.1	4.5	20.1	52.7	19.0	0.5
2.7	4.2	18.7	54.2	19.6	0.6
3.0	4.6	17.8	53.7	20.5	0.4
2.9	3.2	16.6	57.0	19.9	0.4
2.3	5.0	17.5	46.5	26.4	2.3
2.6	4.7	19.5	53.7	19.0	0.5
2.0	3.7	18.7	57.0	18.2	0.4
2.5	3.8	17.6	51.4	23.9	0.8
3.0	3.6	19.2	56.4	17.0	0.7
2.4	3.3	18.4	50.8	24.3	0.8

七、国家科技计划

National Program for Science and Technology Development

7-1 国家主要科技计划基本情况
Appropriation for S&T by Central Government in the Main Programs of S&T

单位: 万元

项　目	Item	2015	2016	2017	2018	2019
国家自然科学基金	National Natural Science Fund	2584293	2680331	2986659		
国家重点研发计划	National Key R&D Program of China		1035417.5	1987691.5	2429937.07	2954184.5
技术创新引导专项(基金)	Technological Innovation Guidance Project(Fund)					
中央引导地方科技发展基金	Central Guidance Science and Technology Development Fund		142000	127840	127840	20000
基地和人才专项	Base and Talent Program					
国家(重点)实验室引导专项	National (Key) Laboratory Guidance Project	20000	20000	30000	70000	70000
国家重点实验室	National Key Laboratory	400000	417000	465900	569000	559000

注：表中各项国家主要科技计划及相关内容依据“十三五”国家科技计划体系。
Note: In the table, the main program plans of S&T and its related contents base on "the Thirteen Five" National S&T Programs.

7-2 国家自然科学基金资助项目经费

Project Funding Approved by the National Natural Science Foundation of China

单位：万元 (10 000 yuan)

项　目	Item	2015	2016	2017	2018	2019
总　计	**Total**	**2584293**	**2680331**	**2986659**	**3070270**	**2808086**
面上项目	General Programs	1220262	1212115	1272818	1329327	1112699
重点项目	Key Programs	212480	203864	236141	244122	221840
重大项目	Major Program	37647	41665	77678	81182	88596
重大研究计划	Major Research Plan	83497	83989	99292	103684	100150
联合基金项目	Program of Joint Funds with other Institutions	100126	133213	146034	165976	185090
国家杰出青年科学基金(包括外籍)	Projects of National Distinguished Young Scientists (including Foreign)	77640	77640	77640	78040	116120
优秀青年科学基金	Excellent Young Scientists Fund	59980	60000	59850	60000	77990
青年科学基金项目*	Young Scientists Fund	380000	370892	476326	497600	420795
地区科学基金项目*	Regional Fund	130690	130101	130694	131722	110486
海外及港澳学者合作研究基金项目	Programs of Joint Research for Oversea Scientists	6320	6300	6800	5980	3920
创新研究群体项目	Programs of Innovation Research Teams	68760	67560	49920	50265	44580
国家重大科研仪器设备研制专项	Special Fund for Research on National Major Research Instruments and Facilities	98487	93933	104531	95951	78341
应急管理项目	Management Program for Emergency	26570	34566	39510	27710	41063
数学天元基金	Tianyuan Fund of Mathematics	2500	2500	2500	3500	3500
国际合作研究项目	International Cooperation Research Projects	71090	93826	112447	99243	25000
外国青年学者研究基金项目	Research Foundation Projects for Young Scholars of Foreign	3299	3543	5313	5319	4500
国际合作与交流	International Cooperation and Exchange	4946	7580	7246	7112	71416
基础科学中心项目	Programs of Basic Science Centres		57043	81919	83537	102000

注：“青年科学基金项目”和“地区科学基金项目”自2007年开始从原“面上项目”中分出。
Note: Date of "Youth Scientists Fund" and "Regional Fund" seperated from "General Programs" in 2007.

7-3 分部门国家自然科学基金资助项目经费(2018年)
Project Funding Approved by the National Natural Science Foundation of China by Sectors (2018)

单位：万元 (10 000 yuan)

项目	Item	合计 Total	高等学校 Higher Education	#教育部所属院校 Subordinated Directly to Ministry of Education	科研机构 Research Institution	#中国科学院 China Academy of Sciences	其他 Others
总计	**Total**	**2808086**	**2228142**	**1240209**	**547025**	**432392**	**32919**
面上项目	General Programs	1112699	936740	513399	163850	116362	12109
重点项目	Key Programs	221840	174953	119051	43899	39648	2988
重大项目	Major Program	88596	59381	42527	29216	23782	
重大研究计划项目	Major Research Plan	100150	71289	54381	28516	23767	345
国际(地区)合作研究项目	International Cooperation Research Projects	25000	21874	14088	2630	2589	496
青年科学基金项目	Young Scientists Fund	420795	353906	146213	61192	34075	5697
地区科学基金项目	Regional Fund	110486	98759		6999		4728
优秀青年科学基金项目	Excellent Young Scientists Fund	77990	62760	41370	15100	15700	130
国家杰出青年科学基金项目	Projects of National Distinguished Young Scientists	116120	85800	63520	29920	32720	400
创新研究群体项目	Programs of Innovation Research Teams	44580	29180	22210	15400	15020	
海外及港澳学者合作研究基金项目	Programs of Joint Research for Oversea Scientists	3920	3740	1980	180	500	
国家重大科研仪器研制项目	Special Fund for Research on National Major Research Instruments and Facilities	78341	57768	41684	20573	20756	
联合基金项目	Program of Joint Funds with other Institutions	185090	135350	72145	46810	30577	2930
国际(地区)合作交流项目	International Cooperation and Exchange	71416	51781	32966	17017	17425	2618
应急管理项目	Management Program for Emergency	41063	23767	16291	16818	10726	478
外国青年学者研究基金项目	Research Foundation Projects for Young Scholars of Foreign	4500	3705	1761	795	635	
数学天元基金	Tianyuan Fund of Mathematics	3500	3390	2623	110	110	
基础科学中心项目	Programs of Basic Science Centres	102000	54000	54000	48000	48000	

7-4 全国创业风险投资基本情况
Basic Statistics on National VC Capital

项　　目	Item	2015	2016	2017	2018	2019
一、机构数（个）	**No. of VC Firms (unit)**	**1775**	**2045**	**2296**	**2800**	**2994**
二、管理资本总额（亿元）	**VC Capital under Management (100 Million Yuan)**	**6653.3**	**8277.1**	**8872.5**	**9179.0**	**9989.1**
三、投资强度（万元/项）	**Avg. VC Deals Size (10 000 yuan/unit)**	**1360.2**	**1842.0**	**3145.8**	**1924.0**	**1232.3**
四、累计投资	**Cumulative Investment**					
1.累计投资项目数（项）	No. of Cumulative Deals(unit)	17376	19296	20674	22396	25411
#累计投资高新技术企业(项目)数	In Hi-tech Deals	8047	8490	8851	9279	10200
2.累计投资金额（亿元）	Cumulative Capital (100 Million Yuan)	3361.2	3765.2	4110.2	4769.0	5635.8
#累计投资高新技术企业(项目)额	In Hi-tech Deals	1493.1	1566.8	1627.3	1757.2	1944.1
五、投资轮次（%）	**Investment Rounds (%)**					
首轮投资	First	62.7	69.0	72.7	70.9	70.3
后续投资	Follows-on	37.3	31.0	27.3	29.1	29.7
六、投资阶段	**Investment Stages**					
1.按投资项目分（%）	By Investment Deal (%)					
种子期	Seed	18.2	19.6	17.8	24.1	22.2
起步期	Startup	35.6	38.9	39.5	40.3	39.5
成长(扩张)期	Expansion	40.1	35.0	36.2	29.4	32.0
成熟(过渡)期	Maturity	5.4	5.7	5.9	5.4	6.0
重建期	Turn Around	0.7	0.8	0.6	0.8	0.3
2.按投资金额分（%）	By Investment Amt. (%)					
种子期	Seed	8.1	4.3	4.5	10.9	15.6
起步期	Startup	21.5	30.3	20.8	33.0	34.8
成长(扩张)期	Expansion	54.5	38.5	44.7	44.6	35.7
成熟(过渡)期	Maturity	15.2	26.3	29.8	10.4	13.7
重建期	Turn Around	0.7	0.6	0.2	1.1	0.2
七、退出方式（%）	**Exit (%)**					
上市	IPO	15.5	15.5	13.7	16.2	16.8
收购	Acquisition	31.0	31.0	32.7	33.0	27.4
回购	Buyback	37.5	37.5	34.8	39.2	42.3
清算	Liquidation	6.5	6.5	8.9	9.9	11.0
其它	Others	9.5	9.5	9.9	1.7	2.5

八、科技活动成果

Results of Science and Technology Activities

8-1 国内专利申请数
Domestic Patent Applications

单位：件　　　　(piece)

地区	Region	1995	2000	2005	2010	2013	2014	2015	2016	2017	2018	2019
全国	**National Total**	**69535**	**140339**	**383157**	**1109428**	**2234560**	**2210616**	**2639446**	**3305225**	**3536333**	**4146772**	**4195104**
北京	Beijing	6362	10344	22572	57296	123336	138111	156312	189129	185928	211212	226113
天津	Tianjin	1648	2789	11657	25973	60915	63422	79963	106514	86996	99038	96045
河北	Hebei	2707	3848	6401	12295	27619	30000	44060	54838	61288	83785	101274
山西	Shanxi	917	1475	1985	7927	18859	15687	14948	20031	20697	27106	31705
内蒙古	Inner Mongolia	647	1138	1455	2912	6388	6359	8876	10672	11701	16426	21069
辽宁	Liaoning	4449	7151	15672	34216	45996	37860	42153	52603	49871	65686	69732
吉林	Jilin	1389	2501	4101	6445	10751	11933	14800	18922	20450	27034	31052
黑龙江	Heilongjiang	2569	3106	6050	10269	32264	31856	34611	35293	30958	34582	37313
上海	Shanghai	2456	11337	32741	71196	86450	81664	100006	119937	131740	150233	173586
江苏	Jiangsu	4078	8211	34811	235873	504500	421907	428337	512429	514402	600306	594249
浙江	Zhejiang	4042	10316	43221	120742	294014	261435	307264	393147	377115	455590	435883
安徽	Anhui	1026	1877	3516	47128	93353	99160	127709	172552	175872	207428	166871
福建	Fujian	1979	4211	9460	21994	53701	58075	83146	130376	128079	166610	153133
江西	Jiangxi	1008	1557	2815	6307	16938	25594	36936	60494	70591	86001	91474
山东	Shandong	4624	10019	28835	80856	155170	158619	193220	212911	204859	231585	263211
河南	Henan	2386	3823	8981	25149	55920	62434	74373	94669	119240	154381	144010
湖北	Hubei	2004	3486	11534	31311	50816	59050	74240	95157	110234	124535	141321
湖南	Hunan	2628	4117	8763	22381	41336	44194	54501	67779	77934	94503	106113
广东	Guangdong	7729	21123	72220	152907	264265	278358	355939	505667	627834	793819	807700
广西	Guangxi	1231	1762	2379	5117	23251	32298	43696	59239	56988	44224	41900
海南	Hainan	183	502	498	1019	2359	2416	3127	3658	4564	6451	9302
重庆	Chongqing	318	1780	6260	22825	49036	55298	82791	59518	64648	72121	67271
四川	Sichuan	2868	4496	10567	40230	82453	91167	110746	142522	167484	152987	131529
贵州	Guizhou	562	986	2226	4414	17405	22467	18295	25315	34610	44508	44328
云南	Yunnan	959	1710	2556	5645	11512	13343	17603	23709	28695	36515	35212
西藏	Tibet	11	28	102	162	203	248	309	712	1097	1469	2304
陕西	Shaanxi	1721	2080	4166	22949	57287	56235	74904	69611	98935	76512	92087
甘肃	Gansu	546	798	1759	3558	10976	12020	14584	20276	24448	27882	27637
青海	Qinghai	100	174	216	602	1099	1534	2590	3284	3181	4439	5017
宁夏	Ningxia	169	341	516	739	3230	3532	4394	6149	8575	9860	9275
新疆	Xinjiang	609	1088	1851	3560	8224	10210	12250	14105	14260	14647	14771
香港	Hongkong	655	1374	2645	2980	3322	3242	3319	4552	3907	5122	3748
澳门	Macao		13	27	32	147	84	213	221	206	298	363
台湾	Taiwan	4955	10778	20599	22419	21465	20804	19231	19234	18946	19877	18506

注：本年鉴中有关专利申请受理与授权的数据口径为由我国专利机构受理与授权的专利，不包括我国在外国申请专利及被授权的数据。

Note: The data in this year book about the acceptance and authorization of patent applications are the patents accepted and auehorized by china's patent institutions, excluding the data of china's patent applications and authorization in foreign countries.

8-2 国内专利授权数
Domestic Patents Granted

单位：件 (piece)

地区	Region	1995	2000	2005	2010	2013	2014	2015	2016	2017	2018	2019
全国	**National Total**	**41881**	**95236**	**171619**	**740620**	**1228413**	**1209402**	**1596977**	**1628881**	**1720828**	**2335411**	**2474406**
北京	Beijing	4025	5905	10100	33511	62671	74661	94031	100578	106948	123496	131716
天津	Tianjin	1034	1611	3045	11006	24856	26351	37342	39734	41675	54680	57799
河北	Hebei	1580	2812	3585	10061	18186	20132	30130	31826	35348	51894	57809
山西	Shanxi	569	968	1220	4752	8565	8371	10020	10062	11311	15060	16598
内蒙古	Inner Mongolia	415	775	845	2096	3836	4031	5522	5846	6271	9625	11059
辽宁	Liaoning	2745	4842	6195	17093	21656	19525	25182	25104	26495	35149	40037
吉林	Jilin	824	1650	2023	4343	6219	6696	8878	9995	11090	13885	15579
黑龙江	Heilongjiang	1403	2252	2906	6780	19819	15412	18943	18046	18221	19435	19989
上海	Shanghai	1436	4050	12603	48215	48680	50488	60623	64230	72806	92460	100587
江苏	Jiangsu	2413	6432	13580	138382	239645	200032	250290	231033	227187	306996	314395
浙江	Zhejiang	2131	7495	19056	114643	202350	188544	234983	221456	213805	284621	285342
安徽	Anhui	574	1482	1939	16012	48849	48380	59039	60983	58213	79747	82524
福建	Fujian	933	3003	5147	18063	37511	37857	61621	67142	68304	102622	98955
江西	Jiangxi	509	1072	1361	4349	9970	13831	24161	31472	33029	52819	59140
山东	Shandong	2861	6962	10743	51490	76976	72818	98101	98093	100522	132382	146481
河南	Henan	1145	2766	3748	16539	29482	33366	47766	49145	55407	82318	86247
湖北	Hubei	1017	2198	3860	17362	28760	28290	38781	41822	46369	64106	73940
湖南	Hunan	1515	2555	3659	13873	24392	26637	34075	34050	37916	48957	54685
广东	Guangdong	4611	15799	36894	119343	170430	179953	241176	259032	332652	478082	527390
广西	Guangxi	665	1191	1225	3647	7884	9664	13573	14858	15270	20551	22687
海南	Hainan	108	320	200	714	1331	1597	2061	1939	2133	3292	4423
重庆	Chongqing	305	1158	3591	12080	24828	24312	38914	42738	34780	45688	43872
四川	Sichuan	1714	3218	4606	32212	46171	47120	64953	62445	64006	87372	82066
贵州	Guizhou	274	710	925	3086	7915	10107	14115	10425	12559	19456	24729
云南	Yunnan	569	1217	1381	3823	6804	8124	11658	12032	14230	20340	22324
西藏	Tibet	2	17	44	124	121	146	198	245	420	755	1020
陕西	Shaanxi	1085	1462	1894	10034	20836	22820	33350	48455	34554	41479	44101
甘肃	Gansu	257	493	547	1868	4737	5097	6912	7975	9672	13958	14894
青海	Qinghai	65	117	79	264	502	619	1217	1357	1580	2668	3046
宁夏	Ningxia	111	224	214	1081	1211	1424	1865	2677	4244	5658	5555
新疆	Xinjiang	312	717	921	2562	4998	5238	8761	7116	8094	9658	8652
香港	Hongkong	633	1285	1669	2601	2297	2867	2940	2970	2888	3142	3437
澳门	Macao		13	3	34	93	55	142	179	139	125	234
台湾	Taiwan	4041	8465	11811	18577	15832	14837	15654	13821	12690	12935	13094

8-3 国内有效专利数
Domestic Patents in Force

单位：件 (piece)

地区	Region	2009	2010	2012	2013	2014	2015	2016	2017	2018	2019
全　国	**National Total**	**1193110**	**1825403**	**3005023**	**3635929**	**4032362**	**4792356**	**5527183**	**6324215**	**7517791**	**8812070**
北　京	Beijing	71076	100623	170516	219243	274667	344916	417666	494941	569929	653053
天　津	Tianjin	20515	29672	52338	68540	83628	103775	124443	144706	168879	198946
河　北	Hebei	18606	27472	43358	54781	66529	86360	105490	128291	159964	195377
山　西	Shanxi	7921	11998	19561	25037	29077	34009	38702	44848	52849	61654
内蒙古	Inner Mongolia	4188	5935	8996	11421	13734	16799	20007	23846	29496	36257
辽　宁	Liaoning	31107	45241	64019	74134	80089	90970	101657	113693	130112	152424
吉　林	Jilin	9619	13201	18818	21926	24668	29046	34101	39892	46224	54066
黑龙江	Heilongjiang	15519	21010	44570	55316	56451	58789	61245	65756	68588	74739
上　海	Shanghai	83235	126178	173513	194496	218156	251157	285877	329442	383928	443510
江　苏	Jiangsu	154887	273249	537180	616779	594186	674053	740215	809379	954415	1103925
浙　江	Zhejiang	170474	268471	449957	552681	597051	668889	732438	785190	901447	1023110
安　徽	Anhui	16608	32460	88326	119704	135785	162177	188240	212785	256482	302010
福　建	Fujian	28364	44116	81267	107246	126232	162451	197393	226325	278470	321070
江　西	Jiangxi	7050	10931	19663	26037	34458	51824	73745	94531	119286	148851
山　东	Shandong	71771	111295	177511	206983	226424	270920	312937	351351	410240	485852
河　南	Henan	26917	39972	67824	84420	99590	126381	148862	174998	215598	255966
湖　北	Hubei	25745	40580	64719	82392	96682	119345	143802	169585	202961	244552
湖　南	Hunan	20640	32516	59428	75530	88779	107088	122584	142224	165460	194971
广　东	Guangdong	221131	325566	490159	586592	670131	802493	940138	1165677	1473835	1803875
广　西	Guangxi	7421	10503	16822	22038	28303	37215	45928	54582	65627	78250
海　南	Hainan	1456	2097	3108	3948	5059	6416	7366	8442	10277	13403
重　庆	Chongqing	20012	30947	53383	66208	73780	94975	116201	121604	140064	158176
四　川	Sichuan	39415	66644	94938	119531	135209	169203	193737	215601	259008	292273
贵　州	Guizhou	6241	8995	15931	21835	27965	34909	37562	43048	55444	70498
云　南	Yunnan	8051	11363	17483	21837	26736	34045	40583	50223	62470	74896
西　藏	Tibet	430	529	462	527	588	724	989	1474	2027	2779
陕　西	Shaanxi	14828	24158	41447	55310	66573	86053	116270	119892	127921	146699
甘　肃	Gansu	3657	5318	9260	12459	15077	18580	22593	28222	34903	40976
青　海	Qinghai	656	857	1502	1588	1946	2975	3962	5107	6958	8947
宁　夏	Ningxia	1969	2790	2493	3277	4221	5317	7220	10288	14032	16941
新　疆	Xinjiang	5022	7225	10571	13594	16466	21681	24531	28064	31853	33473
香　港	Hongkong	8161	10071	11326	11825	13578	14608	15815	16426	16262	16898
澳　门	Macao	51	84	104	176	236	360	511	563	636	789
台　湾	Taiwan	70367	83336	94470	98518	100308	103853	104373	103219	102146	102864

8-4 国内、外三种专利申请数
Three Kinds of Applications for Patents

单位：件 (piece)

项　目	Item	1995	2000	2005	2010	2014	2015	2016	2017	2018	2019
合　计	**Total**	**83045**	**170682**	**476264**	**1222286**	**2361243**	**2798500**	**3464824**	**3697845**	**4323112**	**4380468**
1.发　明	Inventions	21636	51747	173327	391177	928177	1101864	1338503	1381594	1542002	1400661
国　内	Domestic	10018	25346	93485	293066	801135	968251	1204981	1245709	1393815	1243568
职　务	Official	2993	12609	62270	223754	648023	776117	982971	1043770	1202100	1136072
大专院校	Universities and Colleges	574	1942	14643	48294	111993	133645	173049	179879	226628	244673
科研单位	Research Institutions	865	2228	6726	18254	39625	44545	55076	53308	57959	63043
企　业	Industrial and Mineral Enterprises	1086	8316	40196	154581	484747	582512	735533	788194	896648	807813
机关团体	Government Agencies and Organizations	468	123	705	2625	11658	15415	19313	22389	20865	20543
非职务	Non-official	7025	12737	31215	69312	153112	192134	222010	201939	191715	107496
国　外	Foreign	11618	26401	79842	98111	127042	133613	133522	135885	148187	157093
职　务	Official	11045	25334	77575	95517	124362	130838	130699	132883	145359	154192
非职务	Non-official	573	1067	2267	2594	2680	2775	2823	3002	2828	2901
2.实用新型	Utility Models	43741	68815	139566	409836	868511	1127577	1475977	1687593	2072311	2268190
国　内	Domestic	43429	68461	138085	407238	861053	1119714	1468295	1679807	2063860	2259765
职　务	Official	8727	17792	46879	242479	653904	858743	1135997	1348590	1699015	1884452
大专院校	Universities and Colleges	771	965	3843	18223	60369	89077	124155	135481	153193	156505
科研单位	Research Institutions	1376	1616	2661	7474	15044	18830	21535	22089	23676	24621
企　业	Industrial and Mineral Enterprises	4739	14912	39649	212081	565757	730865	964644	1158372	1476090	1646655
机关团体	Government Agencies and Organizations	1841	299	726	4701	12734	19971	25663	32648	46056	56671
非职务	Non-official	34702	50669	91206	164759	207149	260971	332298	331217	364845	375313
国　外	Foreign	312	354	1481	2598	7458	7863	7682	7786	8451	8425
职　务	Official	190	259	1171	2248	6985	7323	7013	7198	7909	7856
非职务	Non-official	122	95	310	350	473	540	669	588	542	569
3.外观设计	Designs	17668	50120	163371	421273	564555	569059	650344	628658	708799	711617
国　内	Domestic	15433	46532	151587	409124	548428	551481	631949	610817	689097	691771
职　务	Official	8193	22974	49733	192337	271127	268214	325655	339869	403909	400106
大专院校	Universities and Colleges	18	17	1435	12815	11607	12440	17310	20825	27507	29349
科研单位	Research Institutions	104	278	359	1234	1192	1101	1663	1183	1390	1401
企　业	Industrial and Mineral Enterprises	6031	22634	47552	173338	255962	252374	304160	315201	372217	366197
机关团体	Government Agencies and Organizations	2040	45	387	4950	2366	2299	2522	2660	2795	3159
非职务	Non-official	7240	23558	101854	216787	277301	283267	306294	270948	285188	291665
国　外	Foreign	2235	3588	11784	12149	16127	17578	18395	17841	19702	19846
职　务	Official	2013	3432	11230	11535	15183	16637	17248	16899	18682	18756
非职务	Non-official	222	156	554	614	944	941	1147	942	1020	1090

8-5 国内、外三种专利授权数
Three Kinds of Patents Granted

单位：件 (piece)

项 目	Item	1995	2000	2005	2010	2014	2015	2016	2017	2018	2019
合 计	**Total**	**45064**	**105345**	**214003**	**814825**	**1302687**	**1718192**	**1753763**	**1836434**	**2447460**	**2591607**
1.发 明	Inventions	3393	12683	53305	135110	233228	359316	404208	420144	432147	452804
国 内	Domestic	1530	6177	20705	79767	162680	263436	302136	326970	345959	360919
职 务	Official	932	2824	14761	66149	146172	238818	276007	303577	322776	344361
大专院校	Universities and Colleges	258	652	4453	19036	38317	57196	62311	75693	74893	91188
科研单位	Research Institutions	304	910	2423	6557	13573	19243	20109	22369	20508	26798
企 业	Industrial and Mineral Enterprises	205	1016	7712	40049	91874	158620	189564	200804	222287	222439
机关团体	Government Agencies and Organizations	165	246	173	507	2408	3759	4023	4711	5088	3936
非职务	Non-official	598	3353	5944	13618	16508	24618	26129	23393	23183	16558
国 外	Foreign	1863	6506	32600	55343	70548	95880	102072	93174	86188	91885
职 务	Official	1748	6222	31555	54169	69301	94325	100466	91817	85021	90647
非职务	Non-official	115	284	1045	1174	1247	1555	1606	1357	1167	1238
2.实用新型	Utility Models	30471	54743	79349	344472	707883	876217	903420	973294	1479062	1582274
国 内	Domestic	30195	54407	78137	342256	699971	868734	897035	967416	1471759	1574205
职 务	Official	6766	15519	29191	209275	564055	687372	734885	825126	1284510	1400989
大专院校	Universities and Colleges	623	868	2391	16002	47600	68827	77166	83497	103671	106453
科研单位	Research Institutions	1025	1529	1599	7074	12238	13680	13908	14617	18773	20967
企 业	Industrial and Mineral Enterprises	2627	12821	24743	183289	497268	592771	631299	713043	1143867	1234065
机关团体	Government Agencies and Organizations	2491	301	458	2910	6949	12094	12512	13969	18199	39504
非职务	Non-official	23429	38888	48946	132981	135916	181362	162150	142290	187249	173216
国 外	Foreign	276	336	1212	2216	7912	7483	6385	5878	7303	8069
职 务	Official	154	261	1011	1903	7451	7030	5962	5434	6835	7617
非职务	Non-official	122	75	201	313	461	453	423	444	468	452
3.外观设计	Designs	11200	37919	81349	335243	361576	482659	446135	442996	536251	556529
国 内	Domestic	9523	34652	72777	318597	346751	464807	429710	426442	517693	539282
职 务	Official	5344	17789	27566	146407	189210	249538	221633	235520	306829	324245
大专院校	Universities and Colleges	10	28	555	8115	6571	10311	10283	11231	15436	20050
科研单位	Research Institutions	156	248	170	637	769	728	903	819	1046	1121
企 业	Industrial and Mineral Enterprises	2554	17482	26658	135680	181188	237326	209495	222582	288903	300602
机关团体	Government Agencies and Organizations	2624	31	183	1975	682	1173	952	888	1444	2472
非职务	Non-official	4179	16863	45211	172190	157541	215269	208077	190922	210864	215037
国 外	Foreign	1677	3267	8572	16646	14825	17852	16425	16554	18558	17247
职 务	Official	1402	3108	8254	15851	14021	16878	15566	15575	17708	16297
非职务	Non-official	275	159	318	795	804	974	859	979	850	950

8-6 国内、外三种专利有效数
Three Kinds of Patents in Force

单位：件 (piece)

项 目	Item	2012	2013	2014	2015	2016	2017	2018	2019
合 计	**Total**	**3508561**	**4195139**	**4642506**	**5477625**	**6285238**	**7147608**	**8380588**	**9722494**
1.发 明	Inventions	875385	1033908	1196497	1472374	1772203	2085367	2366314	2670784
国 内	Domestic	473187	586493	708690	921757	1158203	1413911	1662269	1926122
职 务	Official	411470	519589	638148	839551	1066375	1313439	1559116	1829918
大专院校	Universities and Colleges	96707	116337	136613	173683	210553	258399	297879	348254
科研单位	Research Institutions	37639	46734	56274	70403	84411	100274	112263	127268
企 业	Industrial and Mineral Enterprises	274038	351500	438221	585404	758354	938336	1129594	1332170
机关团体	Government Agencies and Organizations	3086	5018	7040	10061	13057	16430	19380	22226
非职务	Non-official	61717	66904	70542	82206	91828	100472	103153	96204
国 外	Foreign	402198	447415	487807	550617	614000	671456	704045	744662
职 务	Official	394757	439619	479685	541889	604689	661755	694501	735607
非职务	Non-official	7441	7796	8122	8728	9311	9701	9544	9055
2.实用新型	Utility Models	1501044	1936789	2291326	2732554	3154485	3603187	4403658	5262039
国 内	Domestic	1486839	1917122	2265224	2700833	3118410	3563389	4359926	5214362
职 务	Official	1074312	1461587	1828413	2238950	2640791	3110502	3889415	4738230
大专院校	Universities and Colleges	63650	84984	103344	135785	170863	194581	214377	240671
科研单位	Research Institutions	26839	33400	39225	44899	51130	56795	63782	71012
企 业	Industrial and Mineral Enterprises	973122	1329876	1669822	2034725	2388230	2823828	3569078	4360694
机关团体	Government Agencies and Organizations	10701	13327	16022	23541	30568	35298	42178	65853
非职务	Non-official	412527	455535	436811	461883	477619	452887	470511	476132
国 外	Foreign	14205	19667	26102	31721	36075	39798	43732	47677
职 务	Official	12807	18124	24378	29881	34176	37836	41708	45602
非职务	Non-official	1398	1543	1724	1840	1899	1962	2024	2075
3.外观设计	Designs	1132132	1224442	1154683	1272697	1358550	1459054	1610616	1789671
国 内	Domestic	1044997	1132314	1058448	1169766	1250570	1346915	1495596	1671586
职 务	Official	589620	672339	626252	680400	729868	806344	933255	1071335
大专院校	Universities and Colleges	17161	19289	16284	18486	21003	23347	25697	33203
科研单位	Research Institutions	2671	3395	2744	2532	2821	2953	3362	3800
企 业	Industrial and Mineral Enterprises	564716	646281	605410	657156	703506	777397	901112	1030038
机关团体	Government Agencies and Organizations	5072	3374	1814	2226	2538	2647	3084	4294
非职务	Non-official	455377	459975	432196	489366	520702	540571	562341	600251
国 外	Foreign	87135	92128	96235	102931	107980	112139	115020	118085
职 务	Official	84519	89259	93063	99292	104117	107952	110785	113781
非职务	Non-official	2616	2869	3172	3639	3863	4187	4235	4304

8-7 国内三种专利申请数按地区分布(2019年)
Three Kinds of Domestic Patent Applications by Region (2019)

单位：件 (piece)

地区	Region	合计 Total	发明 Invention	实用新型 Utility Model	外观设计 Design
全国	**National Total**	**4195104**	**1243568**	**2259765**	**691771**
北京	Beijing	226113	129930	73021	23162
天津	Tianjin	96045	24574	64871	6600
河北	Hebei	101274	20536	63798	16940
山西	Shanxi	31705	8424	20938	2343
内蒙古	Inner Mongolia	21069	4889	13895	2285
辽宁	Liaoning	69732	22592	41694	5446
吉林	Jilin	31052	11269	17280	
黑龙江	Heilongjiang	37313	13125	20406	3782
上海	Shanghai	173586	71398	80604	21584
江苏	Jiangsu	594249	172409	373495	48345
浙江	Zhejiang	435883	112981	218628	104274
安徽	Anhui	166871	62743	90655	13473
福建	Fujian	153133	30019	87345	35769
江西	Jiangxi	91474	14101	53552	23821
山东	Shandong	263211	69350	166858	27003
河南	Henan	144010	30260	96203	17547
湖北	Hubei	141321	47450	81197	12674
湖南	Hunan	106113	39104	48462	18547
广东	Guangdong	807700	203311	369143	235246
广西	Guangxi	41900	12412	22026	7462
海南	Hainan	9302	2183	6073	1046
重庆	Chongqing	67271	20103	39566	7602
四川	Sichuan	131529	39539	71474	20516
贵州	Guizhou	44328	10770	28364	5194
云南	Yunnan	35212	8996	22765	3451
西藏	Tibet	2304	456	1296	552
陕西	Shaanxi	92087	34812	40395	16880
甘肃	Gansu	27637	6056	19226	2355
青海	Qinghai	5017	1232	3396	389
宁夏	Ningxia	9275	2525	6249	501
新疆	Xinjiang	14771	3544	9936	1291
香港	Hongkong	3748	1200	1043	1505
澳门	Macao	363	123	195	45
台湾	Taiwan	18506	11152	5716	1638

8-8 国内三种专利授权数按地区分布(2019年)
Three Kinds of Domestic Patent Granted by Region (2019)

单位：件 (piece)

地区	Region	合计 Total	发明 Invention	实用新型 Utility Model	外观设计 Design
全国	**National Total**	**2474406**	**360919**	**1574205**	**539282**
北京	Beijing	131716	53127	58393	20196
天津	Tianjin	57799	5025	48252	4522
河北	Hebei	57809	5130	40562	12117
山西	Shanxi	16598	2300	12758	1540
内蒙古	Inner Mongolia	11059	911	8768	1380
辽宁	Liaoning	40037	7501	28237	4299
吉林	Jilin	15579	3006	10926	1647
黑龙江	Heilongjiang	19989	4144	13308	2537
上海	Shanghai	100587	22735	61640	16212
江苏	Jiangsu	314395	39681	233114	41600
浙江	Zhejiang	285342	33964	168340	83038
安徽	Anhui	82524	14958	57511	10055
福建	Fujian	98955	8963	61530	28462
江西	Jiangxi	59140	2744	37564	18832
山东	Shandong	146481	20652	106429	19400
河南	Henan	86247	6991	65341	13915
湖北	Hubei	73940	14178	50159	9603
湖南	Hunan	54685	8479	32699	13507
广东	Guangdong	527390	59742	282741	184907
广西	Guangxi	22687	3413	14130	5144
海南	Hainan	4423	530	3065	828
重庆	Chongqing	43872	6988	30648	6236
四川	Sichuan	82066	12053	51521	18492
贵州	Guizhou	24729	1900	19392	3437
云南	Yunnan	22324	2174	17405	2745
西藏	Tibet	1020	79	625	316
陕西	Shaanxi	44101	9843	26574	7684
甘肃	Gansu	14894	1154	11722	2018
青海	Qinghai	3046	292	2452	302
宁夏	Ningxia	5555	598	4644	313
新疆	Xinjiang	8652	856	6792	1004
香港	Hongkong	3437	592	1322	1523
澳门	Macao	234	19	148	67
台湾	Taiwan	13094	6197	5493	1404

8-9 国内三种专利有效数按地区分布(2019年)
Three Kinds of Domestic Patents in Force by Region (2019)

单位：件 (piece)

地区	Region	合计 Total	发明 Invention	实用新型 Utility Model	外观设计 Design
全国	**National Total**	**8812070**	**1926122**	**5214362**	**1671586**
北京	Beijing	653053	284288	291646	77119
天津	Tianjin	198946	34726	149930	14290
河北	Hebei	195377	28868	129271	37238
山西	Shanxi	61654	14298	41711	5645
内蒙古	Inner Mongolia	36257	5895	25529	4833
辽宁	Liaoning	152424	42282	96529	13613
吉林	Jilin	54066	14696	33330	6040
黑龙江	Heilongjiang	74739	24526	42501	7712
上海	Shanghai	443510	129768	252308	61434
江苏	Jiangsu	1103925	242803	732163	128959
浙江	Zhejiang	1023110	160609	584454	278047
安徽	Anhui	302010	74812	193140	34058
福建	Fujian	321070	43791	194986	82293
江西	Jiangxi	148851	13210	94991	40650
山东	Shandong	485852	100892	319432	65528
河南	Henan	255966	37311	180601	38054
湖北	Hubei	244552	59379	155996	29177
湖南	Hunan	194971	46736	110785	37450
广东	Guangdong	1803875	295869	960233	547773
广西	Guangxi	78250	22347	42207	13696
海南	Hainan	13403	3150	7901	2352
重庆	Chongqing	158176	32443	100880	24853
四川	Sichuan	292273	60231	175550	56492
贵州	Guizhou	70498	11218	49697	9583
云南	Yunnan	74896	13703	52261	8932
西藏	Tibet	2779	688	1264	827
陕西	Shaanxi	146699	46190	82669	17840
甘肃	Gansu	40976	7432	29001	4543
青海	Qinghai	8947	1636	6303	1008
宁夏	Ningxia	16941	3205	12632	1104
新疆	Xinjiang	33473	5379	23360	4734
香港	Hongkong	16898	4697	4979	7222
澳门	Macao	789	113	291	385
台湾	Taiwan	102864	58931	35831	8102

8-10 按国别(地区)分国外三种专利申请受理
Three Kinds of Foreign Patent Applications Accepted by Country (Area)

单位：件 (piece)

国 家(地区)	Country (Area)	合 计 Total	发 明 Invention	实用新型 Utility Model	外观设计 Design
总 计	**Total**	**185364**	**157093**	**8425**	**19846**
安道尔	Andorra	4	4		
阿根廷	Argentina	11	9	1	1
奥地利	Austria	1113	1032	34	47
澳大利亚	Australia	1158	757	83	318
巴哈马	Bahamas	5	4	1	
巴巴多斯	Barbados	220	193	4	23
比利时	Belgium	939	799	43	97
伯利兹	Belize	2	2		
百慕大群岛	Bermuda	124	116	8	
巴 西	Brazil	162	105	9	48
保加利亚	Bulgaria	9	8		1
加拿大	Canada	1384	1168	66	150
开曼群岛	Cayman Islands	5532	4943	180	409
智 利	Chile	26	26		
哥伦比亚	Colombia	14	5		9
克罗地亚	Croatia	8	6		2
古 巴	Cuba	5	5		
塞浦路斯	Cyprus	36	22		14
捷 克	Czech Republic	139	65	8	66
朝 鲜	Korea DPR	1		1	
丹 麦	Denmark	1263	1037	32	194
埃 及	Egypt	7	6	1	
芬 兰	Finland	1049	912	45	92
法 国	France	6230	4826	415	989
德 国	Germany	19049	16421	817	1811
直布罗陀	Gibraltar				
希 腊	Greece	47	36	1	10
匈牙利	Hungary	47	37	6	4
冰 岛	Iceland	10	9		1
印 度	India	372	321	16	35
印度尼西亚	Indonesia	22	5	4	13
伊 朗	Iran	3	2	1	
爱尔兰	Ireland	473	430	10	33
以色列	Israel	1172	1018	52	102
意大利	Italy	2834	1845	167	822
日 本	Japan	55328	48867	2512	3949
哈萨克斯坦	Kazakhstan	5	4	1	
吉尔吉斯斯坦	kyrgyzstan				
拉托维亚	Latvia	5	4	1	

8-10 续表 continued

单位：件 (piece)

国 家（地区）	Country (Area)	合 计 Total	发 明 Invention	实用新型 Utility Model	外观设计 Design
列支敦士登	Liechtenstein	218	180	5	33
卢森堡	Luxembourg	411	264	11	136
马来西亚	Malaysia	130	74	26	30
马耳他	Malta	24	24		
毛里求斯	Mauritius	5	4		1
墨西哥	Mexico	70	55	4	11
摩纳哥	Monaco	13	11		2
荷 兰	Netherlands	3871	3348	164	359
荷属安的列斯群岛	Netherlands Antilles				
新西兰	New Zealand	219	146	18	55
挪 威	Norway	324	285	7	32
巴拿马	Panama	5	4		1
菲律宾	Philippines	15	9	5	1
波 兰	Poland	112	77	7	28
葡萄牙	Portugal	76	70	1	5
韩 国	Korea Rep.	20000	16019	892	3089
罗马尼亚	Romania	7	3	2	2
俄罗斯联邦	Russian Federation	345	220	20	105
萨摩亚	Samoa	55	42	11	2
沙特阿拉伯	Saudi Arabia	268	244	1	23
塞舌尔	Seychelles	33	17	2	14
新加坡	Singapore	1772	1089	558	125
斯洛伐克	Slovakia	24	19	4	1
斯洛文尼亚	Slovenia	38	25	3	10
南 非	South Africa	69	55	4	10
西班牙	Spain	610	421	36	153
瑞 典	Sweden	3035	2638	87	310
瑞 士	Switzerland	4796	3820	118	858
泰 国	Thailand	146	77	11	58
突尼斯	Tunis	1	1		
土耳其	Turkey	122	100	6	16
乌克兰	Ukraine	18	9	4	5
越 南	Viet Nam	19	11	3	5
阿拉伯联合酋长国	United Arab Emirates	26	19		7
英 国	United Kingdom	3675	2957	149	569
美 国	United States of America	45557	39450	1674	4433
维尔京群岛	Virgin Islands, British	204	103	40	61
其 他	Others	243	154	33	56

8-11 按国别(地区)分国外三种专利授权
Three Kinds of Foreign Patents Granted by Country (Area)

单位：件 (piece)

国 家 (地区)	Country (Area)	合 计 Total	发 明 Invention	实用新型 Utility Model	外观设计 Design
总 计	**Total**	**117201**	**91885**	**8069**	**17247**
安道尔	Andorra	1	1		
阿根廷	Argentina	8	5	3	
奥地利	Austria	768	685	38	45
澳大利亚	Australia	680	317	69	294
巴哈马	Bahamas	8	8		
巴巴多斯	Barbados	167	135	1	31
比利时	Belgium	566	427	37	102
伯利兹	Belize	2	2		
百慕大群岛	Bermuda	87	74	11	2
巴 西	Brazil	125	53	14	58
保加利亚	Bulgaria	9	7	1	1
加拿大	Canada	763	568	63	132
开曼群岛	Cayman Islands	2008	1426	125	457
智 利	Chile	13	12	1	
哥伦比亚	Colombia	5	2		3
克罗地亚	Croatia	2	2		
古 巴	Cuba	3	3		
塞浦路斯	Cyprus	30	12	1	17
捷 克	Czech Republic	101	38	9	54
朝 鲜	Korea DPR	3	1	2	
丹 麦	Denmark	734	555	18	161
埃 及	Egypt	1	1		
芬 兰	Finland	831	694	45	92
法 国	France	4228	2997	392	839
德 国	Germany	12402	9989	860	1553
直布罗陀	Gibraltar	1	1		
希 腊	Greece	16	14		2
匈牙利	Hungary	23	16	1	6
冰 岛	Iceland	3	3		
印 度	India	155	100	14	41
印度尼西亚	Indonesia	7			7
伊 朗	Iran	1		1	
爱尔兰	Ireland	266	236	11	19
以色列	Israel	506	381	44	81
意大利	Italy	1908	1102	146	660
日 本	Japan	36239	30401	2280	3558
哈萨克斯坦	Kazakhstan				
吉尔吉斯斯坦	kyrgyzstan				
拉托维亚	Latvia	3	1		2

8-11 续表 continued

单位：件 (piece)

国 家 (地区)	Country (Area)	合 计 Total	发 明 Invention	实用新型 Utility Model	外观设计 Design
列支敦士登	Liechtenstein	110	82		28
卢森堡	Luxembourg	270	201	7	62
马来西亚	Malaysia	76	34	14	28
马耳他	Malta	24	24		
毛里求斯	Mauritius	4	3		1
墨西哥	Mexico	31	21	3	7
摩纳哥	Monaco	7	3		4
荷 兰	Netherlands	2444	2033	129	282
荷属安的列斯群岛	Netherlands Antilles	1	1		
新西兰	New Zealand	155	62	4	89
挪 威	Norway	161	122	10	29
巴拿马	Panama	2	2		
菲律宾	Philippines	17	8	8	1
波 兰	Poland	73	45	10	18
葡萄牙	Portugal	23	17	2	4
韩 国	Korea Rep.	12635	9437	844	2354
罗马尼亚	Romania	4	2		2
俄罗斯联邦	Russian Federation	211	84	30	97
萨摩亚	Samoa	22	16	5	1
沙特阿拉伯	Saudi Arabia	116	101	1	14
塞舌尔	Seychelles	31	11	11	9
新加坡	Singapore	1360	566	645	149
斯洛伐克	Slovakia	10	7		3
斯洛文尼亚	Slovenia	19	11		8
南 非	South Africa	40	29	2	9
西班牙	Spain	360	221	20	119
瑞 典	Sweden	1827	1484	56	287
瑞 士	Switzerland	3217	2329	159	729
泰 国	Thailand	101	31	11	59
突尼斯	Tunis				
土耳其	Turkey	68	32	5	31
乌克兰	Ukraine	10	5	2	3
越 南	Viet Nam	11	1	3	7
阿拉伯联合酋长国	United Arab Emirates	21	14	2	5
英 国	United Kingdom	1928	1310	138	480
美 国	United States of America	28879	23114	1717	4048
维尔京群岛	Virgin Islands, British	183	121	28	34
其 他	Others	77	32	16	29

8-12 按国别(地区)分国外三种专利有效数
Three Kinds of Foreign Patents in Force by Country (Area)

单位：件 (piece)

国 家 (地区)	Country (Area)	合 计 Total	发 明 Invention	实用新型 Utility Model	外观设计 Design
总 计	**Total**	**910424**	**744662**	**47677**	**118085**
安道尔	Andorra	7	6	1	
阿根廷	Argentina	47	38	4	5
奥地利	Austria	5506	4816	246	444
澳大利亚	Australia	4587	2862	327	1398
巴哈马	Bahamas	95	87		8
巴巴多斯	Barbados	1269	1017	26	226
比利时	Belgium	4439	3802	155	482
伯利兹	Belize	37	12	16	9
百慕大群岛	Bermuda	560	438	55	67
巴 西	Brazil	759	466	76	217
保加利亚	Bulgaria	48	32	6	10
加拿大	Canada	6581	5427	286	868
开曼群岛	Cayman Islands	7979	5587	383	2009
智 利	Chile	76	73	2	1
哥伦比亚	Colombia	29	16	1	12
克罗地亚	Croatia	12	10	1	1
古 巴	Cuba	59	59		
塞浦路斯	Cyprus	148	81	7	60
捷 克	Czech Republic	683	192	49	442
朝 鲜	Korea DPR	8	4	4	
丹 麦	Denmark	5955	4743	221	991
埃 及	Egypt	7	3	2	2
芬 兰	Finland	7615	6705	377	533
法 国	France	32378	25500	1791	5087
德 国	Germany	94478	77805	4843	11830
直布罗陀	Gibraltar	25	22	2	1
希 腊	Greece	154	110	2	42
匈牙利	Hungary	186	151	13	22
冰 岛	Iceland	72	70	1	1
印 度	India	1196	943	59	194
印度尼西亚	Indonesia	75	25	6	44
伊 朗	Iran	17	1	11	5
爱尔兰	Ireland	2664	2302	151	211
以色列	Israel	3257	2576	202	479
意大利	Italy	13588	9125	667	3796
日 本	Japan	325005	276746	16647	31612
哈萨克斯坦	Kazakhstan	11	7	2	2
吉尔吉斯斯坦	kyrgyzstan	1			1
拉托维亚	Latvia	23	17	2	4

8-12 续表 continued

单位：件 (piece)

国 家（地区）	Country (Area)	合 计 Total	发 明 Invention	实用新型 Utility Model	外观设计 Design
列支敦士登	Liechtenstein	882	659	8	215
卢森堡	Luxembourg	1775	1284	80	411
马来西亚	Malaysia	592	284	113	195
马耳他	Malta	162	139	6	17
毛里求斯	Mauritius	117	110	2	5
墨西哥	Mexico	366	246	8	112
摩纳哥	Monaco	46	24	2	20
荷 兰	Netherlands	21110	18308	537	2265
荷属安的列斯群岛	Netherlands Antilles	25	25		
新西兰	New Zealand	961	564	51	346
挪 威	Norway	1472	1251	31	190
巴拿马	Panama	54	48		6
菲律宾	Philippines	83	53	23	7
波 兰	Poland	368	232	29	107
葡萄牙	Portugal	146	105	3	38
韩 国	Korea Rep.	78566	60635	3718	14213
罗马尼亚	Romania	7	4		3
俄罗斯联邦	Russian Federation	840	507	134	199
萨摩亚	Samoa	301	200	84	17
沙特阿拉伯	Saudi Arabia	672	495	5	172
塞舌尔	Seychelles	138	55	45	38
新加坡	Singapore	6853	3935	2114	804
斯洛伐克	Slovakia	61	37	1	23
斯洛文尼亚	Slovenia	176	122	1	53
南 非	South Africa	482	397	18	67
西班牙	Spain	2483	1479	122	882
瑞 典	Sweden	14234	11632	365	2237
瑞 士	Switzerland	26009	19652	1390	4967
泰 国	Thailand	366	116	44	206
突尼斯	Tunis	3	3		
土耳其	Turkey	447	236	33	178
乌克兰	Ukraine	57	31	5	21
越 南	Viet Nam	107	12	4	91
阿拉伯联合酋长国	United Arab Emirates	166	81	16	69
英 国	United Kingdom	15395	10803	733	3859
美 国	United States of America	213082	177951	10962	24169
维尔京群岛	Virgin Islands, British	1784	909	283	592
其 他	Others	400	162	63	175

8-13 按国际专利标准分类的专利申请受理、授权和有效数(2019年)
Patents Applications Accepted, Granted and in Force by International Patent Classification (2019)

单位：件 (piece)

项目	Item	申请 Application	授权 Granted	有效 in Force
合计	**Total**	**3756203**	**2035078**	**7932823**
A部(人类生活需要)	**Section A: Human Necessities**	**558501**	**308545**	**973107**
农、林、牧、渔	Agriculture, Forestry, Animal Husbandry and Fishery	108711	53895	183900
烘烤、食用面团	Baking and Edible Doughs	4718	2367	8530
屠宰、加工	Butchering and Meat Treatment	2751	1654	4847
食品、食物及处理	Foods and Foodstuffs and their Treatment	38617	14574	63075
烟类及用品	Tobacco, Cigars and Cigarettes	8374	3970	18249
服装	Clothing	13621	6368	26751
帽类制品	Headwear	2152	1017	3620
鞋类	Footwear	6738	3448	15724
男用服饰用品、珠宝	Haberdashery and Jewelry	4382	2459	10558
手携及旅行用品	Hand or Traveling Articles	15325	7693	28797
刷类用品	Brushware	2358	1367	4816
家具、家庭日用品或设备	Furniture, Domestic Articles, and Appliance	107602	78721	199125
医学、兽医学、卫生学	Medical or Veterinary Science and Hygiene	202615	110850	334833
救生、消防	Life-saving and Fire-fighting	10074	4881	18028
运动、游戏、娱乐活动	Sports, Games and Recreation	28259	15194	52187
本部其他类目中不包括的技术主题	Subject Matter not Otherwise Provided for in this Section	2204	87	67
B部(作业、运输)	**Section B: Industrial and Transportation**	**1116352**	**628589**	**2215854**
物理或化学的方法功能装置	Physical or Chemical Processes or Apparatus	139365	78234	264657
破碎、研磨、粉碎	Crushing,Pulverizing or Disintegrating	27941	16952	45825
分选、分离	Separation of Solid Materials, Electrostatic Separation	6130	2999	14348
离心装置、离心机	Centrifugal Apparatus or Machines	2721	1795	6328
喷射、雾化	Spraying or Atomizing in General	28411	17356	53929
机械振动的产生和传递	Generating or transmission of Mechanical Vibrations	467	238	1215
固体分离、分选	Separating Solids from Solids Wastes	22557	13055	34120
清洁	Cleaning	32297	19025	49958
固体废料的处理	Disposal of Solid Waste	5987	2630	9701
金属加工、冲裁	Mechanical Metal-working and Stamping	52575	30500	116181
铸造、粉末冶金	Casting and Powder Metallurgy	19183	10906	48001
机床、其他金属加工	Machine Tools	119248	69575	248057
磨削、抛光	Grinding and Polishing	38279	21365	64027
简单工具	Hand tools, Portable Power Tools and Workshop Equipment	50097	27591	90908
手工切割工具、切断	Hand Cutting Tools, Cutting and Servering	24240	14182	42357
木材加工、保存、钉钉机	Wood Preservation and Nailing or Stapling Machines	10973	5154	18453
加工水泥、粘土和石料	Cement, Clay or Stone	23123	11423	39025
塑料制品的加工	Working of Plastics	64142	34827	122094
压力机	Presses	6465	3231	12673
纸品制作、纸的加工	Paper Making and Processing Paper	7157	4036	12175
叠层产品	Layered Products	16974	7843	39019
印刷、打字机、印刷机	Pringting, Lining Machines, and Typewriters	18184	10022	46420
装订、图册、文件夹	Bookbinding, Albums, and Files	4416	2451	7156
绘图具、办公附属用品	Writing or Drawing Appliances	7065	3865	9594
装饰艺术	Decorative Arts	5854	3151	9642

注：1.本表只包含发明和实用新型专利。
2.分类指专利分类部门对每一件发明专利申请或实用新型专利申请的技术主题进行分类，给出完整的代表发明或实用新型的发明情报的分类号。

8-13 续表 1 continued

单位：件 (piece)

项　目	Item	申 请 Application	授 权 Granted	有 效 in Force
一般车辆	Vehicles in General	79857	42098	185599
铁　路	Railways	8772	4783	21582
无轨陆用车牌	Land Vehicles other than Rails	36260	22134	86555
船舶、船只，有关的设备	Ships and Related Equipment	11006	5792	22500
飞行器、航空、宇宙航行	Aircraft and Aviation	15431	6813	26187
输送、包装、存储、搬运	Conveying aand Packing Inflammatory Material	186739	106966	356097
卷扬、提升、牵引	Hoistng, Lifting, and Hauling	36829	23185	93861
液体的储运	Opening or Closing Bottles, Jars or Similar Containers	6526	3891	14342
鞍具、室内装璜	Saddlery and Upholstery	231	143	495
微观结构技术	Micro-Structural Technology	706	302	2282
超微技术	Nano-Technology	96	69	478
C部（化学、冶金）	**Section C: Chemistry and Metallurgy**	**277127**	**120981**	**635238**
无机化学	Inorganic Chemistry	13785	6128	37102
水、废污水、泥浆的处理	Treatment of Water, Waste Water, Sewage or Sludge	52708	27602	99371
玻璃、矿棉和渣棉	Glass, Mineral or Slag Wool	8307	4573	21547
水泥、陶瓷等、隔音材料	Cements, Concrete, Artificial Stone,Ceramics, Refractories	13766	3364	24153
肥料及制造	Fertilizers and Related Products	6038	1655	10362
炸药、火柴	Explosives and Matches	579	262	1690
有机化学	Organic Chemistry	30396	13024	87931
有机高分子化合物	Organic Macromolecular Compounds	32683	10148	77985
杂料、涂料、抛光剂等	Dyes, Paints, Polishes, Resins, and Adhesives	23197	6724	44939
石油、煤气及炼焦工业	Petroleum, Gas or Coke Industries,Inert Gases	10167	4696	30698
动植物油、脂类	Animal or Vegetable Oils, Fats	4163	1740	7903
生化、酒、醋、酶、遗传工程	Biochemistry, Beer, Spirits, Wine, Microbiology	36892	16985	70962
糖或淀粉工业	Sugar Industry	313	130	669
大小原皮、毛皮、皮革	Skins, Hides, Pelts, Leather	1175	697	2373
黑色冶金	Metallurgy of Iron	9298	5178	25456
冶金学、合金或有色合金	Metallurgy, Ferrous or Non-ferrous Alloys	11763	5388	33949
金属加工涂料、防腐防锈	Coating Metallic Materials	12059	6966	30200
电解电泳方法及设备	Electrolytic or Electrophoretic Processes	7461	4500	20421
晶体生长	Crystal Growth	2264	1182	7313
组合技术	Combinatorial Technology	113	39	214
D部（纺织、造纸）	**Section D: Textiles and Papers Making**	**57816**	**28113**	**124025**
线、纤维、纺纱	Natural or Artificial Threads or Fibres, Spinning	8771	4471	22056
纺纱、整经或络经	Yarn, Mechanical Finishing of Yarns or Ropes	2720	1263	5070
织　造	Weaving	3723	1674	8940
编带、花边、针织、整理	Braiding, Lacce-making, Knitting	5080	2693	12955
缝纫、绣花、簇绒	Sewing, Embroidering, Tufting	5930	3056	12941
织物等的处理、洗涤	Treatment of Textiles, Laundering	25703	11957	45844
绳、除电缆外的缆绳	Ropes, Cables other than Electric	818	395	2054
造纸、纤维素的生产	Paper-making, Production of Cellulose	5071	2604	14165
E部（固定建筑物）	**Section E: Fixed Constructions**	**260999**	**134433**	**522727**
道路、铁路和桥梁的建筑	Construction od Roads, Railways, or Bridges	40184	19860	70162
水利工程、基础、运土	Hydraulic Engineering, Foundations, Soil-shifting	36697	18031	70785

a) Invention and Utility Model only.
b) Classification refers to the patent classification department classify technology theme of every piece of invention and utility model and give each complete classification number.

8-13 续表 2 continued

单位：件 (piece)

项 目	Item	申 请 Application	授 权 Granted	有 效 in Force
给水、排水	Water Supply, Sewerage	16967	8753	33204
建筑物	Building	92864	48360	179085
锁、钥匙、门窗、保险箱	Locks, Keys, Windows or Door Fittings,Safes	18820	9620	44320
一般门、窗、百叶窗、梯子	Doors, Windows, Shutters, or Roller Blinds in General,Ladders	19785	10242	40922
钻进、采矿	Well Drilling, Mining	35682	19567	84249
F部（机械工程）	**Section F: Mechanical Engineering**	**382432**	**232853**	**961466**
一般机器、发动机、蒸汽机	Machines or Engines in General,Engines Plants in General, Steam Engines	10725	7128	36364
内燃机等	Combustion Engines	12970	8386	45906
液力机械和其他发动机	Machines or Engines for Liquids	7294	3941	17721
液体变容机械、泵	Prositive-displacement Machines for Liquids	31896	19672	83297
液压调节器、液压技术	Fluid-pressure Ajustors,Hydraulic or Pneumatics in General	6943	4511	21403
工程元件或部件	Engineering Elements of Units	118655	73089	295789
气体或液体的储藏或分配	Storing or Distributing of Gases or Liquids	6489	3698	14504
照 明	Lighting	44451	30251	115328
蒸汽的产生	Steam Generation	3448	2128	9618
燃烧设备、燃烧技术	Combustion Apparatus,Combustion Processes	14681	8712	37692
采暖、炉灶、通风	Heating, Ranges, Ventilation	56691	32907	134609
制冷气体的液化和固化	Refrigeration or Cooling, Heat Pump System	17295	9817	46919
干 燥	Drying	21703	12072	35719
炉、窑、灶、罐	Furnaces, Kins, Ovens	10742	6379	25475
一般热交换	Heat Exchanges in General	11850	6723	28231
武 器	Weapons	3526	1827	6823
弹药、爆破	Ammunition, Blasting Caps	3073	1612	6068
G部（物理）	**Section G: Physics**	**643058**	**292390**	**1208369**
测量、测试	Measurements,Testing	253591	135935	528893
光学技术	Optics	31865	21077	99941
照相术、电影术、电刻术	Photograppy,Cinematography, Electrography	9416	6540	37875
测时技术	Horology	2395	1485	6846
控制、调节技术	Controlling, Regulating	29507	14464	76893
计算、推算、计数技术	Computing, Calculating, Counting	212570	60031	258824
核算装置	Checking Devices	17686	9865	38458
信号装置	Signaling	19009	9103	40926
教育、密码、显示、广告等	Education, Cryptography, Advertising, Seals	45178	25671	79549
乐器、声学	Musical Instruments, Acoustics	8832	3144	13171
信息的储存	Information Storage	3935	2455	17226
仪器的零部件	Instrument Details	280	159	918
核物理、核工程	Nuclear Physics, Nuclear Engineering	2180	1205	6968
本部其他类目中不包括的技术主题	Subject Matter not Otherwise Provided for in this Section	6614	1256	1881
H部（电学）	**Section H: Electricity**	**459918**	**289174**	**1292037**
基本电器元件	Basic Electric Elements	171158	107648	493057
电力的发电、变电或配电	Generation, Conversion, or Distribution of Electric Power	114377	73553	298559
基本电子电路	Basic Electronic Circuitry	8744	4548	30531
电信技术	Telecommunication Technique	124562	81091	368781
其他类不包括的电技术	Electric Technique not Otherwise Provided for	41077	22334	101109

8-14　国防专利申请数
National Defense Patent Applications

单位：件　　　　(piece)

地　区	Region	2000	2005	2010	2012	2013	2014	2015	2016	2017	2018	2019
全　国	**National Total**	**264**	**1587**	**6264**	**8558**	**10578**	**4962**	**12749**	**13028**	**12283**	**14045**	**15521**
东部地区	Eastern Region	138	757	3576	4963	5748	2841	6621	6855	6487	6934	7626
中部地区	Middle Region	36	271	1020	1281	1611	620	2064	1880	1930	1084	2520
西部地区	Western Region	49	408	1383	1936	2628	1200	3373	3645	3202	2940	4429
东北地区	Northeast Region	41	151	285	378	591	301	691	648	664	863	946
北　京	Beijing	91	408	2323	3250	3765	1849	4227	4167	3968	4502	4880
天　津	Tianjin	1	10	66	168	154	17	282	281	290	254	316
河　北	Hebei	16	47	128	164	219	94	268	213	207	303	217
山　西	Shanxi	8	28	167	210	204	77	414	304	404	516	402
内蒙古	Inner Mongolia	2	2	93	105	152	71	192	145	222	139	224
辽　宁	Liaoning	22	97	144	263	357	182	468	413	459	442	598
吉　林	Jilin	12	27	51	30	65	39	70	57	41	56	94
黑龙江	Heilongjiang	7	27	90	85	169	80	153	178	164	250	254
上　海	Shanghai	7	108	347	469	500	263	495	520	554	557	479
江　苏	Jiangsu	15	113	512	564	789	440	852	1157	982	1357	1346
浙　江	Zhejiang	2	27	25	63	94	55	135	117	170	240	108
安　徽	Anhui	5	32	56	99	97	42	133	121	154	204	109
福　建	Fujian		9	13	1	17	4	8	6	6	9	26
江　西	Jiangxi	1	9	64	45	61	21	121	107	54	80	155
山　东	Shandong	4	30	145	239	191	81	279	268	202	352	161
河　南	Henan	4	48	227	282	426	91	524	621	555	389	815
湖　北	Hubei	5	96	352	449	511	243	581	568	605	677	843
湖　南	Hunan	13	58	154	196	312	146	291	159	158	314	196
广　东	Guangdong	2	4	17	44	19	37	74	125	108	66	92
广　西	Guangxi			18	24	28	8	39	17	20	33	18
海　南	Hainan		1		1		1	1	1			1
重　庆	Chongqing	7	24	81	132	156	95	161	234	182	297	281
四　川	Sichuan	9	76	244	356	501	220	636	881	660	773	1081
贵　州	Guizhou		27	62	99	149	42	108	127	112	96	211
云　南	Yunnan	1	76	48	108	100	22	149	143	92	103	155
西　藏	Tibet											
陕　西	Shaanxi	22	190	758	1037	1435	689	2009	2006	1794	1944	2316
甘　肃	Gansu	7	9	71	57	66	30	67	87	105	80	126
青　海	Qinghai								2		2	
宁　夏	Ningxia				2	11					2	13
新　疆	Xinjiang	1	4	8	16	30	23	12	3	15	8	4

8-15 国防专利授权数
National Defense Patent Grants

单位：件 (piece)

地区	Region	2000	2005	2010	2012	2013	2014	2015	2016	2017	2018	2019
全　国	**National Total**	**134**	**294**	**1664**	**4142**	**6027**	**10108**	**10786**	**6830**	**7243**	**5748**	**6188**
东部地区	Eastern Region	55	156	839	2233	3486	5534	6186	3784	3904	2873	3223
中部地区	Middle Region	33	40	293	733	1032	1752	1610	1029	1076	481	958
西部地区	Western Region	30	64	394	915	1254	2365	2471	1681	1871	1277	1735
东北地区	Northeast Region	16	34	138	261	255	457	519	336	392	348	272
北　京	Beijing	33	94	602	1567	2407	3572	4087	2526	2495	1915	2144
天　津	Tianjin	1	1	20	63	62	205	176	75	133	191	86
河　北	Hebei	3	19	20	74	102	158	252	119	141	130	73
山　西	Shanxi	1	4	37	72	183	298	199	143	148	186	159
内蒙古	Inner Mongolia	1		12	29	48	145	114	70	81	70	95
辽　宁	Liaoning	12	11	72	104	110	249	348	213	267	149	172
吉　林	Jilin	3	18	34	59	67	67	45	46	40	33	22
黑龙江	Heilongjiang	1	5	32	98	78	141	126	77	85	66	78
上　海	Shanghai	2	7	42	181	242	534	576	314	297	249	218
江　苏	Jiangsu	10	22	102	260	507	733	747	522	559	421	484
浙　江	Zhejiang	1	2	21	39	38	73	82	65	86	74	56
安　徽	Anhui	7	13	19	49	104	111	77	56	64	56	69
福　建	Fujian			1	1	3	12	9	8	3	2	4
江　西	Jiangxi	1	1	9	21	35	82	53	57	56	52	14
山　东	Shandong	4	8	24	40	103	217	224	126	149	97	101
河　南	Henan	6	13	54	173	198	412	351	209	319	191	291
湖　北	Hubei	5	5	108	311	383	628	649	378	317	314	379
湖　南	Hunan	13	4	66	107	129	221	281	186	172	119	46
广　东	Guangdong	1	3	7	8	22	29	33	27	41	29	57
广　西	Guangxi		1	1		30	18	30	18	13	22	6
海　南	Hainan						1		2		1	
重　庆	Chongqing		4	13	44	53	147	136	62	101	59	97
四　川	Sichuan	8	16	76	166	220	444	493	346	340	307	336
贵　州	Guizhou			13	69	62	90	114	37	50	35	67
云　南	Yunnan	1	4	39	29	53	140	91	72	74	76	74
西　藏	Tibet											
陕　西	Shaanxi	18	35	220	522	741	1281	1420	978	1164	870	1010
甘　肃	Gansu	2	3	19	44	40	89	57	63	33	30	46
青　海	Qinghai											
宁　夏	Ningxia						1		10	1		
新　疆	Xinjiang		1	1	12	7	10	16	25	14	4	4

8-16 国防有效专利数
National Defense Patents in Force

单位：件 (piece)

地区	Region	2000	2005	2010	2012	2013	2014	2015	2016	2017	2018	2019
全国	**National Total**	**679**	**1267**	**4010**	**10340**	**15126**	**24336**	**34575**	**40812**	**40964**	**43634**	**48264**
东部地区	Eastern Region	327	594	1914	5135	7971	13133	19094	22585	22914	22993	26629
中部地区	Middle Region	122	209	711	1898	2715	4373	5871	6811	6794	3297	7425
西部地区	Western Region	160	333	1042	2625	3638	5656	7962	9466	9628	8921	12433
东北地区	Northeast Region	70	131	343	682	802	1174	1648	1950	1628	2436	1777
北京	Beijing	177	354	1322	3541	5506	8845	12819	15164	15443	16450	18247
天津	Tianjin	2	8	39	133	182	386	561	631	735	886	989
河北	Hebei	12	51	46	143	228	376	618	731	748	816	777
山西	Shanxi	21	33	87	196	340	633	803	942	946	974	1061
内蒙古	Inner Mongolia	15	15	40	100	148	290	400	432	482	533	634
辽宁	Liaoning	50	79	225	387	450	638	969	1156	1078	1129	1186
吉林	Jilin	10	32	43	79	120	179	223	262	181	173	171
黑龙江	Heilongjiang	10	20	75	216	232	357	456	532	369	389	420
上海	Shanghai	9	23	114	407	601	1083	1604	1854	1775	1874	2011
江苏	Jiangsu	103	119	270	665	1072	1748	2473	2968	2996	3228	3455
浙江	Zhejiang	7	9	45	97	124	189	267	332	354	403	387
安徽	Anhui	12	22	71	140	230	336	401	446	430	479	490
福建	Fujian	1	1	2	6	5	17	26	34	31	32	34
江西	Jiangxi	3	6	19	62	97	179	232	284	341	389	399
山东	Shandong	11	19	59	116	209	416	621	737	695	655	540
河南	Henan	29	55	155	450	609	1008	1348	1537	1519	1683	2172
湖北	Hubei	19	31	214	730	1046	1624	2228	2579	2545	2480	2884
湖南	Hunan	38	62	165	320	393	593	859	1023	1013	1097	419
广东	Guangdong	5	10	17	27	44	72	104	131	135	135	187
广西	Guangxi		1	2	7	34	52	82	100	92	113	109
海南	Hainan						1	1	3	2	3	2
重庆	Chongqing	7	17	53	113	152	276	389	440	371	375	407
四川	Sichuan	37	69	198	498	691	1101	1561	1882	1943	2164	2503
贵州	Guizhou	4	2	24	128	177	249	363	395	394	417	458
云南	Yunnan	6	10	73	149	190	240	322	383	410	466	495
西藏	Tibet											
陕西	Shaanxi	82	201	598	1507	2110	3222	4546	5437	5568	5918	7429
甘肃	Gansu	6	13	44	100	108	188	245	308	288	295	328
青海	Qinghai											
宁夏	Ningxia						1	1	11	12	11	11
新疆	Xinjiang	3	5	10	23	28	37	53	78	68	67	59

8-17 按申请人分国防专利申请、授权和有效数
National Defense Patent Applications Accepted,Granted and in Force by Type of Applicant

单位：件 (piece)

年 份 Year	合 计 Total	大专院校 Universities and Colleges	科研单位 Research Institutions	企 业 Industrial and Enterprises	机关团体 Government Agencies and Organizations	个 人 Individual
一、申请量 Applications						
2000	264	65	118	41	15	25
2005	1587	437	761	333	39	17
2006	2945	564	1746	590	34	11
2007	3814	756	2277	730	49	2
2008	4754	1122	2724	835	66	7
2009	5574	1228	3195	1059	90	2
2010	6264	1224	3688	1195	155	2
2011	6787	973	4357	1263	182	12
2012	8558	1222	5525	1445	361	5
2013	10578	1437	7053	1688	394	6
2014	4962	923	3090	756	192	1
2015	12749	1557	8631	2207	352	2
2016	13028	1423	9088	2197	315	5
2017	12283	1413	8350	2222	295	3
2018	14045	1510	9629	2582	322	2
2019	15521	1584	10695	2997	236	9
二、授权量 Granted						
2000	134	46	57	18	10	3
2005	294	120	116	42	12	4
2006	213	72	100	35	5	1
2007	314	131	134	41	7	1
2008	653	244	286	97	24	2
2009	954	332	405	182	32	3
2010	1664	510	857	267	23	7
2011	3514	808	2035	619	44	8
2012	4142	933	2345	767	81	16
2013	6027	1173	3607	1080	165	2
2014	10108	1465	6443	1935	260	5
2015	10786	1506	7257	1662	354	7
2016	6830	904	4646	1066	210	4
2017	7243	868	4984	1175	216	
2018	5748	715	3964	944	125	
2019	6188	868	4216	979	123	2
三、有效量 in Force						
2000	679	189	286	110	53	41
2005	1267	360	583	224	52	48
2006	1349	380	618	250	53	48
2007	1542	455	711	278	50	48
2008	2031	612	935	370	65	49
2009	2807	844	1281	542	88	52
2010	4010	1097	1991	773	97	52
2011	6992	1611	3862	1346	122	51
2012	10340	2073	5986	2052	169	60
2013	15126	2626	9168	2989	285	58
2014	24336	3886	15049	4808	536	57
2015	34575	5295	21995	6336	888	61
2016	40812	6129	26312	7217	1090	64
2017	40964	4649	28090	7371	833	21
2018	43634	4777	30063	8010	767	17
2019	48264	5224	33770	8738	514	18

8-18 国外主要检索工具收录我国论文总数及在世界上的位置
Number of Chinese Paper Taken by Major Foreign Referencing Systems and Precedence in the World

项　目 Item	1995	2000	2005	2010	2012	2013	2014	2015	2016	2017	2018
收录论文数(篇) Number of Papers Taken(piece)											
《Science Citation Index》	13134	30499	68226	143769	192761	232070	264522	296847	324189	361220	418213
《Engineering Index》	8109	13163	54362	119374	124382	163688	172914	218666	226495	227985	267734
《Conference Proceedings Citation Index-Science》	5152	6016	30786	37780	77518	68501	56642	41657	78236	73626	68376
位　次 Precedence											
《Science Citation Index》	15	8	5	2	2	2	2	2	2	2	2
《Engineering Index》	7	3	2	1	1	1	1	1	1	2	1
《Conference Proceedings Citation Index-Science》	10	8	5	2	2	2	2	2	2	1	2

注：为便于国际比较，本表数据统一使用用各检索系统直接检索结果，未经逐一核对。
Note: For international comparison,data in this table refer to retrieval results using the retrieval systems without ticking off.

8-19 国外主要检索工具收录的我国科技人员在国内外期刊上发表论文数
Number of Papers by Chinese Scientists and Technicians Published in Domestic and Foreign Periodicals and Taken by Major Foreign Referencing System

单位：篇　　(piece)

项　目	Item	1995	2000	2005	2010	2013	2014	2015	2016	2017	2018
《Science Citation Index》收录合计	**Taken by SCI**	**7980**	**22608**	**63150**	**121026**	**192697**	**235139**	**265469**	**290647**	**323878**	**376354**
国内发表	Published in Domestic Periodicals	1087	9208	16669	25934	22125	24089	23407	21789	21331	21480
比重(%)	As % of Total	14	41	26.4	21.4	11.5	10.2	8.8	7.5	6.6	5.7
国外发表	Published in Foreign Periodicals	6893	13400	46481	95092	170572	211050	242062	268858	302547	354874
比重(%)	As % of Total	86	59	73.6	78.6	88.5	89.8	91.2	92.5	93.4	94.3
《Engineering Index》收录合计	**Taken by 《Engineering Index》**	**6791**	**13991**	**60301**	**119374**	**153717**	**163799**	**204332**	**213385**	**214226**	**249948**
国内发表	Published in Domestic Periodicals	3038	8293	35262	56578	54098	54866	61873	55263	47545	48630
比重(%)	As % of Total	45	59	58.5	47.4	35.2	33.5	30.3	25.9	22.2	19.5
国外发表	Published in Foreign Periodicals	3753	5698	25039	62796	99619	108933	142459	158122	166681	201318
比重(%)	As % of Total	55	41	41.5	52.6	64.8	66.5	69.7	74.1	77.8	80.5

注：表8-19至表8-23数据为逐一核对的第一作者单位在中国的论文数。
Note: Data from table 8-19 to 8-23 is the checked number of papers whose frist author belong to China.

8-20 国外主要检索工具收录我国科技论文按学科分布(2018年)
Chinese Scientific Papers Taken by Major Foreign Referencing System by Discipline (2018)

学　科	Discipline	篇数(篇) Pieces(piece)			位　次 Precedence		
		SCI	EI	CPCI-S	SCI	EI	CPCI-S
合　计	**Total**	**376354**	**249948**	**61462**			
数　学	Mathematics	10169	6220	272	13	14	17
力　学	Mechanics	3799	4787	122	20	16	24
信息、系统科学	Information, Systems Science	954	614	139	32	23	22
物理学	Physics	34403	16558	3781	4	8	5
化　学	Chemistry	52582	16564	1361	1	7	9
天文学	Astronomy	1816	500	35	23	24	30
地　学	Earth Science	14585	11561	1913	8	11	8
生物学	Biology	40243	26736	738	3	1	12
预防医学与卫生学	Protective Medicine	4095		47	19	33	29
基础医学	Basic Medicine	20689	395	709	7	25	13
药　学	Pharmacy	13080		32	11	33	31
临床医学	Clinic Medicine	41975		5578	2	33	3
中医学	Traditional Chinese Medicine	1036			30	33	36
军事医学与特种医学	Special Medicine	636			36	33	36
农　学	Agriculture	4346	190	263	18	31	18
林　学	Forestry	954		3	32	33	34
畜牧、兽医科学	Livestock, Veterinary Medicine	1784			24	33	36
水产学	Aquatic	1539		29	26	33	32
测绘科学技术	Surveying & Mapping	3	2414		40	18	36
材料科学	Material Science	30790	20334	2314	5	3	7
工程与技术基础学科	Engineering & Basic Technology Science	2106	823	930	22	21	11
矿山工程技术	Mining	632	1151		37	20	36
能源科学技术	Energy	10195	14120	5183	12	9	4
冶金、金属学	Metallurgy, Metallography	1772	10795	1	25	13	35
机械、仪表	Machinery, Instrument	5011	10816	654	16	12	15
动力与电气	Power & Electrical Engineering	1202	16783	690	29	6	14
核科学技术	Nuclear Technology	1456	251	1082	27	29	10
电子、通讯与自动控制	Electronics,Communication & Automation	21513	26164	16033	6	2	1
计算技术	Computer	14304	13045	15715	9	10	2
化　工	Chemical Engineering	8147	305	186	14	28	20
轻工、纺织	Light Industry & Textile Industry	806	325	102	35	27	25
食　品	Food	5177	55	74	15	32	28
土木建筑	Civil Construction	4902	19308	84	17	4	26
水　利	Water Conservancy	2387	358	133	21	26	23
交通运输	Transportaiton	1004	4985	330	31	15	16
航空航天	Aviation and Aerospace	1303	2782	222	28	17	19
环　境	Environment	13571	18212	2431	10	5	6
安全科学技术	Security	161	222	83	39	30	27
管　理	Management Science	920	1923	21	34	19	33
其　他	Others	307	652	172	38	22	21

8-21 国外主要检索工具收录我国科技论文按地区分布(2018年)
Chinese Scientific Papers Taken by Major Foreign Referencing System by Region (2018)

地区	Region	篇数(篇) Pieces(piece)			位次 Precedence		
		SCI	EI	CPCI-S	SCI	EI	CPCI-S
全国	**National Total**	**376354**	**249948**	**61462**			
北京	Beijing	59229	41197	13586	1	1	1
天津	Tianjin	11411	8705	1817	12	12	12
河北	Hebei	4637	3645	759	20	19	19
山西	Shanxi	3957	2965	334	22	21	24
内蒙古	Inner Mongolia	1248	779	261	27	27	25
辽宁	Liaoning	13833	10427	2009	10	10	10
吉林	Jilin	9134	6096	860	15	15	18
黑龙江	Heilongjiang	10054	8288	1612	13	13	13
上海	Shanghai	30907	18284	5177	3	3	3
江苏	Jiangsu	40062	26759	5491	2	2	2
浙江	Zhejiang	19014	10806	2273	8	9	9
安徽	Anhui	9899	7261	1506	14	14	14
福建	Fujian	7683	4677	963	18	18	17
江西	Jiangxi	4174	2733	494	21	22	23
山东	Shandong	20226	11255	2613	7	8	8
河南	Henan	8809	5381	1046	16	17	16
湖北	Hubei	20366	13963	3377	6	5	6
湖南	Hunan	12944	9929	1888	11	11	11
广东	Guangdong	25942	13247	4559	4	6	4
广西	Guangxi	2974	1563	606	24	24	20
海南	Hainan	942	322	103	28	28	28
重庆	Chongqing	8481	5708	1202	17	16	15
四川	Sichuan	16778	11655	2848	9	7	7
贵州	Guizhou	1888	847	251	25	26	26
云南	Yunnan	3703	1708	502	23	23	22
西藏	Tibet	59	21	14	31	31	31
陕西	Shaanxi	20523	17379	4416	5	4	5
甘肃	Gansu	4782	3041	508	19	20	21
青海	Qinghai	386	181	73	30	30	30
宁夏	Ningxia	471	242	85	29	29	29
新疆	Xinjiang	1838	884	229	26	25	27

8-22 2003-2018年《SCI》收录的我国科技论文的10年滚动被引用情况
Citation Impact of Chinese Scientific Papers in 10 Year over Lapping Taken in SCI

单位：篇 (piece)

项 目	Item	2003-2012	2004-2013	2005-2014	2006-2015	2007-2016	2008-2017	2009-2018
收录论文数 (A)	Number of Papers Taken by SCI	935439	1102007	1089964	1599251	1830098	1941591	2606423
被引用次数 (B)	Citations times	6147148	8180753	8614382	14249025	18190895	21196243	28452349
论文影响 (B/A)	Impact	6.57	7.42	7.90	8.91	10.06	10.92	10.92

8-23 中文科技期刊刊登的科技论文篇数按机构类型分类(2018年)
Scientific Papers Published in Chinese Science and Technology Periodicals by Type of Institutions (2018)

单位：篇 (piece)

项 目	Item	合 计 Total	高等院校 Universities	研究机构 Research Institutes	企 业 Enterprises	医 院 Hospital	其 他 Others
总 计	**Total**	**454402**	**221800**	**52681**	**25129**	**138116**	**16676**
基础学科	Basic Disciplines	45544	30155	8782	1480	1460	3667
数 学	Mathematics	4407	4295	65	13	12	22
力 学	Mechanics	1942	1659	205	41	7	30
信息、系统	Information, System Science	334	294	28	6		6
物 理	Physics	4773	3740	921	52	15	45
化 学	Chemistry	8552	6119	1266	491	64	612
天 文	Astronomy	416	208	188	1		19
地 学	Earth Sciences	14202	6805	3865	751	13	2768
生 物	Biological Sciences	10918	7035	2244	125	1349	165
医药卫生	Medical Care	185677	34693	9937	1128	135853	4066
农林牧渔	Agriculture, Forestry, Animal Husbandry and Fishery	32776	19622	10152	832	115	2055
工业技术	Manufacturing Technology	172404	122909	21911	21279	548	5757
其 他	Others	18001	14421	1899	410	140	1131

8-24 重大科技成果
Major Research Results of Science and Technology

单位：项 (item)

项目	Item	2000	2005	2010	2014	2015	2016	2017	2018	2019
合计	**Total**	**32858**	**32359**	**42108**	**53140**	**55284**	**58779**	**59792**	**65720**	**68562**
按成果类别分组										
基础理论	Elementary Theory	2368	2129	3288	5117	5115	5565	6535	6497	7009
应用技术	Applied Technology	28843	28559	37029	46091	48363	51728	51677	57618	59903
软科学	Soft Science	1647	1671	1791	1932	1806	1486	1580	1605	1650
按完成单位类型分组	**by Type of Performing Institutes**									
研究机构	Research Institutions	7859	6140	7141	7170	9061	8879	8708	9588	9158
高等院校	Universities	6508	7469	8536	10249	10235	10780	10621	11863	10567
企业	Enterprises	10586	11525	16704	22094	23650	23896	25126	36555	35511
其他	Others	7905	7225	9727	13627	12338	15224	15337	7714	13326
应用技术成果按行业分组	**by Industries**									
农林牧渔业	Farming, Forestry, Animal Husbandry and Fishery	4147	5123	5868	7288	6970	7831	7974	8510	7754
采矿业	Mining	600	1004	1568	1657	1251	1244	1385	1472	1345
制造业	Manufacturing	5334	5054	7526	11241	12366	13958	14170	21931	22436
电力、热力、煤气及水的生产和供应业	Production and Distribution of Electricity,Gas and Water	1279	1274	2647	2711	2702	2826	2832	3122	2738
建筑业	Construction	1189	1334	1376	1739	1703	1908	1891	2629	2781
批发和零售业	Wholesale and Retail Trade	152	109	146	108	96	100	78	131	214
交通运输、仓储和邮政业	Traffic,Transport, Storage and Post	1963	1641	1704	1790	1693	1674	1669	1866	1841
金融业	Finance	244	175	82	255	229	317	393	322	326
房地产业	Real Estate	176	72	52	54	76	47	72	66	94
科学研究和技术服务业	Scientific Research, Technical Service			4571	6205	6651	6957	7178	8820	5146
水利、环境和公共设施管理业	Management of Water Conservancy, Environment and Public Establishment	580	655	1077	1413	1296	1448	1344	1742	1942
居民服务、修理和其他服务业	Resident Services and Other Services	404	407	187	152	164	276	253	184	242
卫生和社会工作	Sanitation and Social Works	6009	5834	7622	8237	9541	9310	8336	9122	7484
文化、体育和娱乐业	Culture, Sports and Entertainment	456	253	342	168	183	285	212	361	277
公共管理、社会保障和社会组织	Public Management and Social Organization	501	649	423	635	568	547	615	559	613
其他	Others	3655	741	1838	2438	2874	3000	3276	3232	4670

8-25 国家级科技奖励
National Science and Technology Awards

单位：项 (item)

项目	Item	2000	2005	2010	2012	2013	2014	2015	2016	2017	2018	2019
合计	**Total**	**292**	**321**	**356**	**337**	**323**	**327**	**302**	**287**	**280**	**285**	**308**
一、国家科学技术进步奖	**National S&T Advancement Award**	**250**	**236**	**273**	**212**	**188**	**202**	**187**	**171**	**170**	**173**	**185**
特等	Special Grade			3	3	3	3	3	2	3	2	3
一等	1st Class	22	18	31	22	24	26	17	20	21	23	22
二等	2nd Class	228	218	239	187	161	173	167	149	146	148	160
二、国家技术发明奖	**National Invention Award**	**23**	**40**	**46**	**77**	**71**	**70**	**66**	**66**	**66**	**67**	**65**
一等	1st Class		1	2	3	2	3	1	3	4	4	3
二等	2nd Class	23	39	44	74	69	67	65	63	62	63	62
三、国家自然科学奖	**National Natural Science Award**	**15**	**38**	**30**	**41**	**54**	**46**	**42**	**42**	**35**	**38**	**46**
一等	1st Class					1	1	1	1	2	1	1
二等	2nd Class	15	38	30	41	53	45	41	41	33	37	45
四、国家最高科学技术奖	**National Supreme Award of Science and Technology**	**2**	**2**	**2**	**2**	**2**	**1**		**2**	**2**	**2**	**2**
五、国际科学技术合作奖	**International Science and Technology Co-operation Award**	**2**	**5**	**5**	**5**	**8**	**8**	**7**	**6**	**7**	**5**	**10**

8-26 国家级科技奖励分布
Distribution of National Science and Technology Awards

单位：项 (item)

项　目	Item	2000	2005	2010	2012	2013	2014	2015	2016	2017	2018	2019
一、国家科技进步奖	**National S&T Advancement Award**	**250**	**236**	**273**	**212**	**188**	**202**	**187**	**171**	**170**	**173**	**185**
按行业分组	**by Industries**											
工业交通	Manufacturing and Transportation	79	113	91	69	67	71	64	65	58	60	75
农林牧渔	Agriculture, Forestry, Animal Husbandry and Fishery	24	27	41	56	24	52	26	19	19	22	26
文教卫生	Education, Culture and Health Care	35	35	38	27	25	28	32	28	22	21	25
国防公安	National Defense and Public Security	71	61	59	50	51	48	46	39	38	36	39
其　他	Others	41		44	10	21	3	19	20	33	34	20
按隶属分组	**by Subordination**											
部　委	Ministries and Commissions	123	62	82	68	44	45	35	43	42	35	28
省市自治区	Province	51	79	98	54	56	68	69	49	45	45	48
其它单位	Others		31	58	40	37	41	37	40	45	57	70
军　口	Military System	76	64	35	50	51	48	46	39	38	36	39
二、国家技术发明奖	**National Invention Award**	**23**	**40**	**46**	**77**	**71**	**70**	**66**	**66**	**66**	**67**	**65**
按行业分组	**by Industries**											
工业交通	Manufacturing and Transportation	16	28	21	45	37	39	36	40	37	37	37
农林牧渔	Agriculture, Forestry, Animal Husbandry and Fishery	1	5	4	11	8	12	6	5	3	5	4
文教卫生	Education, Culture and Health Care	3	1	3	7	3	3	2	2	2	2	3
国防公安	National Defense and Public Security	2	6	13	14	16	16	16	19	17	18	18
其　他	Others	1		5		7		6		7	5	3
按隶属分组	**by Subordination**											
部　委	Ministries and Commissions	12	12	17	21	22	17	17	14	12	9	7
省市自治区	Province	9	15	15	24	17	21	18	19	14	18	19
其它单位	Others		6	9	18	16	16	15	14	23	22	21
军　口	Military System	2	7	5	14	16	16	16	19	17	18	18
三、国家自然科学奖	**National Natural Sciences Award**	**15**	**38**	**30**	**41**	**54**	**46**	**42**	**42**	**35**	**38**	**46**
按学科分组	**by Disciplines**											
数　理	Maths & Physics	3	7	8	10	12	8	8	7	2	5	7
化　学	Chemistry	3	6	6	7	7	6	5	7	5	6	6
生物医学	Biol-medical	3	10	6	9	10	10	6	5	7	7	9
地　球	Earth Sciences	5	6	4	4	5	7	5	6	6	4	5
材料工程	Material Engineering	1	7	4	6	13	8	10	6	4	4	7
信　息	Information		2	2	5	7	7	8	6	5	7	7
其　他	Others								5	6	5	5
按隶属分组	**by Subordination**											
部　委	Ministries and Commissions	11	17	10	27	27	21	12	18	10	10	12
省市自治区	Province	4	20	14	12	20	19	20	13	5	5	10
其它单位	Others				1	2	2	7	1	1	9	7
专家推荐	Expertise		1	6	1	5	4	3	10	19	14	17

8-27 商标注册申请及核准注册商标
Registration Application and Approved of Trademark

单位：件 (piece)

年 份	注册申请 Registration Application				核准注册 Registration Approved			
	国内 Domestic	国际 International	马德里 Madrid	合计 Total	国内 Domestic	国际 International	马德里 Madrid	合计 Total
1988	41683	5866		47549	25448	3604		29052
1989	43202	5209		48411	31810	4625		36435
1990	50853	4371	2048	57272	25966	4036	1269	31271
1991	59124	5885	2595	67604	34501	3523	2306	40330
1992	79837	8367	2591	90795	42710	4198	1180	48088
1993	107758	21014	3551	132323	42668	3999	2059	48726
1994	117186	20238	5193	142617	47482	7803	3016	58301
1995	144610	21442	6094	172146	59895	12591	19380	91866
1996	122057	22615	7132	151804	101178	15843	11407	128428
1997	118577	21676	8502	148755	188047	24958	10033	223038
1998	129394	18252	10037	157683	80095	14137	13478	107710
1999	140620	18883	11212	170715	96139	13896	12366	122401
2000	181717	24623	16837	223177	129441	16327	12807	158575
2001	229775	23234	17408	270417	167563	19017	16259	202839
2002	321034	37221	13681	371936	169904	23364	19265	212533
2003	405620	33912	12563	452095	206070	21188	15253	242511
2004	527591	44938	15396	587925	225394	25069	16156	266619
2005	593382	52166	18469	664017	218731	23792	16009	258532
2006	669276	56840	40203	766319	228814	25254	21573	275641
2007	604952	59714	43282	707948	215161	19159	29158	263478
2008	590525	60704	46890	698119	342498	31870	29101	403469
2009	741763	51966	36748	830477	737228	68471	31944	837643
2010	973460	67838	30889	1072187	1211428	108510	29299	1349237
2011	1273827	95831	47127	1416785	926330	66074	30294	1022698
2012	1502540	97190	48586	1648316	919951	58656	26290	1004897
2013	1733361	95177	53008	1881546	909541	59496	27687	996724
2014	2139973	93284	52101	2285358	1242840	86394	45870	1375104
2015	2658674	116687	60205	2835566	2077037	99852	49552	2226441
2016	3526827	112347	52191	3691365	2119032	97497	38416	2254945
2017	5538980	141951	67244	5748175	2656039	94147	41886	2792072
2018	7127032	174959	68718	7370709	4796851	129336	81208	5007395
2019	7582356	188489	66596	7837441	6177791	155894	72155	6405840

8-28 各地区商标注册申请与注册(2019年)
Registration Application and Approved of Trademark by Region (2019)

单位：件 (piece)

地区	Region	申请数 Applications	核准注册 Registrations Approved	1991-2018年核准注册商标 1991-2018 Registrations Approved	截至2018年底有效注册量 Registrations Effected by the end of 2018
全国	**National Total**	**7582356**	**6177791**	**26370359**	**23543513**
北京	Beijing	546590	474645	2136296	1921978
天津	Tianjin	73310	56538	288702	245828
河北	Hebei	234388	197054	767775	679742
山西	Shanxi	65833	47756	207262	181625
内蒙古	Inner Mongolia	63759	54247	225769	202198
辽宁	Liaoning	117269	95524	478563	397769
吉林	Jilin	64441	57058	247849	216256
黑龙江	Heilongjiang	85783	70128	317909	272831
上海	Shanghai	438815	361036	1625061	1472627
江苏	Jiangsu	488511	414190	1760964	1545380
浙江	Zhejiang	733528	610478	2853547	2503624
安徽	Anhui	234339	186040	656132	608523
福建	Fujian	432736	350193	1430037	1282576
江西	Jiangxi	151127	120407	437924	402535
山东	Shandong	465121	372223	1450116	1297764
河南	Henan	353497	271345	951760	873721
湖北	Hubei	189427	147131	608578	546864
湖南	Hunan	198822	158843	640829	578641
广东	Guangdong	1463989	1187686	4968118	4477109
广西	Guangxi	89684	69572	262737	235568
海南	Hainan	36627	26944	113128	99885
重庆	Chongqing	143996	117711	487536	484628
四川	Sichuan	281564	225104	818295	833692
贵州	Guizhou	89652	62033	394820	212200
云南	Yunnan	116347	91901	357734	360061
西藏	Tibet	10510	9532	95057	30763
陕西	Shaanxi	134777	101488	370553	402944
甘肃	Gansu	39244	28474	167072	98929
青海	Qinghai	12303	10101	58000	40592
宁夏	Ningxia	18023	13674	58222	55642
新疆	Xinjiang	59058	38522	171827	185954
香港	Hongkong	128121	129563	720499	610556
澳门	Macao	1446	1380	7874	7199
台湾	Taiwan	19719	19270	233814	177309

8-29 集成电路布图设计登记申请和登记发证(2019年)
Registration Application and Registration Certification of Integrated Circuit Layout-design (2019)

单位：件 (piece)

地区	Region	申请数 Application	发证数 Certification
总计	**Total**	**8319**	**6614**
国内	**Domestic**	**8223**	**6473**
北京	Beijing	331	322
天津	Tianjin	77	50
河北	Hebei	36	30
山西	Shanxi	33	24
内蒙古	Inner Mongolia	2	1
辽宁	Liaoning	20	11
吉林	Jilin	17	10
黑龙江	Heilongjiang	8	16
上海	Shanghai	1181	958
江苏	Jiangsu	1976	1465
浙江	Zhejiang	435	346
安徽	Anhui	402	297
福建	Fujian	108	117
江西	Jiangxi	12	6
山东	Shandong	151	115
河南	Henan	319	300
湖北	Hubei	219	162
湖南	Hunan	53	56
广东	Guangdong	2369	1800
广西	Guangxi	9	6
海南	Hainan	14	12
重庆	Chongqing	48	43
四川	Sichuan	251	215
贵州	Guizhou	38	28
云南	Yunnan		
西藏	Tibet		
陕西	Shanxi	94	65
甘肃	Gansu		
青海	Qinghai		
宁夏	Ningxia	9	7
新疆	Xinjiang	2	3
香港	Hongkong	2	4
台湾	Taiwan	7	4
国外	**Abroad**	**96**	**141**
美国	USA	88	136

8-30 按技术合同构成分全国技术市场成交合同数
Contract Deals in Domestic Technical Markets by Type of Contracts

单位：项 (item)

项目	Item	2012	2013	2014	2015	2016	2017	2018	2019
合计	**Total**	**282242**	**294929**	**297037**	**307132**	**320437**	**367586**	**411985**	**484077**
一、按合同类别分	**by Type of Technical Income**								
技术开发	Technology Development	150178	153959	148946	153433	148582	169466	180431	198105
委托开发	Commissioned Development	143302	146121	140662	144228	137532	153603	168573	186441
合作开发	Cooperated Development	6876	7838	8284	9205	11050	15863	11858	11664
技术转让	Technology Transfer	11858	11797	12499	12787	12556	16698	15381	16953
技术秘密转让	Technical Secrets Transfer	7364	7416	7277	6928	6094	6361	6048	5595
专利实施许可转让	Patent License Transfer	2175	2301	1961	1999	1862	4176	2615	3222
专利权转让	Patent Right Transfer	1007	1143	1454	1799	2522	4013	4542	5688
专利申请权转让	Patent Application Right Transfer	120	160	162	204	238	329	398	431
计算机软件著作权转让	Computer Software Copyright Transfer	818	381	1258	1216	740	819	837	915
集成电路布图设计专有权转让	Integrated Circuit Layout Design Exclusive Right Transfer	24	21	21	51	25	27	18	31
设计著作权转让	Design copyright Transfer					11	25	32	17
植物新品种权转让	New Species of Plants	179	160	185	292	385	491	630	726
生物、医药新品种权转让	New Species of Biology and Medicine Patent Right Transfer	171	215	181	298	375	252	183	256
技术咨询	Technology Consultation	32582	32564	27911	33559	24447	26735	29828	31215
技术服务	Technology Service	87624	96609	107681	107353	134852	154687	186345	237804
一般性技术服务	Normal Technology Service	86640	95480	106312	105481	132172	152463	183910	235136
技术中介	Technology Intermediary	305	124	154	349	1485	586	803	589
技术培训	Technology Training	679	1005	1215	1523	1195	1638	1632	2079
二、按知识产权构成分	**by Intellectural Right**								
技术秘密	Technology Secrets	89506	88649	87700	86266	78319	80258	82230	87763
专利	Patent	6531	6951	7111	7805	9839	15229	16993	21804
发明专利	Invention	3997	4330	4662	4649	5914	9705	11053	14374
实用新型专利	Utility Model	2378	2384	2264	2962	3642	5141	5597	7036
外观设计专利	Design	156	237	185	194	283	383	343	394
计算机软件	Computer Software	55834	49107	48593	46931	46264	51026	48533	49602
植物新品种	New Species of Plants	779	590	514	793	796	891	1099	1622
集成电路布图设计	IC Layout Design	849	1828	447	685	1079	762	683	693
生物、医药新品种	New Species of Biology and Medicine	2626	8747	1967	2401	2368	2653	2372	2807
未涉及知识产权	Others	126117	139057	150705	160547	179361	214546	257323	316614
设计著作权	Design copyright					2411	2221	2752	3172

8-30 续表 continued

单位：项 (item)

项 目	Item	2012	2013	2014	2015	2016	2017	2018	2019
三、按技术领域分	**by Technical Field**								
电子信息技术	IT Technology	118800	118496	119066	122538	136246	143633	163812	187716
航空航天技术	Aviation and Aerospace Technology	5500	6340	7440	10079	9680	10396	11178	11956
先进制造技术	Advanced Manufacture Technology	24753	25559	31534	32071	30490	36636	42283	51626
生物、医药和医疗器械技术	Biology,Medicine and Medical Machine Technology	19120	21094	21255	23549	26177	29796	30493	39468
新材料及其应用	Advanced Material and Aplication	12415	12859	10609	12442	12793	15060	17693	21207
新能源与高效节能	New Energy and Power Saving	21268	22246	19234	20894	18432	23608	26159	30733
环境保护与资源综合利用技术	Environment and Source Application Technology	21300	21707	18436	20887	19205	27603	27389	33170
核应用技术	Nuclear Application Technology	1108	1059	806	404	491	648	679	621
农业技术	Agriculture Technology	9188	11766	12380	13126	13996	19590	21677	22413
现代交通	Modern Traffic	10147	10950	16160	11526	10895	10923	13256	15880
城市建设与社会发展	Urban Construction and Social Development	38643	42853	40117	39616	42032	49693	57366	69287
四、按社会经济目标分	**by Socail and Economic Objectives**								
农林牧渔业发展	Farming,Forestry and Fishery	10405	13204	12820	13981	14995	20059	21932	22627
工商业发展	Industry Promotion	47393	24452	20188	28135	28019	36822	44019	51476
能源生产、分配和合理利用	Energy Production,Distribution and Application	17916	24438	25249	19133	16598	21903	23738	27895
基础设施以及城市和农村规划	Infrastructure,Urban and Ruarl Planning	22254	24289	23358	20477	23050	22706	23562	27189
环境保护、生态建设及污染防治	Environmental Protection,Ecological Building and Pollution Prevention	14631	19554	17964	18575	18070	26494	22902	27400
卫生事业发展	Sanitation Development	8732	14666	13076	16306	17859	18728	19830	26109
社会发展和社会服务	Social Development and Social Service	85012	96913	106158	111019	116742	127466	143094	165535
地球和大气层的探索与利用	Earth and Atmosphere Exploration and Utility	798	2516	4080	421	676	548	837	1087
教育事业发展	Education Development	7402	6500	7237	7191	10593	10852	11330	13458
民用空间探测及开发	Civil Aerospace Exploration	4905	3674	1585	1844	1415	1725	1898	1841
国防	Defense	7171	7347	7715	11757	11991	12026	12992	14101
其他民用目标	Other Civil Purpose	55623	57376	51049	49233	48157	56757	66401	79404
非定向研究	Nondirective Research				9060	12272	11500	19450	25955

8-31 按技术合同构成分全国技术市场成交合同金额
Value of Contract Deals in Domestic Technical Markets by Type of Contracts

单位：万元 (10 000 yuan)

项　目	Item	2013	2014	2015	2016	2017	2018	2019
合　计	**Total**	**74691254**	**85771790**	**98357896**	**114069816**	**134242245**	**176974213**	**223983882**
一、按技术性收入的类型分	**by Type of Technical Income**							
技术开发	Technology Development	27734127	29490054	30471820	34796413	47485447	58885455	71773214
委托开发	Commissioned Development	26041080	26490243	27339210	31390386	40029867	49362634	60129654
合作开发	Cooperated Development	1693047	2999811	3132610	3406027	7455580	9522821	11643559
技术转让	Technology Transfer	10837592	11371714	14665294	16078867	14002811	16096954	21888778
技术秘密转让	Technical Secrets Transfer	7755045	8533933	11511716	6274102	6792785	6868054	7165852
专利实施许可转让	Patent License Transfer	2396267	1672625	1172986	3861730	2922040	4550718	3810624
专利权转让	Patent Right Transfer	316292	577016	925292	850615	1383493	1692490	8188387
专利申请权转让	Patent Application Right Transfer	31909	46003	44672	73770	90058	130087	162206
计算机软件著作权转让	Computer Software Copyright Transfer	210689	238957	617961	408110	366011	603217	1829127
集成电路布图设计专有权转让	Integrated Circuit Layout Design Exclusive Right Transfer	5030	17027	44080	238412	141781	6722	7404
设计著作权转让	Design copyright Transfer				1399	17987	23490	2722
植物新品种权转让	New Species of Plants Patent Right Transfer	31523	38307	182452	194424	121273	70916	122216
生物、医药新品种权转让	New Species of Biology and Medicine Patent Right Transfer	90836	247847	166135	265216	155789	245353	554764
技术咨询	Technology Consultation	1951027	2442863	2631180	4683265	4492289	5646121	6141064
技术服务	Technology Service	34168507	42467158	50589603	58511271	68261698	96345683	124180826
一般性技术服务	Normal Technology Service	33991905	42304505	49963295	58011939	66742900	95686432	122954691
技术中介	Technology Intermediary	31750	74441	197355	241380	179426	320246	173636
技术培训	Technology Training	144852	88213	428953	257952	1339371	339005	1052500
二、按知识产权构成分	**by Intellectural Right**							
技术秘密	Technology Secrets	22231149	26257535	25344591	26575542	29912687	34926639	46731818
专利	Patent	5696288	6614237	6753434	12973196	14204704	20945087	30857642
发明专利	Invention	2864671	4332886	3572037	7307373	8706940	14363204	17414736
实用新型专利	Utility Model	2812200	2171791	3067496	5570794	5313921	6215502	13239858
外观设计专利	Design	19417	109560	113902	95028	183844	366381	203048
计算机软件	Computer Software	6580997	7079207	6866398	8354526	8526746	8793395	12028361
植物新品种	New Species of Plants	231223	236727	265589	353516	328249	229036	260925
集成电路布图设计	IC Layout Design	1221546	360165	358039	429826	533307	378028	497789
生物、医药新品种	New Species of Biology and Medicine	1972657	730706	831678	734589	1197028	1432862	1454721
未涉及知识产权	Others	36757393	44493212	57276956	63508536	78735493	108840079	131114916
设计著作权	Design copyright				1140085	804031	1429088	1037710

8-31 续表 continued

单位：万元 (10 000 yuan)

项目	Item	2013	2014	2015	2016	2017	2018	2019
三、按技术领域分	**by Technical Field**							
电子信息技术	IT Technology	19465060	21826327	24973350	33129453	38607227	45051745	56366799
航空航天技术	Aviation and Aerospace Technology	1640874	2560390	2771133	2676018	4254075	4082361	5403232
先进制造技术	Advanced Manufacture Technology	9513366	12425453	13507167	14410471	15843314	24908842	29517064
生物、医药和医疗器械技术	Biology,Medicine and Medical Machine Technology	3963664	4114555	5106516	6127297	7502520	8391509	10579333
新材料及其应用	Advanced Material and Aplication	3211892	4422276	4452197	5127952	5010016	6724306	8711065
新能源与高效节能	New Energy and Power Saving	7365404	9269144	10642935	11388154	12021350	15400556	28135523
环境保护与资源综合利用技术	Environment and Source Application Technology	6803814	6937698	8004181	9264109	10698894	13269314	16234919
核应用技术	Nuclear Application Technology	3354838	3296828	3901318	763865	292010	2660383	1192283
农业技术	Agriculture Technology	2330207	3093548	3080496	3178260	4074813	4208292	5002269
现代交通	Modern Traffic	9683286	9683502	9818918	13687734	16653203	25427249	20775555
城市建设与社会发展	Urban Construction and Social Development	7358847	8142067	12099686	14316503	19284823	26849657	42065841
四、按社会经济目标分	**by Socail and Economic Objectives**							
农林牧渔业发展	Farming,Forestry and Fishery	2351218	3108331	2649378	3084815	4204404	4689757	5529437
工商业发展	Industry Promotion	7820716	7592289	11832327	12454604	19246645	24484176	31211072
能源生产、分配和合理利用	Energy Production,Distribution and Application	8377690	13515100	9822174	10731280	11150576	16276268	22550167
基础设施以及城市和农村规划	Infrastructure,Urban and Ruarl Planning	13997232	11784955	11503248	15056385	19033606	30297060	34186555
环境保护、生态建设及污染防治	Environmental Protection,Ecological Building and Pollution Prevention	4243877	5926020	7714736	9094087	10517303	13219134	16520526
卫生事业发展	Sanitation Development	2337549	2278378	3234914	4071510	4378747	4990593	6486663
社会发展和社会服务	Social Development and Social Service	20331124	21931927	30174080	35296542	38821539	41718264	52897407
地球和大气层的探索与利用	Earth and Atmosphere Exploration and Utility	163648	1404086	87243	234723	119448	105352	186924
教育事业发展	Education Development	578234	755301	691946	746660	717617	1079244	1853943
民用空间探测及开发	Civil Aerospace Exploration	497517	232608	405674	624798	505418	519280	629062
国防	Defense	1869779	1606585	2549196	2702260	2975035	3906405	4209612
其他民用目标	Other Civil Purpose	12122670	13445881	14542349	15911988	20063635	29048652	38765858
非定向研究	Nondirective Research			3150633	4060166	2508271	6640029	8956657

8-32 按买卖方构成类别分全国技术市场成交合同数
Contract Deals in Domestic Technical Markets by Category of Technology Seller and Buyer

单位：项 (item)

项　目	Item	2013	2014	2015	2016	2017	2018	2019
总　计	**Total**	**294929**	**297037**	**307132**	**320437**	**367586**	**411985**	**484077**
一、按卖方构成类别分	**Category of Technology Seller**							
机关法人	Governments	1967	3022	1904	1546	1457	1839	1603
事业法人	Public Organizations	104633	98184	104626	97196	112032	123259	156798
科研机构	Research Institutes	33118	29328	40663	30804	35054	41120	45140
高等院校	Higher Education	64368	54364	57081	59769	69782	76027	102352
医疗、卫生	Medical and Sanitation	2627	3196	2965	2843	2916	2431	4345
其它	Others	4520	11296	3917	3780	4280	3681	4961
社团法人	Social Organization	1609	1116	1258	968	1402	930	847
企业法人	Enterprises	183430	191654	196517	218387	250126	283049	321777
内资企业	Domestic Funded Enterprises	167211	176003	182410	202784	232329	265437	301134
港澳台商投资企业	Enterprises with Funds from Hongkong, Macao and Taiwan	2512	3048	2780	2977	3267	3792	4467
外商投资企业	Foreign Funded Enterprises	10686	9718	8462	9792	10441	9705	11440
个体经营	Private Enterprises	897	740	1002	1361	2250	2067	2339
国外企业	Oversea Enterprises	2124	2145	1863	1473	1839	2048	2397
自然人	Natural Person	1381	1171	751	1004	1070	936	1164
其他组织	Other Organizations	1909	1890	2076	1336	1499	1972	1888
二、按买方构成类别分	**Category of Technology Buyer**							
机关法人	Governments	31578	35770	40280	42626	50434	50554	56899
事业法人	Public Organizations	43394	46290	50908	57945	58324	63465	72070
科研机构	Research Institutes	17825	18472	21038	21272	21968	25736	27991
高等院校	Higher Education	8057	9435	9647	11895	11921	12880	15564
医疗、卫生	Medical and Sanitation	4266	4207	4387	4294	4954	4765	6922
其它	Others	13246	14176	15836	20484	19481	20084	21593
社团法人	Social Organization	820	918	1188	1755	1756	1906	2191
企业法人	Enterprises	213392	209049	209342	211078	250016	287778	343533
内资企业	Domestic Funded Enterprises	193994	190183	189879	191302	228059	255992	306466
港澳台商投资企业	Enterprises with Funds from Hongkong, Macao and Taiwan	1866	2061	1888	1947	2618	3280	3931
外商投资企业	Foreign Funded Enterprises	11826	10522	9587	9064	9695	10674	11480
个体经营	Private Enterprises	2195	2593	4040	5053	6400	9362	7627
国外企业	Oversea Enterprises	3511	3690	3948	3712	3244	8470	14029
自然人	Natural Person	2512	2201	2132	3496	3343	3868	4516
其他组织	Other Organizations	3233	2809	3282	3537	3713	4414	4868

8-33 按买卖方构成类别分全国技术市场成交合同金额
Value of Contract Deals in Domestic Technical Markets by Category of Technology Seller and Buyer

单位：万元 (10 000 yuan)

项目	Item	2013	2014	2015	2016	2017	2018	2019
总计	**Total**	**74691254**	**85771790**	**98357896**	**114069816**	**134242245**	**176974213**	**223983882**
一、按卖方构成类别分	**Category of Technology Seller**							
机关法人	Governments	744869	1109436	1140758	1710637	716844	1653589	1347406
事业法人	Public Organizations	9007378	8789667	9581703	11495867	13390516	13931972	16252688
科研机构	Research Institutes	5010078	4588179	5604063	7052147	8667574	8283244	8205709
高等院校	Higher Education	3294932	3151393	3142568	3600238	3558316	4531826	5929423
医疗、卫生	Medical and Sanitation	59043	85284	81060	173344	111225	183588	495230
其它	Others	643325	964811	754011	670137	1053401	933314	1622325
社团法人	Social Organization	49258	44653	131479	598008	493553	624787	110338
企业法人	Enterprises	64361831	75162885	84769194	98814103	118752821	159779948	204940377
内资企业	Domestic Funded Enterprises	51708896	61170094	68531378	83839927	102259774	140173773	179779858
港澳台商投资企业	Enterprises with Funds from Hongkong, Macao and Taiwan	1379584	1795457	1463283	1906472	2683061	3414617	3825194
外商投资企业	Foreign Funded Enterprises	8180021	7933445	10112896	8383170	9209708	10762919	15174417
个体经营	Private Enterprises	101978	178012	192679	247684	539314	671886	671700
国外企业	Oversea Enterprises	2991352	4085877	4468960	4436849	4060965	4756752	5489208
自然人	Natural Person	114430	139362	86970	134922	217213	331102	418526
其他组织	Other Organizations	413489	525787	2647792	1316280	671296	652816	914547
二、按买方构成类别分	**Category of Technology Buyer**							
机关法人	Governments	10193625	11175851	16172797	15788418	20884225	23145112	33711303
事业法人	Public Organizations	5082236	5094104	5831305	8958660	7736797	11282692	12553100
科研机构	Research Institutes	1949743	2306205	2544706	3140612	3545515	4509365	5032515
高等院校	Higher Education	596227	829144	627764	839743	802588	836874	1011267
医疗、卫生	Medical and Sanitation	182760	194557	201363	264075	349366	228282	372597
其它	Others	2353505	1764200	2457472	4714229	3039329	5708171	6136720
社团法人	Social Organization	81040	57913	67367	117816	218231	485165	648343
企业法人	Enterprises	55982339	66095575	74639004	87731832	103126956	138930005	174190568
内资企业	Domestic Funded Enterprises	43043836	52167494	53056429	68422897	84190424	112164549	140145175
港澳台商投资企业	Enterprises with Funds from Hongkong, Macao and Taiwan	753006	927322	1158264	1512068	2249569	3130719	4336994
外商投资企业	Foreign Funded Enterprises	5611850	4537178	6852069	4828717	5130969	8063621	7732779
个体经营	Private Enterprises	192140	319534	325072	486244	734122	699480	749333
国外企业	Oversea Enterprises	6381507	8144046	13247170	12481906	10821873	14871636	21226286
自然人	Natural Person	72996	260264	186024	221159	436732	581612	1110622
其他组织	Other Organizations	3279019	3088083	1461399	1251932	1839304	2549628	1769947

8-34 技术市场技术输出地域(合同数)

Contract Exportation from Domestic Technical Markets by Region

单位：项 (item)

地区	Region	2000	2005	2010	2014	2015	2016	2017	2018	2019
全　国	**National Total**	**241008**	**265010**	**229601**	**297037**	**307132**	**320437**	**367586**	**411985**	**484077**
东部地区	Eastern Region	153858	182325	154181	185996	196087	201660	219178	245586	285980
中部地区	Middle Region	40957	43328	24302	38516	44041	47969	57533	66153	80754
西部地区	Western Region	19469	19611	29024	53645	48748	48607	63739	72696	89446
东北地区	Northeast Region	26724	19746	20996	16195	16155	20415	24972	25015	24919
北　京	Beijing	21270	37625	50847	67284	72306	74983	81311	82486	83171
天　津	Tianjin	6415	11295	9540	14947	12456	12934	12168	11214	13885
河　北	Hebei	3340	3338	4517	3232	3298	3846	4397	6240	7262
山　西	Shanxi	290	556	835	667	698	804	870	1046	965
内蒙古	Inner Mongolia	3075	1160	1231	535	498	605	678	814	1201
辽　宁	Liaoning	11455	13826	15589	11173	11878	13004	14799	17362	16578
吉　林	Jilin	5386	3879	3424	2891	2420	5673	7337	4254	4548
黑龙江	Heilongjiang	9883	2041	1983	2131	1857	1738	2836	3399	3793
上　海	Shanghai	20974	30290	25945	24864	22119	20843	21223	21311	35928
江　苏	Jiangsu	28618	26178	19815	24094	32508	29430	37263	42227	49210
浙　江	Zhejiang	31218	20628	12826	11923	11273	14808	13704	16142	18996
安　徽	Anhui	3184	5113	4831	7092	12488	12966	18211	20347	19538
福　建	Fujian	5597	6510	5120	3708	4132	5115	5893	7638	8642
江　西	Jiangxi	5068	3321	2250	1429	1137	1985	2405	3025	2799
山　东	Shandong	30962	31908	7865	17331	20422	22068	25720	34255	35167
河　南	Henan	4097	3770	4611	2942	3482	4270	5878	7289	9293
湖　北	Hubei	7203	11131	6638	21507	22532	23964	24444	28399	39136
湖　南	Hunan	21115	19437	5137	4879	3704	3980	5725	6047	9023
广　东	Guangdong	5464	14432	17493	18577	17316	17322	17178	23700	33321
广　西	Guangxi	912	558	258	2347	1577	1832	2039	2149	2647
海　南	Hainan		121	213	36	257	311	321	373	398
重　庆	Chongqing	1610	2730	2201	4016	2638	2053	2070	2911	3760
四　川	Sichuan	3441	4933	9003	11932	11228	11563	12826	15156	13203
贵　州	Guizhou	43	466	650	658	650	974	2950	2813	2906
云　南	Yunnan	2054	1853	1047	2785	2666	2607	3500	3684	3324
西　藏	Tibet							3	3	40
陕　西	Shaanxi	4023	3392	9470	25969	22508	21037	31357	37954	52999
甘　肃	Gansu	2960	1877	2503	3354	4712	5255	5852	5072	5921
青　海	Qinghai		318	460	801	952	986	1016	1071	836
宁　夏	Ningxia	233	323	501	544	661	990	980	617	1922
新　疆	Xinjiang	1118	2001	1700	704	658	705	468	452	687
港澳台	Hongkong,Macao & Taiwan			123	108	100	91	122	216	292
国　外	Abroad			975	2577	2001	1695	2042	2319	2686

8-35 技术市场技术输出地域(合同金额)

Value of Contract Exportation from Domestic Technical Markets by Region

单位：万元 (10 000 yuan)

地 区	Region	2000	2005	2010	2014	2015	2016	2017	2018	2019
全 国	**National Total**	**6507519**	**15513694**	**39065753**	**85771790**	**98357896**	**114069816**	**134242245**	**176974213**	**223983882**
东部地区	Eastern Region	4167230	11509739	28347883	54802165	63561272	73683809	85693153	110035282	142494087
中部地区	Middle Region	910023	1484714	2457020	9884563	12459587	14071180	17530480	22228831	28601608
西部地区	Western Region	858677	1389229	3464842	12383772	13450103	15899259	18458078	29284776	33750657
东北地区	Northeast Region	571589	1130012	2024024	3663180	4212261	5654468	7524637	9823571	12646054
北 京	Beijing	1402871	4895922	15795367	31371854	34538855	39409752	44868872	49578246	56952843
天 津	Tianjin	262581	507093	1193390	3885631	5034369	5526361	5514411	6855875	9092549
河 北	Hebei	94143	103827	192931	292228	395438	589959	889245	2759840	3811904
山 西	Shanxi	5258	47980	184911	484595	512007	425622	941471	1507567	1095227
内 蒙 古	Inner Mongolia	60287	109939	271464	139393	153872	120492	196087	198398	224793
辽 宁	Liaoning	347817	865167	1306811	2174648	2674927	3232180	3858317	4744910	5575904
吉 林	Jilin	71390	122261	188090	285756	264697	1164198	2199199	3419460	4741327
黑 龙 江	Heilongjiang	152382	142585	529123	1202776	1272637	1258091	1467121	1659200	2328823
上 海	Shanghai	738952	2317328	4314374	5924481	6637838	7809858	8106177	12251857	14223539
江 苏	Jiangsu	449568	1008296	2493406	5431585	5729178	6356425	7784223	9914475	14715193
浙 江	Zhejiang	276275	386954	603478	872527	980966	1983716	3247310	5906641	8880078
安 徽	Anhui	61012	142553	461470	1698313	1904669	2173748	2495697	3213131	4496068
福 建	Fujian	172601	171959	356569	391913	521448	432204	754634	845235	1395883
江 西	Jiangxi	69299	111227	230479	507593	648484	790077	962096	1158231	1486137
山 东	Shandong	288135	983614	1006769	2492942	3075545	3959453	5116448	8199520	11100178
河 南	Henan	211621	263737	272002	407919	450442	587075	768528	1492840	2318885
湖 北	Hubei	276000	501823	907218	5806801	7893407	9038371	10330773	12040937	14298358
湖 南	Hunan	286833	417394	400940	979342	1050578	1056287	2031915	2816126	4906932
广 东	Guangdong	482104	1124740	2358949	4132478	6625775	7581650	9370755	13654186	22230844
广 西	Guangxi	17741	94059	41362	115833	73132	339922	394228	614077	775572
海 南	Hainan		10007	32651	6525	21861	34431	41079	69407	91077
重 庆	Chongqing	296594	357059	794410	1562007	572366	1471870	513581	1883529	566518
四 川	Sichuan	104150	190823	547393	1990506	2823202	2993006	4058307	9967010	12119539
贵 州	Guizhou	620	10488	77191	200392	259626	204437	807409	1710975	2271758
云 南	Yunnan	187742	159175	108827	479233	518364	582559	847625	894879	827040
西 藏	Tibet							440	394	9577
陕 西	Shaanxi	92560	188977	1024140	6400198	7218211	8027887	9209395	11252908	14673473
甘 肃	Gansu	26413	172736	430845	1145162	1296958	1506615	1629587	1808778	1964171
青 海	Qinghai		11812	114051	291001	468849	569190	677186	793553	90969
宁 夏	Ningxia	6402	14131	9972	31823	35202	40526	66679	121058	149033
新 疆	Xinjiang	66168	80029	45188	28223	30322	42755	57554	39215	78214
港 澳 台	Hongkong, Macao & Taiwan			126750	91608	158797	678396	604530	174241	864897
国 外	Abroad			2645234	4946503	4515877	4082703	4431367	5427512	5626577

8-36 技术市场技术流向地域(合同数)

Contract Inflows to Domestic Technical Markets by Region

单位：项 (item)

地 区	Region	2000	2005	2010	2014	2015	2016	2017	2018	2019
全 国	**National Total**	**241008**	**265010**	**229601**	**297037**	**307132**	**320437**	**367586**	**411985**	**484077**
东部地区	Eastern Region	151815	173205	141227	182559	191166	195744	218125	245960	290335
中部地区	Middle Region	41206	42698	27844	37241	42246	44624	54086	61395	74889
西部地区	Western Region	23905	26203	34011	53777	51096	55827	67240	74844	88225
东北地区	Northeast Region	23279	19647	19044	18226	17490	19533	23690	24400	24941
北 京	Beijing	16998	24206	33370	47015	50140	55480	55944	61213	65137
天 津	Tianjin	6297	8719	7291	11594	9439	9612	10208	9309	11277
河 北	Hebei	5230	5719	5664	6115	5989	6956	8109	10572	11324
山 西	Shanxi	1693	2112	2627	3228	2999	3104	3495	4015	4661
内蒙古	Inner Mongolia	3907	2426	2901	2840	2609	2656	3579	5983	5851
辽 宁	Liaoning	9631	12677	12691	11377	10883	10884	12685	14546	14351
吉 林	Jilin	5257	3655	3529	3537	3446	4916	6817	5066	5821
黑龙江	Heilongjiang	8391	3315	2824	3312	3161	3733	4188	4788	4769
上 海	Shanghai	21036	28606	24162	25378	22689	22589	22661	24538	34252
江 苏	Jiangsu	25957	22675	19463	27196	36607	27370	38911	39192	45941
浙 江	Zhejiang	29197	23639	15313	16097	14999	18120	18444	21272	25302
安 徽	Anhui	3276	5299	5318	8146	12687	13011	17953	20131	20297
福 建	Fujian	6532	7729	5305	5332	5629	6334	7826	8723	9719
江 西	Jiangxi	5772	4014	2774	2523	2356	3112	3613	4503	4388
山 东	Shandong	30909	34362	9993	19835	21874	23121	27003	32698	32920
河 南	Henan	5312	5382	5410	5343	5082	5762	7473	9084	11681
湖 北	Hubei	6166	8419	6591	12852	14831	15038	15736	17206	24402
湖 南	Hunan	18987	17472	5124	5149	4291	4597	5816	6456	9460
广 东	Guangdong	9277	16930	19910	23016	22396	24833	27507	36845	52503
广 西	Guangxi	1566	1382	1351	4108	3299	3466	3914	4106	5256
海 南	Hainan	382	620	756	981	1404	1329	1512	1598	1960
重 庆	Chongqing	1639	2416	2310	3960	3340	3525	3564	5047	6243
四 川	Sichuan	4330	5483	8331	11267	11195	11564	12147	14750	14614
贵 州	Guizhou	806	1294	1849	2658	2346	2777	5615	5408	5770
云 南	Yunnan	2754	3493	2824	4564	4278	4564	5514	6196	5701
西 藏	Tibet	41	87	211	294	382	511	506	760	703
陕 西	Shaanxi	2582	3427	6775	14713	12657	14626	19498	19353	27706
甘 肃	Gansu	3590	2106	2462	3640	4869	5772	5973	5788	7255
青 海	Qinghai	280	606	882	1538	1997	1958	2335	2134	2189
宁 夏	Ningxia	488	603	1012	1283	1451	1717	2026	1852	3140
新 疆	Xinjiang	1922	2880	3103	2912	2673	2691	2569	3467	3797
港澳台	Hongkong, Macao & Taiwan	203	383	1106	1083	1017	819	967	1229	1169
其 它	Others	600	2874	6369	4151	4117	3890	3478	4157	4518

8-37 技术市场技术流向地域(合同金额)

Value of Contract Inflows to Domestic Technical Markets by Region

单位：万元 (10 000 yuan)

地 区	Region	2000	2005	2010	2014	2015	2016	2017	2018	2019
全 国	**National Total**	**6507519**	**15513694**	**39065753**	**85771790**	**98357896**	**114069816**	**134242245**	**176974213**	**223983882**
东部地区	Eastern Region	4000110	9042086	19282530	44605101	47863593	55688863	71013023	92428802	127599696
中部地区	Middle Region	790834	1661532	3534114	9801393	11487804	15220043	17765275	22434422	30575162
西部地区	Western Region	898411	1912047	4799891	15102150	17041209	21739108	23210751	35370222	35529734
东北地区	Northeast Region	560979	1144779	2816954	4098653	3934676	4686548	6053796	8658207	9379092
北 京	Beijing	1031906	2468704	4979527	12347134	11475286	17532414	18875180	22471517	32237824
天 津	Tianjin	231158	381307	1038486	3407686	3307079	3891987	4212348	3475942	4615189
河 北	Hebei	163950	301803	1291728	1528309	1453071	1842886	3032426	4956253	5835794
山 西	Shanxi	49350	215430	509161	2076794	972417	2340760	2493192	2510500	4446689
内蒙古	Inner Mongolia	79600	301516	862605	1564933	1885989	1427117	1574598	2268741	1794584
辽 宁	Liaoning	326885	855864	1840608	2504925	2312705	2000312	2909887	2732168	3558536
吉 林	Jilin	78926	134995	413970	507987	545214	931123	1993711	4319205	4659198
黑龙江	Heilongjiang	155168	153920	562376	1085741	1076757	1755113	1150198	1606834	1161358
上 海	Shanghai	633736	1746358	3291200	4472396	5101282	4319878	7121410	8281684	8806901
江 苏	Jiangsu	411821	849194	3277882	7001906	10163396	9055931	9195511	14386430	17673663
浙 江	Zhejiang	303584	589430	1064031	1985478	2019061	2883154	4698659	7176735	11151567
安 徽	Anhui	66604	204344	516323	1279109	1696694	2016750	2706809	3539869	6100149
福 建	Fujian	193767	250239	442214	3573583	3675993	2786969	1791234	3029988	4201391
江 西	Jiangxi	66104	132315	315103	745702	1077100	1880987	1990802	2427626	2988143
山 东	Shandong	345610	1143692	1269040	4031552	3865607	5052401	6759784	9386978	11109983
河 南	Henan	190434	358430	440535	1185520	1276013	1540513	2019391	3725205	4155088
湖 北	Hubei	190942	393847	1370448	3283726	4949463	6420258	6777445	8284674	9447836
湖 南	Hunan	227400	357167	382544	1230541	1516117	1020776	1777636	1946548	3437257
广 东	Guangdong	669783	1217999	2435401	5607249	6521066	7925607	14514041	18471137	31256930
广 西	Guangxi	38736	116309	148141	1150461	576560	687700	782951	1922079	3167212
海 南	Hainan	14795	93360	193023	649806	281751	397636	812430	792136	710454
重 庆	Chongqing	164500	322759	884903	1911585	1843373	5248893	2341008	5179206	2523163
四 川	Sichuan	128590	231663	723340	2305204	2932644	3317871	5366053	5886135	8147275
贵 州	Guizhou	16522	53871	218775	1258372	1761018	1673802	1932987	5133302	3989215
云 南	Yunnan	228497	294254	377203	977835	1735786	1714434	1770997	3278498	2150069
西 藏	Tibet	2994	7989	32390	101985	169821	195055	219609	724998	1122275
陕 西	Shaanxi	84188	189469	597518	2796772	2985237	3590984	5218569	5913691	6926313
甘 肃	Gansu	54557	173761	307727	1238125	1181036	1727321	1473137	1834255	2395555
青 海	Qinghai	7628	29174	245232	500928	471049	792632	775210	762852	1048158
宁 夏	Ningxia	9752	35262	126095	285501	286118	427187	770094	964199	507719
新 疆	Xinjiang	82847	156021	275961	1010449	1212578	936111	985539	1502264	1758196
港澳台	Hongkong, Macao & Taiwan	47241	142287	319517	1473992	1038655	1252447	2039375	3560696	1920134
其 它	Others	209944	1610964	8312746	10690502	16991958	15482807	14160026	14521864	18980064

8-38 按合同类别分技术市场技术流向地域(合同数)(2019年)
Contract Inflows to Domestic Technical Markets by Region (2019)

单位：项 (item)

地区	Region	合计 Total	技术开发 Technology Development	技术转让 Technology Transfer	技术咨询 Technology Consultation	技术服务 Technology Service
全国	**National Total**	**484077**	**198105**	**16953**	**31215**	**237804**
东部地区	Eastern Region	290335	129790	10141	17277	133127
中部地区	Middle Region	74889	23318	2904	6178	42489
西部地区	Western Region	88225	29837	2459	6258	49671
东北地区	Northeast Region	24941	12030	1147	1394	10370
北京	Beijing	65137	28888	971	3380	31898
天津	Tianjin	11277	3787	315	488	6687
河北	Hebei	11324	4083	517	621	6103
山西	Shanxi	4661	1749	162	276	2474
内蒙古	Inner Mongolia	5851	1392	154	405	3900
辽宁	Liaoning	14351	8271	734	717	4629
吉林	Jilin	5821	2430	128	254	3009
黑龙江	Heilongjiang	4769	1329	285	423	2732
上海	Shanghai	34252	13329	989	2759	17175
江苏	Jiangsu	45941	21223	2270	3172	19276
浙江	Zhejiang	25302	12880	1078	1630	9714
安徽	Anhui	20297	5990	617	2434	11256
福建	Fujian	9719	4608	427	358	4326
江西	Jiangxi	4388	1512	214	318	2344
山东	Shandong	32920	13370	1719	2898	14933
河南	Henan	11681	4033	688	927	6033
湖北	Hubei	24402	7346	900	1412	14744
湖南	Hunan	9460	2688	323	811	5638
广东	Guangdong	52503	26701	1803	1851	22148
广西	Guangxi	5256	1998	585	254	2419
海南	Hainan	1960	921	52	120	867
重庆	Chongqing	6243	1998	202	725	3318
四川	Sichuan	14614	7333	528	633	6120
贵州	Guizhou	5770	2093	91	1123	2463
云南	Yunnan	5701	2374	95	498	2734
西藏	Tibet	703	172	14	75	442
陕西	Shaanxi	27706	7914	461	1067	18264
甘肃	Gansu	7255	1661	102	651	4841
青海	Qinghai	2189	388	32	260	1509
宁夏	Ningxia	3140	1531	68	315	1226
新疆	Xinjiang	3797	983	127	252	2435
港澳台	Hongkong, Macao & Taiwan	1169	783	91	28	267
其它	Others	4518	2347	211	80	1880

8-39 按合同类别分技术市场技术流向地域(合同金额)(2019年)
Value of Contract Inflows to Domestic Technical Markets by Region (2019)

单位：万元 (10 000 yuan)

地 区	Region	合 计 Total	技术开发 Technology Development	技术转让 Technology Transfer	技术咨询 Technology Consultation	技术服务 Technology Service
全 国	**National Total**	**223983882**	**71773214**	**21888778**	**6141064**	**124180826**
东部地区	Eastern Region	127599696	45146387	15968459	2606718	63878132
中部地区	Middle Region	30575162	6940204	1920379	1522641	20191938
西部地区	Western Region	35529734	7282359	1654314	975182	25617878
东北地区	Northeast Region	9379092	2692219	777897	972656	4936320
北 京	Beijing	32237824	9312554	6153949	383529	16387792
天 津	Tianjin	4615189	531714	237253	182431	3663791
河 北	Hebei	5835794	1189436	256659	208096	4181603
山 西	Shanxi	4446689	1019857	68625	210832	3147375
内 蒙 古	Inner Mongolia	1794584	314931	71447	46069	1362137
辽 宁	Liaoning	3558536	1526441	678028	38710	1315357
吉 林	Jilin	4659198	925494	22300	905755	2805649
黑 龙 江	Heilongjiang	1161358	240283	77569	28192	815314
上 海	Shanghai	8806901	3353959	2157892	93940	3201109
江 苏	Jiangsu	17673663	6773163	2966982	258719	7674799
浙 江	Zhejiang	11151567	4613352	742687	317398	5478129
安 徽	Anhui	6100149	1808477	840952	496547	2954173
福 建	Fujian	4201391	631671	258278	35151	3276290
江 西	Jiangxi	2988143	520087	183620	122120	2162316
山 东	Shandong	11109983	3844643	779097	579274	5906969
河 南	Henan	4155088	680674	228573	221592	3024249
湖 北	Hubei	9447836	1805760	496644	292045	6853387
湖 南	Hunan	3437257	1105350	101964	179505	2050438
广 东	Guangdong	31256930	14719868	2364003	518436	13654623
广 西	Guangxi	3167212	808276	54321	82062	2222552
海 南	Hainan	710454	176026	51659	29744	453025
重 庆	Chongqing	2523163	600152	740406	52657	1129948
四 川	Sichuan	8147275	1536036	200469	148567	6262203
贵 州	Guizhou	3989215	765376	15963	249107	2958769
云 南	Yunnan	2150069	622033	12872	49921	1465242
西 藏	Tibet	1122275	30411	7643	22987	1061233
陕 西	Shaanxi	6926313	1912287	153988	93267	4766770
甘 肃	Gansu	2395555	265805	11738	61519	2056493
青 海	Qinghai	1048158	74751	5280	117023	851104
宁 夏	Ningxia	507719	148178	40468	15434	303639
新 疆	Xinjiang	1758196	204122	339718	36569	1177788
港 澳 台	Hongkong, Macao & Taiwan	1920134	842816	184378	1783	891156
其 它	Others	18980064	8869228	1383351	62084	8665401

8-40 按地区分的国外技术引进合同(2019年)
Technology Contracts Imported by Region (2019)

地区	Region	合同数(项) Number of Contracts (item)	合同金额(亿美元) Value of Contracts (USD 100 million)	技术费 for Technology
全国	**National Total**	**7360**	**352.01**	**314.34**
东部地区	Eastern Region	5742	300.04	266.38
中部地区	Middle Region	842	23.84	20.78
西部地区	Western Region	490	15.97	15.09
东北地区	Northeast Region	286	12.16	12.10
北京	Beijing	479	68.81	39.40
天津	Tianjin	119	7.51	7.51
河北	Hebei	76	1.50	1.48
山西	Shanxi	9	0.75	0.64
内蒙古	Inner Mongolia	6	0.37	0.37
辽宁	Liaoning	201	4.17	4.16
吉林	Jilin	65	1.28	1.27
黑龙江	Heilongjiang	20	6.72	6.67
上海	Shanghai	2209	65.62	64.99
江苏	Jiangsu	980	42.31	42.03
浙江	Zhejiang	819	25.25	25.16
安徽	Anhui	346	5.86	4.70
福建	Fujian	110	2.54	2.48
江西	Jiangxi	139	1.76	1.43
山东	Shandong	433	19.58	18.04
河南	Henan	56	1.60	1.60
湖北	Hubei	198	10.27	10.27
湖南	Hunan	94	3.61	2.14
广东	Guangdong	514	66.06	64.48
广西	Guangxi	35	1.64	1.64
海南	Hainan	3	0.86	0.81
重庆	Chongqing	158	7.59	7.50
四川	Sichuan	185	3.66	3.55
贵州	Guizhou	8	0.17	0.17
云南	Yunnan	41	0.10	0.10
西藏	Tibet	1		
陕西	Shaanxi	10	1.65	1.37
甘肃	Gansu	1	0.15	0.15
青海	Qinghai			
宁夏	Ningxia	3	0.05	0.05
新疆	Xinjiang	39	0.58	0.19
新疆建设兵团	The Xinjiang Production and Construction Corps	3		

8-41 按行业分的国外技术引进合同(2019年)
Technology Contracts Imported by Industry (2019)

行　业	Industry	合同数（项）Number of Contracts (item)	合同金额（亿美元）Value of Contracts (USD 100 million)	#技术费 for Technology
总　计	**Total**	**7360**	**352.01**	**314.34**
农、林、牧、渔业	Farming, Forestry, Animal Husbandry and Fishery	46	0.46	0.46
采矿业	Mining	38	3.77	3.42
制造业	Manufacturing	4560	260.00	253.23
电力、煤气及水的生产和供应业	Production and Distribution of Electricity, Gas and Water	57	35.45	6.72
建筑业	Construction	121	0.98	0.88
交通运输、仓储和邮政业	Traffic,Transport, Storage and Post	19	1.14	1.14
信息传输、软件和信息技术服务业	Information Transfer, Software and Information Technology Services	494	18.96	18.93
批发和零售业	Wholesale and Retail Trade	62	0.93	0.93
住宿和餐饮业	Accommodation and Restaurants	11	0.18	0.18
金融业	Finance	10	0.40	0.40
房地产业	Real Estate	754	4.04	4.03
租赁和商务服务业	Tenancy and Business Services	287	2.23	2.22
科学研究和技术服务业	Scientific Research, Technical Service	475	15.03	14.97
水利、环境和公共设施管理业	Management of Water Conservancy, Environment and Public Establishment	138	0.49	0.49
居民服务、修理和其他服务业和其他服务业	Resident Services and Other Services	65	3.25	1.73
教育	Education	5	0.01	0.01
卫生和社会工作	Resident Services and Other Services	3	0.01	0.01
文化、体育和娱乐业	Culture, Sports and Entertainment	56	0.40	0.40
公共管理、社会保障和社会组织	Public Management and Social Organization			

注：国外技术引进合同有一部分无法按行业分类，所以分行业之和不等于总计。
Note: Some of the contracts can not be classified by industry. So the sum of different industries does not equal the total.

8-42 国外技术引进合同按引进方式分(2019年)
Technology Contracts Imported by Type of Import (2019)

项　目	Item	合同数（项）Number of Contracts (item)	合同金额（亿美元）Value of Contracts (USD 100 million)	#技术费 for Technology
总　计	**Total**	**7360**	**352.01**	**314.34**
专利技术的许可或转让（包括专利申请权的转让）	Patent Technology License and Transfer	469	43.55	43.38
专有技术的许可或转让	Technology License and Transfer	1905	164.58	162.90
技术咨询、技术服务	Technology Consultation and Service	4243	102.34	71.87
计算机软件的进口	Import of Computer Software	250	9.75	9.73
商标许可	Trade Mark License	97	4.19	4.19
合资生产、合作生产等	Joint-venture Production and Cooperative Production	67	2.79	2.79
为实施以上内容而进口的成套设备、关键设备、生产线等	Comolete Set of Equipment, Key Equipment and Production Line	60	4.09	0.61
其它方式的技术进口	Others	269	20.71	18.87

8-43 按引进国别或地区分的国外技术引进合同(2019年)
Technology Contracts Imported by Country or Area (2019)

国别或地区	Country or Area	合同数(项) Number of Contracts (item)	合同金额(亿美元) Value of Contracts (USD 100 million)	#技术费 for Technology
总 计	**Total**	**7360**	**352.01**	**314.34**
#阿拉伯酋长国	UAE	4	0.02	0.02
中国澳门	Macao, China	6	0.02	0.02
韩国	Korea Rep.	441	18.60	18.60
泰国	Thailand	26	0.12	0.11
印度尼西亚	Indonesia	5		
中国台湾	Taiwan,China	423	6.88	6.82
马来西亚	Malaysia	21	0.04	0.04
越南	Vietnam	6	0.05	0.05
以色列	Israel	28	0.56	0.56
日本	Japan	1594	66.24	63.24
新加坡	Singapore	290	2.46	2.44
土耳其	Turkey	8	0.07	0.07
菲律宾	Philippines	2	0.02	0.02
中国香港	Hongkong, China	522	8.85	8.65
巴基斯坦	Pakistan	2		
印度	India	40	0.22	0.22
埃及	Egypt	1	0.13	0.13
南非	South Africa	2		
塞舌尔	Seychelles	10	0.02	0.02
匈牙利	Hungary	3		
英国	United Kingdom	210	5.88	5.79
捷克共和国	Czech Republic	9	1.01	1.01
俄罗斯	Russia	20	34.56	5.89
卢森堡	Luxemburg	32	1.29	1.28
荷兰	Netherlands	143	3.39	3.35
瑞士	Switzerland	87	11.76	11.51
法国	France	174	4.83	4.68
德国	Germany	910	46.82	42.71
意大利	Italy	153	6.08	5.78
斯洛文尼亚共和国	The Republic of Slovenia	6	0.03	0.02
瑞典	Sweden	148	22.85	22.85
丹麦	Danmark	57	2.03	2.03
比利时	Belgium	38	1.86	1.71
保加利亚	Bulgaria	2		
葡萄牙	Portugal	1		
希腊	Greece	5		
克罗地亚共和国	Republika Hrvatska	1		
波兰	Poland	1		
西班牙	Spain	45	0.34	0.33

8-43 续表 continued

国别或地区	Country or Area	合同数(项) Number of Contracts (item)	合同金额(亿美元) Value of Contracts (USD 100 million)	#技术费 for Technology
白俄罗斯	Belarus	7	0.02	0.02
斯洛伐克共和国	The Republic of Slovakia	3	0.05	0.05
罗马尼亚	Romania	3	0.05	0.05
乌克兰	Ukraine	7	0.06	0.06
爱尔兰	Ireland	60	4.65	4.64
奥地利	Austria	133	2.11	1.77
芬兰	Finland	27	4.30	4.21
挪威	Norway	18	0.44	0.43
列支敦士登	Liechtenstein	10	0.05	0.05
英属维尔京	British Virgin	25	3.34	3.34
开曼群岛	Cayman Islands	16	1.40	1.40
波多黎各	Puerto Rico	4	0.83	0.83
阿根廷	Argentina	1		
墨西哥	Mexico	3	0.03	0.03
巴西	Brazil	2	0.01	0.01
加拿大	Canada	106	1.33	1.33
百慕大	Bermuda		0.01	0.01
美国	United States	1309	84.58	84.43
澳大利亚	Australia	102	0.61	0.60
马绍尔群岛共和国	The Republic of the Marshall Islands	1		
新西兰	New Zealand	11	0.06	0.06
萨摩亚	Samoa	28	0.64	0.64
立陶宛	The Republic of Lithuania			

九、科技服务

Scientific and Technologic Services

9-1 全国非油气地质勘查分地区情况(2019年)
Basic Statistics on Geological Work by Region (2019)

地区	Region	年末从业人员(人) Year-end Employed Persons (person)	#技术人员 Technical Personnel	地质勘查工作费用(万元) Expenditure on Geological Work (10 000 yuan)
全国	**National Total**	**414289**	**137150**	**1721141**
北京	Beijing	17152	5232	16512
天津	Tianjin	2829	1686	5786
河北	Hebei	29475	11562	93667
山西	Shanxi	12246	4618	81738
内蒙古	Inner Mongolia	18280	6191	135345
辽宁	Liaoning	13589	3797	29145
吉林	Jilin	14667	2596	24813
黑龙江	Heilongjiang	8979	2901	34805
上海	Shanghai	2932	1092	2305
江苏	Jiangsu	7679	3758	29197
浙江	Zhejiang	39506	5659	29151
安徽	Anhui	15733	5310	48503
福建	Fujian	5786	2390	27596
江西	Jiangxi	32015	7662	60430
山东	Shandong	16836	6337	47609
河南	Henan	15872	7493	24226
湖北	Hubei	12233	4974	71914
湖南	Hunan	15404	4190	48428
广东	Guangdong	9010	4906	73745
广西	Guangxi	10159	3648	52460
海南	Hainan	1224	542	25927
重庆	Chongqing	5289	2611	26516
四川	Sichuan	22097	9238	74422
贵州	Guizhou	8042	3473	61742
云南	Yunnan	12549	4351	66786
西藏	Tibet	1340	522	48136
陕西	Shaanxi	36142	8753	54568
甘肃	Gansu	11057	4137	50860
青海	Qinghai	5472	2741	93210
宁夏	Ningxia	2063	772	9549
新疆	Xinjiang	8632	4008	145885
其他	Others			126165

注：统计范围为具有地质勘查资质的中央管理的地勘单位、属地化管理的地勘单位(包含各局级地勘单位局机关)和其他地勘单位(含拥有地质勘查资质的矿业公司、科研院所、高等院校、勘查公司和勘查技术服务公司)。

Note: The statistical range is central geological prospecting units with geological survey qualifications, geological prospecting units of territorial management and other geological prospecting units.

9-2 全国气象部门基本情况
Basic Statistics on Meteorological Units

项　目	Item	2000	2005	2010	2015	2016	2017	2018	2019
一、气象观测业务台站(个)	**Operating Station (Unit)**								
1. 地面观测	Surface Observation Stations	2819	2405	2418	2422	2423	2425	10602	10701
2. 高空探测	Upper-air Observation Stations	156	120	120	120	120	120	120	123
3. 自动气象站	Automatic Weather Stations	550	7813	30693	57405	57435	57435	53395	54534
4. 天气雷达观测	Weather Radar Observation Stations	238	253	342	233	242	242	275	294
5. 大气成分观测	Atmospheric Composition Observation Stations		21	28	28	28	28	166	261
6. 太阳辐射观测	Solar Radiation Observation Stations	99	105	100	100	100	100	103	137
7. 农业气象观测	Agro-Meteorological Observation Stations	1125	769	653	653	653	653	653	653
8. 生态与农业气象观测试验	Ecological & Agro-Meteorological Observation Stations	68	67	68	70	70	70	69	69
9. 卫星云图接收	Satellite Cloud Images Receiving Stations	319	435	361	364	380	380	329	330
10.大气本底站	Atmospheric Background Stations	4	6	7	7	7	7	7	7
11.闪电定位监测	Lightning Location Monitoring Stations		234	425	490	490	490	476	489
12.沙尘暴监测	Sand and Dust Storm Monitoring		85	29	29	29	29	29	29
13.紫外线观测	UV Observation		178	164	158	164	155	111	108
14.风廓线雷达观测	The Wind Profile Radar Observations				31	31	69	123	145
15.空间天气观测	Space Weather Observation				44	84	87	56	56
16.酸雨观测	Acid Rain Observation	82	299	342	376	376	376	398	399
17.臭氧观测	Ozone Observation	3	14	22	71	53	68	53	60
二、气象科学数据共享服务数据量(GB)	**Quantity of Meteorological Data (GB)**		**2089**	**358319**	**901068**	**274157**	**339876**	**1213193**	**545609**
三、装备	**Equipment**								
1. 拥有计算机数(台)	Number of Computers (unit)	27724	50683	90040	126982	136952	143876	144715	148640
#高性能计算机	High-powered Computers		62	106	233	341	274	251	276
服务器及工作站	Servers and Workstations		768	2428	7584	15862	16945	18270	18816
个人计算机(含个人服务器)	Personal Computers (PC Servers)		47950	82744	119165	120749	126657	126194	129548
2. 云图接收机数(台)	Number of Cloud Images Receiving Stations (unit)	354	506	421	812	747	840	1000	984
3. 电视会商系统设备(套)	TV Conference Facilities (set)		729	1895					
4. 人工影响天气作业	Facilities for Conducting Weather Modification Operations								20307
设备高炮(门)	Cloud Seeding Guns (unit)		6393	6902	6542	6320	6183	5909	5858
火箭发射系统(部)	Cloud Seeding Rocket Launchers (unit)		4129	7034	8209	7950	8311	7358	7411
四、人员(人)	**Number of Personnel (Person)**								
全国气象部门职工总数	Total Staff and Workers	59113	53214	53606	53587	53153	52495	65460	64657

注：1.从2006年开始气象科学数据共享服务数据量是全国气象部门利用网络向社会提供气象资料的数据量，2005年及以前是国家气象信息中心气象科学数据共享服务网的数据量。

2.2018年地面观测站变动较大，系将部分省级气象观测站纳入国家级气象观测站统计范围所致。

Note:a) Data from the year 2006 are provided by national meteorological units using network and data before 2006 are provided by data sharing serrice network of national meteorological information center.

b) Surface observation stations changed greatly in 2018, which is due to the inclusion of some provincial meteorological observatories in the statistical scope of National Meteorological observatories.

9-3 地震台、网基本情况（2019年）
Statistics of Earthquake Monitoring Stations and Networks (2019)

单位：个 (unit)

地区	Region	国家地震观测台、网 National Seismic Observation Stations, Networks			国家地震遥测台、网 National Seismic Telemetric Stations, Networks	市、县地震台 Municipality/County-level Seismic Stations		
		国家级台 Number of National Stations	省级台 Number of Provincial Stations	强震观测点 Number of Strong Motion Observation Spots		市、县级台 Municipality/County-level Seismic Stations	企业台 Number of Enterprise Stations	宏观观测点 Macro-Observation Spots
全国	**National Total**	**225**	**282**	**2926**	**1426**	**1481**	**292**	**49644**
北京	Beijing	8	2	266	30	18	1	300
天津	Tianjin	5	5	120	36			1059
河北	Hebei	7	35	164	79	74	5	11407
山西	Shanxi	7	4	3	87	105	11	1611
内蒙古	Inner Mongolia	14	19	45	49	34		1483
辽宁	Liaoning	7	11	95	41	28	2	1141
吉林	Jilin	5	6	15	39	28		1191
黑龙江	Heilongjiang	9	2	19	6	43	11	4869
上海	Shanghai	2		130	31	7		57
江苏	Jiangsu	8	7	58	29	97	1	1009
浙江	Zhejiang	5	1	46	31	58	7	491
安徽	Anhui	3	9	24	28	88		762
福建	Fujian	4	10	144	162	28	8	371
江西	Jiangxi	2	6	6	28			1317
山东	Shandong	6	20	157	144	191	5	1737
河南	Henan	3	10	22	10	89	17	1717
湖北	Hubei	6	8	41	40	12	25	2927
湖南	Hunan	6	3	6	26	29	10	549
广东	Guangdong	6	7	572	75	40	5	249
广西	Guangxi	5	4	6	31	42	32	751
海南	Hainan	2	3	13	24	19		371
重庆	Chongqing	1	39	7	30	1	7	3414
四川	Sichuan	14	14	21	65	80	5	2841
贵州	Guizhou	4	15	7	20	2		1356
云南	Yunnan	13	5	323	14	134	110	2814
西藏	Tibet	15	10	2	26			42
陕西	Shaanxi	6	6	84	57	86		1681
甘肃	Gansu	9	12	254	55	73	7	1087
青海	Qinghai	5	2	55	42	12	20	86
宁夏	Ningxia	4	3	59	15	8		322
新疆	Xinjiang	34	4	162	76	55	3	632

9-4 国家标准、
Basic Statistics on National

项 目	Item	2001	2002	2003	2004	2005	2006
本年度制、修订 标准合计(个)	**Number of Standards on Formulation and Redaction (unit)**	**1045**	**1049**	**1653**	**893**	**1320**	**1909**
制 定	Formulation	497	514	734	458	690	1080
修 订	Redaction	548	535	919	435	630	829
国标标准采用程度合计(个)	**Number of International Standards used on Diffirent Levels (unit)**	**492**	**608**	**661**	**365**	**711**	**955**
等 同	Same	213	222	361	151	417	518
修 改	Modified	167	269	192	147	220	327
非等效	Non-equivalent	112	117	108	67	74	110
计量基准和社会公用计量标准建立情况	**Establsihed on Social Public Standards and Measurement**						
项 别	Items	133	133	130	130	130	130
计量仪器检定按类别分(台、件)	**Measuring Instrument Examined on Diffirent Category (set)**						
合 计	**Total**	**38935133**	**44993208**	**41587596**	**40006798**	**36210234**	**39050639**
长 度	Length	3033660	3475520	3476880	2885297	2632844	2700486
温 度	Temperature	1294382	1881378	1421727	1182162	1385405	1558850
力 学	Mechanics	20623794	23679332	21153580	19729179	18116433	20427899
电 磁	Electromagnetism	10885992	11827159	11610007	13204391	10797067	10263954
光 学	Optics	397073	410101	381681	418509	449592	421163
声 学	Acoustics	43058	67133	52472	48714	69376	82233
化 学	Chemistry	317330	484879	477352	406095	479283	515981
电离辐射	Radioactivity	53111	115578	65886	80627	101392	102664
无线电	Radio	731195	813242	832157	191300	224285	283346
时间频率	Time Frequency	407959	380299	396674	313220	475873	466726
其 他	Others	1156036	1858587	1719179	1547304	1478684	2227337

注：2013及以前年份，计量基准和社会公用计量标准建立情况不包含社会公用计量标准。

9-5 地方标准、质量
Basic Statistics on Local

项 目	Item	2001	2002	2003	2004	2005	2006
本年末标准累计(个)	Number of Standards (unit)	11914	12269	12877	13166	16005	18128
本年度制、修订标准合 计(个)	Number of Standards for Formulation or Redaction (unit)	722	1388	2109	2134	2679	2377
制 定	Formulation	689	1255	1976	1992	2532	2198
修 订	Redaction	33	133	133	142	147	179
产品质量监督检验企业数(家)	Number of Enterprises Supervised and Checked for Product Quality (unit)	355119	351882	319492	181820	218612	188093
检验批次数(批次)	Inspection Batch-time (batch-time)	445044	448718	392712	226334	295663	246007
批次合格率(%)	Rate of Batch-time Qualified (%)	81.07	83.59	86.07	83.62	84.59	81.74

计量基本情况
Standards and Measurement

2007	2008	2009	2010	2011	2012	2013	2014	2015	2016	2017	2018	2019
1410	**6373**	**3158**	**2860**	**1993**	**1986**	**1870**	**1530**	**1931**	**1763**	**3811**	**2657**	**2021**
745	2714	2102	2123	1559	1375	1161	1067	1330	1255	2684	1935	1448
665	3659	1056	737	434	611	709	463	601	508	1127	722	573
651				**622**	**605**	**600**	**427**	**500**	**483**	**832**	**600**	**457**
360				265	301	324	204	283	249	423	351	231
200				263	242	223	182	171	207	337	221	226
91				94	62	53	41	46	27	72	28	
130	130	130	130	130	130	130	44157	45991	45612	55387	53083	57479
34777777	**36954296**	**37999532**	**43437070**	**51151024**	**55001642**	**52031328**	**58057667**	**60240027**	**64452034**	**62964852**	**57785017**	**67325883**
3078905	3337733	3572267	3296362	3406829	3857597	3934322	3868962	3520497	3532804	3083937	2688834	2806833
1520869	1674392	1845849	2062803	5366533	5125507	3064670	2873155	2826021	2898368	2630028	3318205	3506690
18600652	19963861	20605492	22257869	26036802	29638182	30381043	37140108	39355887	42905033	43610924	28764779	36723224
6735195	6964295	6001671	9327164	10296959	9730208	8368795	6842314	6841406	6932256	5081332	8452464	11376200
382068	410157	419131	320365	413121	420977	425794	368723	341663	355986	454490	1525923	1484682
96329	131987	107800	105781	152308	167696	151884	160162	159549	176567	180821	982131	1185911
573885	759964	868235	879199	1038417	1108692	1321679	1368580	1604892	1747548	1662725	3156053	3497614
157063	126900	162839	149528	185267	212194	267123	228491	266499	260240	523451	436510	481897
256213	251293	312823	343661	293743	326525	338771	366877	367556	391719	393613	1207023	1265073
454633	486494	406320	363550	318013	277787	275605	397103	409720	299082	282905	334951	268307
2921963	2847020	3698772	4330788	3659126	4136277	3917240	4443192	4546337	4952431	5060626	6918144	4729452

监督基本情况
Standards and Measurements

2007	2008	2009	2010	2011	2012	2013	2014	2015	2016	2017	2018	2019
20263	22396	25054	28147	32642	36307	37206	37650	41551	42422	41200	37066	42881
2805	2809	3110	3192	3718	3728	4204	4387	4174	4131	4683	3709	5556
2639	2594	2988	2993	3490	3564	3971	3960	3783	3848	4335	3326	4930
166	215	122	199	228	164	233	427	391	283	348	383	626
337613	175980	234724	202095	229912	205491	136478	124546	124251	118136	115320	151535	132660
503758	212153	275688	294678	317559	297578	169007	173709	170875	163989	154201	206734	192171
86.20	86.91	87.64	88.32	91.42	92.46	91.69	91.97	92.5	93.4	92.50	93.50	90.42

9-6 各地区测绘地理信息部门生产完成和资料提供情况（2019年）
Statistics on Projects Completed by Geographic Information Department of Surveying and Mapping by Region (2019)

地区	Region	大地测量 Geodesy GNSS测量(点) Global Navigation Satelite System Survey (point)	水准测量(公里) Leveling (kilometer)	地形图合计(张) Topographic Map (piece)	1:10000	1:50000	测绘基准成果(点) Surveying and Mapping Datum Product (point)	航摄成果(平方千米) Aerial Photograph (Square kilometers)
全　国	**National Total**	**12143**	**92726**	**273252**	**37528**	**20899**	**190874**	**661531**
北　京	Beijing		3245	4134	113		5225	
天　津	Tianjin						176	
河　北	Hebei	145	997	2832	2396	436	1646	15853
山　西	Shanxi	341	2036	577	324	253	592	
内蒙古	Inner Mongolia	376	6260	2232	338	1400	25659	43827
辽　宁	Liaoning	85	315	623			2043	
吉　林	Jilin	15		506		506	3807	29702
黑龙江	Heilongjiang	10		12124	11474	557	2778	
上　海	Shanghai			195544	1		12533	
江　苏	Jiangsu	537	8175	1245	1143	102	13730	100000
浙　江	Zhejiang	2372	3178	210	118	92	1101	94612
安　徽	Anhui	348		1163	138	1025	1085	2626
福　建	Fujian	1371	3855	15	15		913	18615
江　西	Jiangxi	397	1278	2443	2291	126	4533	
山　东	Shandong	23	3354	542	151	391	1263	
河　南	Henan	400	500	250	118	128	2606	13770
湖　北	Hubei	517	2866	85		85	348	1300
湖　南	Hunan			598	558	40	1363	
广　东	Guangdong	550	3091	4010	3031	806	8662	786
广　西	Guangxi	163		465	213	252	14764	5
海　南	Hainan	112	895	362		353	18296	
重　庆	Chongqing	383	1057	4063	1195	101	405	
四　川	Sichuan	506	1317	571	192	379	1161	448
贵　州	Guizhou	410	554	64	15	49	12939	811
云　南	Yunnan	1428	23648	4388	3928	371	2991	261
西　藏	Tibet			1898	492	1406	2470	
陕　西	Shaanxi	507	1370	1119	6	1113	5281	50727
甘　肃	Gansu	107	38	9415	8393	1008	5535	172769
青　海	Qinghai	20	3595	3991	2	3989	4546	28800
宁　夏	Ningxia		20	699	569	130	161	7916
新　疆	Xinjiang	936	20827	1906	314	1592	5043	2305
青　岛	Qingdao	84	253					
大　连	Dalian							
宁　波	Ningbo			2				
深　圳	Shenzhen			1920			441	1886
厦　门	Xiamen			2327			107	
国家基础地理信息中心	National Geomatics Center of China			4515		4209	26653	74512

9-7 国际科技合作项目
International Cooperation Exchange for Science and Technology

单位：项 (item)

项　目	Item	1995	2005	2010	2014	2015	2016	2017	2018	2019
按出国项目分	**by Type of Project Going Abroad**									
合　计	**Total**	**18845**	**19132**	**40572**	**68159**	**72103**	**75311**	**73324**	**122776**	**92362**
考察访问	Field Trip	6133	6218	8316	9773	11136	11986	11258	19763	15396
国际会议	International Conference	5170	6565	17549	31810	34794	35061	32535	57747	42950
合作研究	Cooperative Research	3052	2341	5575	11809	12123	13679	14922	20507	16977
培　训	Training	2687	1593	2635	4496	2954	2929	2851	6537	7833
展览会	Exhibition	496	577	487	688	472	558	387	1128	906
其　他	Others	1307	1838	6010	9583	10624	11098	11371	17094	8300
按来华项目分	**by Type of Project Coming to China**									
合　计	**Total**	**8940**	**15829**	**26065**	**30369**	**28061**	**26078**	**30149**	**60103**	**32437**
考察访问	Field Trip	5050	6081	10382	9751	9595	8222	9667	25145	14656
国际会议	International Conference	1212	3729	5342	4211	3548	3030	3725	7384	4803
合作研究	Cooperative Research	1522	3470	6655	10696	9751	10921	11712	17653	8559
培　训	Training	363	695	1425	1995	1199	984	1278	2114	1963
展览会	Exhibition	149	447	116	139	99	106	116	152	354
其　他	Others	644	1407	2145	3577	3869	2815	3651	7648	2102

9-8 国际科技合作项目参加人数
Personnel Participated in International Cooperation Exchange for Science and Technology

单位：人次 (person-time)

项　目	Item	1995	2005	2010	2014	2015	2016	2017	2018	2019
按出国项目分	**by Type of Project Going Abroad**									
合　计	**Total**	**58883**	**54347**	**103972**	**135335**	**135550**	**136971**	**137463**	**250419**	**209567**
考察访问	Field Trip	21578	23335	24891	22800	21590	23090	22629	41523	39367
国际会议	International Conference	10937	10476	36047	52323	56407	56513	56611	94929	76373
合作研究	Cooperative Research	6873	4884	10617	20024	20117	24376	24620	35049	27601
培　训	Training	12127	7520	10151	12689	6273	6121	6191	16237	20579
展览会	Exhibition	3729	3086	3080	3441	5633	3143	3321	30433	26383
其　他	Others	3639	5046	19186	24058	25530	23728	24091	32248	19264
按来华项目分	**by Type of Project Coming to China**									
合　计	**Total**	**35098**	**70900**	**118747**	**114384**	**110741**	**161228**	**116146**	**257937**	**182900**
考察访问	Field Trip	15587	21192	52259	33080	31124	29648	29965	68927	53084
国际会议	International Conference	9101	28765	35798	40915	35860	41585	40755	86217	69544
合作研究	Cooperative Research	4029	8470	13139	18538	16375	24288	24595	31758	17867
培　训	Training	1376	2506	5857	10918	5221	4778	5113	18191	16585
展览会	Exhibition	3271	6822	3477	2923	5506	52736	6955	36206	17227
其　他	Others	1734	3145	8217	8010	16655	8193	8763	16638	8593

9-9 中国科协系统
Basic Statistics on Scientific and Technological Activities

指　标	Item
机构和人员	**Associations or Academic Societies and Personnel**
机构数(个)	Number of Associations or Academic Societies(unit)
从业人员(人)	Number of Persons Engaged(person)
学会数(个)	Number of Academic Societies(unit)
学会个人会员(万人)	Number of Individual Members of Academic Societies(10 000 persons)
学会从业人员(人)	Number of Persons Engaged of Academic Societies(person)
企业科协(个)	Number of Enterprises Association for Science and Technology(unit)
个人会员(万人)	Number of Individual Members(10 000 persons)
高等院校科协(个)	Number of Institutions of Higher Learning for Science and Technology(unit)
个人会员(万人)	Number of Individual Members(10 000 persons)
街道科普协会(个)	Number of Science Associations of Street Communities(unit)
个人会员(万人)	Number of Individual Members(10 000 persons)
乡镇科普协会(个)	Number of Science Associations of Towns(unit)
个人会员(万人)	Number of Individual Members(10 000 persons)
农技协(个)	Number of Rural Professional and Technical Associations(unit)
个人会员(万人)	Number of Individual Members(10 000 persons)
学术交流活动	**Academic Exchange**
学术交流活动(次)	Number of Academic Exchanges(time)
参加人数(万人次)	Number of Participants(10 000 person-time)
科学技术普及活动	**S&T Popularization Activities**
举办科普宣讲活动(次)	Number of S&T Popularization Propaganda activity(time)
宣讲活动受众人数(万人次)	Number of Participants(10 000 person-time)
实用技术培训人数(万人次)	Number of Persons Trained for Practical Technologies(10 000 persons)
推广新技术、新品种(项)	Promotions of New Technology and New Varieties(item)
参加活动科技人员(万人次)	Number of Scientific and Technical Personnel Participating in Activities(10 000 person-time)
青少年科技教育	**Science and Technology Education for Youth**
举办青少年科普宣讲活动(次)	Science Preaches for Youth(time)
受众人数(万人次)	Number of audiences(10 000 persons)
举办青少年科技竞赛(次)	Competitions of Science and Technology for Youth(time)
参加人数(万人次)	Number of participants(10 000 persons)
举办青少年科学营(次)	Science Camp for Youth(time)
参加人数(万人次)	Number of participants(10 000 persons)

科技活动情况（2019年）
of China Associations for Science and Technology (2019)

总计 Total	科协小计 Total Number of Associations	学会小计 Total Number of Academic Societies	全国学会 National Learned Societies	省级学会 Provincial Learned Societies
3209	3209			
34491	34491			
4058		4058	210	3848
1303		1303	523	780
50764		50764	3714	47050
17510	17510			
265	265			
1437	1437			
75	75			
26936	26936			
144	144			
26637	26637			
40	40			
27575	27575			
442	442			
19461	2321	17140	4973	12167
636	111	525	228	297
253861	125671	128190	87584	40606
144066	52543	91523	85180	6343
1392	1125	268	20	247
17243	11442	5801	876	4925
106	36	70	49	20
47394	32737	15267	7700	7567
32244	28064	4180	3630	551
5680	4919	761	124	637
3057	2634	422	191	232
1288	1016	272	51	221
16	13	3	1	3

9-9 续表

指 标	Item
科技开放与交流	**Openness and Communication Technology**
参加国外科技活动人数(人次)	Number of Participating Foreign Scientific and Technological Activities (person-time)
接待国外专家学者(人次)	Number of Reception Foreign Experts and Scholars(person-time)
科技服务	**S&T Service**
提供决策咨询报告(篇)	Number of Provided Policy Decision Consultation Report(piece)
为科技工作者服务	**Services for the Scientific and Technological Workers**
反映科技工作者建议(条)	Number of S&T Workers Proposals(item)
表彰奖励科技工作者(人次)	Number of Recognition and Award S&T Workers (person-time)
#女性科技工作者	Number of Recognition and Award Female S&T Workers
科技期刊与科技传播	**Scientific Journals and Science and Technology Communication**
主办科技期刊(种)	Number of Scientific & Technological Journals(kind)
总印数(万册)	Printed Copies(10 000 copies)
主办科技报纸(种)	Number of Scientific & Technological Newspapers(kind)
总印数(万份)	Printed Copies(10 000 copies)
编著科技图书(种)	Number of Scientific & Technological Books(kind)
总印数(万册)	Printed Copies(10 000 copies)
主办科技网站(个)	Number of Science and Technology Sites(unit)
浏览人数(万人次)	Number of Visitors(10 000 person-time)
科普基础设施建设	**S&T Popularization Infrastructure Construction**
科技馆(个)	Number of Science and Technology Museum(unit)
#建筑面积8000平方米以上	#Floorage of More Than 8000 Square Meters
全年参观人数(万人次)	Number of Participants(10 000 person-time)
科普画廊建筑面积(宣传栏、橱窗)(平方米)	Building Area of Popular Science Galleries(Boards, Showcase)(square meters)
科普画廊展示面积(平方米)	Display Area of Popular Science Galleries(square meters)
科普大篷车行驶里程(公里)	Mileage of Popular Science Caravan(kilometers)

continued

总计 Total	科协小计 Total Number of Associations	学会小计 Total Number of Academic Societies	全国学会 National Learned Societies	省级学会 Provincial Learned Societies
43665	3993	39672	12732	26940
43782	12037	31745	14384	17361
4353	1915	2438	661	1777
10554	8454	2100	228	1822
91579	6729	84850	26920	57930
25070	1807	23263	6188	17075
1802	65	1737	993	744
6010	2256	3754	2634	1120
581	481	100	13	87
7620	5829	1791	63	1728
4078	2176	1902	388	1514
1886	1088	798	155	644
1384	605	779	392	387
1166870	901018	265852	139702	126150
978	978			
146	146			
7479	7479			
1766802	1766802			
4336686	4336686			
7377606	7377606			

9-10 各地区科学普及

Main Indicators of Science and Technology

地 区	Region	科普专职人员(人) Full Time S&T Popularization Personnel (person)	科普兼职人员(人) Part Time S&T Popularization Personnel (person)	科技馆数量(个) S&T Museums (unit)	科技馆建筑面积(万平方米) Construction Area (10 000 sq.m)	科技馆展厅面积(万平方米) Exhibition Area (10 000 sq.m)
全 国	**National Total**	**250197**	**1620371**	**533**	**420**	**214**
东部地区	Eastern Region	85304	676306	236	200	100
中部地区	Middle Region	63533	361179	114	73	36
西部地区	Western Region	81886	495829	141	105	57
东北地区	Northeast Region	19474	87057	42	42	21
北 京	Beijing	8518	57910	27	27	13
天 津	Tianjin	3341	27575	4	2	1
河 北	Hebei	16913	76619	16	12	6
山 西	Shanxi	5659	26980	6	5	2
内 蒙 古	Inner Mongolia	6431	32643	22	15	8
辽 宁	Liaoning	8593	45881	19	21	10
吉 林	Jilin	6800	16116	14	10	5
黑 龙 江	Heilongjiang	4081	25060	9	10	6
上 海	Shanghai	7834	50538	29	22	11
江 苏	Jiangsu	10010	107546	21	18	9
浙 江	Zhejiang	11291	159215	26	24	11
安 徽	Anhui	10235	53189	23	17	9
福 建	Fujian	4201	59901	28	22	11
江 西	Jiangxi	7200	48611	5	6	3
山 东	Shandong	11695	60115	29	28	16
河 南	Henan	15599	86139	18	10	5
湖 北	Hubei	12555	83623	49	27	13
湖 南	Hunan	12285	62637	13	7	4
广 东	Guangdong	9934	69751	37	35	17
广 西	Guangxi	5815	52994	7	10	4
海 南	Hainan	1567	7136	19	12	5
重 庆	Chongqing	5480	37146	11	9	6
四 川	Sichuan	14080	98667	20	11	6
贵 州	Guizhou	5403	40141	11	7	4
云 南	Yunnan	13174	74868	13	8	4
西 藏	Tibet	806	3169	1	0	0
陕 西	Shaanxi	9474	60019	18	11	6
甘 肃	Gansu	10609	39507	10	8	5
青 海	Qinghai	1077	14260	3	4	2
宁 夏	Ningxia	1934	13094	5	6	3
新 疆	Xinjiang	7603	29321	20	16	9

基本情况(2019年)
Popularization by Region (2019)

科技馆当年参观人数(万人次) Visitors (10 000 person-time)	年度科普经费筹集额(万元) Annual Funding for S&T Popularization (10 000 yuan)	科普图书 Popular Science Books		科技活动周 Science & Technology Week	
		出版种数(种) Types of Publications (kind)	出版总册数(万册) Total Copies (10 000 copies)	科普专题活动次数(次) Number of S&T Week Held (time)	参加人数(万人次) Number of Participants (10 000 person-time)
8457	**1855221**	**12468**	**13527**	**118937**	**20158**
4401	998798	7085	10789	46168	14130
1450	370650	2526	1382	22481	2684
1894	426800	1786	877	44620	2963
711	58973	1071	480	5668	380
693	276991	4441	8045	3764	9246
77	31058	255	140	4081	399
182	37339	208	29	4328	235
127	20529	30	10	3053	104
185	17185	92	48	1709	120
199	21491	487	187	2692	174
201	24134	391	257	1295	57
311	13348	193	36	1681	149
635	178664	776	1343	8475	1154
330	94209	330	385	9179	717
514	124255	195	161	4671	1563
347	38095	70	58	3741	166
554	64113	437	308	4425	234
68	36724	951	849	3537	310
583	74060	101	109	2836	282
310	121508	465	164	3998	210
335	103626	287	211	5018	1600
263	50168	723	89	3134	294
723	105209	266	236	3687	265
78	37119	194	79	3564	418
109	12900	76	32	722	35
359	47615	281	327	4031	495
328	76231	186	69	5843	391
148	48672	73	93	3047	161
242	63353	397	57	6946	523
1	4309	70	10	224	5
106	43664	233	118	7156	282
141	29464	91	23	3822	244
58	20725	31	4	738	51
108	14030	39	9	890	97
141	24435	99	38	6650	177

9-11 科技企业孵化器基本情况
Basic Statistics on Technology Business Incubators

指 表	Item	2017	2018	2019
在统孵化器数量(个)	Number of TBIs with Data (unit)	4063	4849	5206
国家级	State-level	976	967	1155
非国家级	Non State-level	3087	3882	4051
孵化器使用总面积(平方米)	Total Space Area of TBIs(sq.m)	119673944	131929354	129278646
#在孵企业用房	Space area for incubatees	80245624	88831774	88690536
孵化器内企业总数(个)	Number of Total Resident Companies(unit)	223046	260521	275910
在孵企业(个)	Number of Incubatees (unit)	177542	206024	216828
#留学人员企业	Created by Returned Overseas Scholars	10037	10390	10006
大学生科技企业	Created by College Graduates	32249	34562	33721
高新技术企业	High-tech Enterprises	11057	13672	15370
当年新增在孵企业(个)	New Incubatees of the Year (unit)	56930	60309	58830
在孵企业从业人员(人)	Employees of Incubatees (person)	2596132	2901597	2948824
#大专以上人员	with College and Higher Level Education Background	2014421	2253381	2313669
留学人员	Returned Overseas Scholars	25362	27724	27564
累计毕业企业(个)	Accumulated Graduates from TBIs (unit)	110701	139396	160850
当年毕业企业(个)	Graduates of the Year	20366	23457	26152
在孵企业总收入(千元)	Total Income of Incuatees	633566769	834303896	821986091
在孵企业累计获得财政资助额(千元)	Accumulated Amount of Fiscal Subsidies toTBIs (1000 yuan)	20618417	22013046	23814870
在孵企业累计获得风险投资额(千元)	Accumulated Amount of Venture Capital toTBIs (1000 yuan)	194023204	275588693	260601335
当年获得风险投资额(千元)	Amount of Venture Capital of the Year	47333624	62977820	54548533
累计获得投融资的企业数量(个)	Accumulated Number of Incubatees that Obtained Investments (unit)	39875	48060	53369
当年获得投融资的企业数量(个)	Number of Incubatees that Obtained Investments of the Year (unit)	9576	11195	10771
孵化器孵化基金总额(千元)	Total Amount of Incubation Fund (1000 yuan)	84059090	107123441	126429276
当年获得孵化基金投资的在孵企业数量(个)	Number of Incubatees Obtained Incubation Fund Investment of the Year (unit)	11827	11442	10117
当年知识产权申请数(个)	Number of IPR Applications of Incubatees of the Year (piece)	191450	268242	270390
拥有有效知识产权数(个)	Valid IPRs Held by Incubatees	308139	440881	563016
#发明专利	Invention Patents	69769	85180	98182

9-12 各地区科技企业孵化器主要指标(2019年)
Main Indicators of Technology Business Incubators by Region (2019)

地 区	Region	在统孵化器数量 (个) Number of TBIs with Data (unit)	孵化器内企业总数 (个) Number of Total Resident Companies (unit)	在孵企业 (个) Number of Incubatees (unit)	在孵企业从业人员 (人) Number of Employees of Incubatees (person)	当年获得风险投资额 (千元) Amount of Venture Capital for Incubatees (1000 yuan)
全 国	**National Total**	**5206**	**275910**	**216828**	**2948824**	**54548533**
北 京	Beijing	130	13220	9444	160156	8854081
天 津	Tianjin	81	4791	4309	58383	227113
河 北	Hebei	251	9140	7725	103120	247422
山 西	Shanxi	62	2851	2543	37716	102824
内蒙古	Inner Mongolia	50	2369	1842	25478	131631
辽 宁	Liaoning	67	4546	3947	55632	780156
吉 林	Jilin	93	3742	3230	58504	168535
黑龙江	Heilongjiang	182	7263	6313	57543	170230
上 海	Shanghai	175	11312	8384	84943	6721255
江 苏	Jiangsu	832	41595	34800	514853	10947258
浙 江	Zhejiang	363	20954	16690	187378	4952780
安 徽	Anhui	170	7350	6220	78328	1110557
福 建	Fujian	135	4671	3493	47594	874420
江 西	Jiangxi	62	5347	3507	60800	297617
山 东	Shandong	358	20150	16315	197023	1291408
河 南	Henan	167	10187	8987	158926	753819
湖 北	Hubei	216	13879	11286	144616	873077
湖 南	Hunan	89	7123	5672	112448	874953
广 东	Guangdong	1013	45553	32918	408048	10557523
广 西	Guangxi	106	3818	3417	36796	221401
海 南	Hainan	8	2122	754	7261	8150
重 庆	Chongqing	77	3911	2733	36000	199503
四 川	Sichuan	168	10688	8190	111337	2096525
贵 州	Guizhou	42	1646	1251	22950	138918
云 南	Yunnan	40	2882	2280	25313	27641
西 藏	Tibet	1	18	17	518	
陕 西	Shaanxi	122	7237	4730	90395	1575107
甘 肃	Gansu	79	3278	2570	30023	205840
青 海	Qinghai	14	611	471	6575	15030
宁 夏	Ningxia	15	728	558	4955	3630
新 疆	Xinjiang	38	2928	2232	25212	120130

9-13　众创空间运行综合情况
Statistics on Mass Maker Spaces

指　　表	Item	2018	2019
众创空间(个)	Number of Mass Maker Spaces with Data (unit)	6959	8000
国家级	National Mass Maker	1889	1819
非国家级	Non-National Mass Maker	5070	6181
众创空间总面积(平方米)	Space Area (sq.m)	33837046	35709111
#常驻团队和企业	#For Tenant Groups and Startups	20686460	22177894
众创空间服务人员数量(人)	Number of Service Personnel (unit)	145412	94999
当年服务的创业团队数量(个)	Number of Serviced Entrepreneurial Groups(unit)	238969	233767
#常驻创业团队	#For Tenant Groups and Startups	126498	132187
当年服务的初创企业的数量(个)	Number of Serviced Startup Companies(unit)	169541	207082
#常驻初创企业	#For Tenant Startups	100575	131577
享受财政资金支持额(万元)	Fiscal Fund Received (10 000 yuan)	335924	352836
当年获得投融资的团队及企业的数量(个)	Number of Groups and Startups that Received Investment(unit)	19045	18739
累计获得投融资的团队及企业的数量(个)	Accumulated Number of Groups and Startups that Received Investment(unit)	64406	71323
团队及企业当年获得投资总额(万元)	Amount of Investment Received by Groups and Sartups (10 000 yuan)	7897703	8730550
服务的团队及企业累计获得投资总额(万元)	Accumulated Amount of Investment Received by Groups and Sartups (10 000 yuan)	38025939	48967220
创业团队和企业吸纳就业人数(人)	Number of Employment by Groups and Startups(person)	1601549	1909742
#吸纳应届毕业大学生	#Number of Recruited College Graduates	287627	321186
常驻团队及企业拥有的有效知识产权数量(个)	Valid IPRs Held by Tenants(unit)	227799	208318
#发明专利	#Invention Patents	41798	35292

注：表9-17和9-18统计范围为纳入各地方科技管理部门管理范围的符合科技部印发《发展众创空间工作指引》条件的众创空间以及经科技部备案的众创空间。

Note: Statistics on table 9-17 and 9-18 cover all the Mass Maker Spaces identified by the Ministry of Science and Technology

9-14 各地区众创空间主要指标(2019年)
Main Indicators of Mass Maker Spaces by Region(2019)

地区	Region	众创空间数量(个) Number of Mass Maker Spaces (unit)	当年服务的企业及团队数(个) Number of Serviced Entrepreneurial Groups (unit)	享受财政资金支持额(万元) Fiscal Subsidy (10 000 yuan)	当年获得投融资的团队及企业的数量(个) Number of Groups and Startups that Received Investment (unit)	团队及企业当年获得投资总额(万元) Amount of Investment Received by Groups and Sartups (10 000 yuan)	创业团队和企业吸纳就业人数(人) Number of Employment by Groups and Startups (person)
全国	**National Total**	**8000**	**440849**	**352836**	**18739**	**8730550**	**1909742**
北京	Beijing	245	42162	32383	1228	4956844	246994
天津	Tianjin	191	12634	5626	304	73792	41971
河北	Hebei	513	18686	5494	488	29885	63523
山西	Shanxi	314	18250	8815	451	25431	71307
内蒙古	Inner Mongolia	148	8149	7718	145	7129	41609
辽宁	Liaoning	194	19076	9429	389	118140	107241
吉林	Jilin	110	4462	2523	124	10237	14821
黑龙江	Heilongjiang	54	2717	1518	42	3757	12038
上海	Shanghai	164	12282	34476	662	1275665	57173
江苏	Jiangsu	836	33943	53736	1807	239896	132022
浙江	Zhejiang	709	30541	38747	1808	304794	130207
安徽	Anhui	272	10757	7944	783	44792	49010
福建	Fujian	352	13272	6311	635	143679	51171
江西	Jiangxi	174	18370	8679	953	116249	94089
山东	Shandong	626	27052	21575	1035	76520	106872
河南	Henan	229	18719	8665	1042	64513	70572
湖北	Hubei	337	21719	20479	720	186408	91542
湖南	Hunan	186	10099	14122	735	162234	60193
广东	Guangdong	952	43361	19532	2197	462652	156200
广西	Guangxi	136	5183	2902	363	8343	16297
海南	Hainan	24	2152	2044	38	2870	6959
重庆	Chongqing	214	12618	8675	515	44664	59016
四川	Sichuan	175	10161	6586	342	58620	52326
贵州	Guizhou	82	3741	1229	208	2878	15844
云南	Yunnan	122	7785	2282	194	20447	29916
西藏	Tibet	2	165	100	1	200	448
陕西	Shaanxi	284	14860	15791	684	248586	69313
甘肃	Gansu	207	9802	2600	598	13527	33980
青海	Qinghai	46	2247	701	107	21393	9320
宁夏	Ningxia	6	376	323	15	362	1153
新疆	Xinjiang	96	5508	1832	126	6043	16615

十、国际比较

International Comparison

10-1 研究与试验发展(R&D)经费及
R&D Expenditure and as

单位：10亿本国货币单位

国家(地区)	Country (Area)	R&D经费									
		1995	1996	1997	1998	1999	2000	2001	2002	2003	2004
中　国	China	34.9	40.4	50.9	55.1	67.9	89.6	104.2	128.8	154.0	196.6
美　国	USA	184.1	197.8	212.7	226.9	245.5	269.5	280.2	279.9	293.9	305.6
日　本	Japan	13369.1	14155.1	14794.0	15169.2	15032.7	15304.4	15542.8	15551.5	15683.4	15782.7
英　国	UK	14.0	14.3	14.7	15.5	16.9	17.7	18.3	19.2	19.9	20.2
法　国	France	27.3	27.8	27.8	28.3	29.5	31.0	32.9	34.5	34.6	35.7
德　国	Germany	40.5	41.2	42.9	44.6	48.4	50.8	52.2	53.6	54.7	55.1
澳大利亚	Australia		8.8		8.9		10.4		13.2		16.0
加拿大	Canada	13.8	13.8	14.6	16.1	17.6	20.6	23.1	23.5	24.7	26.7
意大利	Italy	9.2	9.9	10.8	11.4	11.5	12.5	13.6	14.6	14.8	15.3
瑞　典	Sweden	59.0		67.0		76.6		97.0		96.8	95.1
瑞　士	Switzerland		10.0				10.7				13.1
土耳其	Turkey	0.0	0.1	0.1	0.3	0.5	0.8	1.3	1.8	2.2	2.9
奥地利	Austria	2.7	2.9	3.1	3.4	3.8	4.0	4.4	4.7	5.0	5.2
比利时	Belgium	3.5	3.7	4.1	4.3	4.6	5.0	5.4	5.2	5.2	5.4
捷　克	Czech	14.0	16.3	19.5	22.9	23.6	26.5	28.3	29.6	32.2	35.1
丹　麦	Denmark	18.5	19.7	21.7	23.8	26.4		31.9	34.4	36.1	36.4
芬　兰	Finland	2.2	2.5	2.9	3.4	3.9	4.4	4.6	4.8	5.0	5.3
希　腊	Greek	0.4		0.5		0.8		0.9		1.0	1.0
冰　岛	Iceland	7.0		9.7	11.8	14.5	18.3	22.8	24.1	23.7	
爱尔兰	Ireland	0.7	0.8	0.9	1.0	1.1	1.2	1.3	1.4	1.6	1.8
墨西哥	Mexico	5.7	7.8	10.9	14.5	19.7	20.5	22.9	27.3	29.9	34.3
荷　兰	Netherlands	6.0	6.3	6.8	6.9	7.6	8.1	8.7	8.7	9.1	9.5
新西兰	New Zealand	0.9		1.1		1.1		1.4		1.7	
挪　威	Norway	15.9		18.2		20.3		24.4	25.4	27.2	27.5
葡萄牙	Portugal	0.5	0.5	0.6	0.7	0.8	0.9	1.0	1.0	1.0	1.1
西班牙	Spain	3.6	3.9	4.0	4.7	5.0	5.7	6.2	7.2	8.2	8.9
韩　国	Korea Rep.	9440.6	10878.1	12185.8	11336.6	11921.8	13848.5	16110.5	17325.1	19068.7	22185.3
新加坡	Singapore	1.4	1.8	2.1	2.5	2.7	3.0	3.2	3.4	3.4	4.0
匈牙利	Hungary	41.2	44.9	61.7	68.6	78.2	105.4	140.6	171.5	175.8	181.5
波　兰	Poland	2.1	2.8	3.4	4.0	4.6	4.8	4.9	4.5	4.6	5.2
俄罗斯联邦	Russian Federation	12.1	19.4	24.4	25.1	48.1	76.7	105.3	135.0	169.9	196.0
巴　西	Brazil	5.6	6.0				12.0	13.6	14.6	16.3	17.5
印　度	India	74.8	89.1	106.1	129.0	150.9	162.0	170.4	180.9	200.9	241.2

占国内生产总值的比重
a Percentage of GDP

(billion of national currency)

R&D Expenditure													
2005	2006	2007	2008	2009	2010	2011	2012	2013	2014	2015	2016	2017	2018
245.0	300.3	371.0	461.6	580.2	706.3	868.7	1029.8	1184.7	1301.6	1417.0	1567.7	1760.6	1967.8
328.1	353.3	380.3	407.2	406.4	410.1	429.8	434.3	454.8	476.5	495.1	516.3	543.2	581.6
16672.6	17273.5	17756.2	17377.2	15817.7	15696.5	15945.1	15883.6	16680.1	17472.9	17436.1	16911.5	17512.3	17919.0
21.7	23.2	25.0	25.6	25.9	26.4	27.4	27.0	28.9	30.6	31.6	33.1	34.1	37.1
36.2	37.9	39.3	41.1	42.8	43.5	45.1	46.5	47.4	48.9	49.8	49.5	50.2	51.8
55.9	59.0	61.5	66.6	67.1	70.0	75.6	79.1	79.7	84.2	88.8	92.2	99.6	104.7
	21.8		28.3		30.9	31.7		33.5		31.2			
28.0	29.1	30.0	30.8	30.1	30.4	31.7	32.4	32.4	34.2	33.7	34.4	34.0	34.8
15.6	16.8	18.2	19.0	19.2	19.6	19.8	20.5	21.0	21.8	22.2	23.2	23.4	25.2
98.5	108.5	107.4	118.4	113.4	113.2	118.8	120.9	124.6	123.8	137.1	143.4	155.5	160.4
			16.3				20.0			22.1		22.6	
3.8	4.4	6.1	6.9	8.1	9.3	11.2	13.1	14.8	17.6	20.6	24.6	29.9	38.5
6.0	6.3	6.9	7.5	7.5	8.1	8.3	9.3	9.6	10.3	10.5	11.1	11.7	12.1
5.6	5.9	6.4	6.8	6.9	7.5	8.2	8.8	9.2	9.6	10.1	10.9	11.9	12.3
38.1	43.3	50.0	49.9	50.9	53.0	62.8	72.4	77.9	85.1	88.7	80.1	90.4	102.8
38.0	40.4	43.7	50.0	52.6	52.8	54.4	56.5	57.3	57.7	62.2	65.2	66.3	68.1
5.5	5.8	6.2	6.9	6.8	7.0	7.2	6.8	6.7	6.5	6.1	5.9	6.2	6.4
1.2	1.2	1.3	1.6	1.5	1.4	1.4	1.3	1.5	1.5	1.7	1.8	2.0	2.2
28.4	35.0	35.1	39.2	42.2		42.4		33.3	40.4	50.4	53.0	55.1	56.9
2.0	2.2	2.4	2.6	2.7	2.7	2.7	2.7	2.8	3.0	3.1	3.2		3.2
38.1	39.3	49.0	58.2	62.9	71.2	75.0	77.0	81.2	92.7	97.2	97.8		73.5
9.8	10.2	10.3	10.5	10.4	10.9	12.2	12.5	12.7	13.3	13.7	14.1	14.7	16.7
1.8		2.2		2.4		2.6		2.7		3.1		3.9	
29.5	32.3	36.8	40.5	41.9	42.8	45.4	48.0	50.7	53.9	60.2	63.3	69.2	72.8
1.2	1.6	2.0	2.6	2.8	2.8	2.6	2.3	2.3	2.2	2.2	2.4	2.6	2.8
10.2	11.8	13.3	14.7	14.6	14.6	14.2	13.4	13.0	12.8	13.2	13.3	14.1	14.9
24155.4	27345.7	31301.4	34498.1	37928.5	43854.8	49890.4	55450.1	59300.9	63734.1	65959.4	69405.5	78789.2	85728.7
4.6	5.0	6.3	7.1	6.0	6.3	7.3	7.1	7.4	8.3	9.2	9.1	9.1	9.3
207.8	238.0	245.7	266.4	299.2	310.2	336.5	363.7	420.1	441.1	468.4	427.2	517.3	654.2
5.6	5.9	6.7	7.7	9.1	10.4	11.7	14.4	14.4	16.2	18.1	17.9	20.6	25.6
230.8	288.8	371.1	431.1	485.8	523.4	610.4	699.9	749.8	847.5	914.7	943.8	1019.2	1028.2
20.9	23.9	29.4	35.1	37.3	45.1	49.9	54.3	63.7	73.4	80.5	79.2		
299.3	342.4	394.4	473.5	530.4	602.0	659.6	739.8	793.6	853.3	945.2	1048.6		1238.5

10-1 续表

单位：10亿本国货币单位，%

国 家 (地区)	Country (Area)	R&D / GDP									
		1995	1996	1997	1998	1999	2000	2001	2002	2003	2004
中 国	China	0.57	0.56	0.64	0.65	0.75	0.89	0.94	1.06	1.12	1.21
美 国	USA	2.41	2.45	2.48	2.50	2.55	2.63	2.65	2.56	2.56	2.50
日 本	Japan	2.61	2.69	2.77	2.87	2.89	2.91	2.97	3.01	3.04	3.03
英 国	UK	1.66	1.59	1.54	1.56	1.64	1.63	1.62	1.63	1.59	1.54
法 国	France	2.24	2.22	2.15	2.09	2.11	2.09	2.14	2.17	2.12	2.09
德 国	Germany	2.13	2.14	2.18	2.21	2.34	2.40	2.40	2.42	2.47	2.43
澳大利亚	Australia		1.58		1.44		1.48		1.65		1.73
加拿大	Canada	1.65	1.61	1.61	1.71	1.75	1.86	2.02	1.97	1.97	2.00
意大利	Italy	0.94	0.95	0.99	1.01	0.98	1.01	1.04	1.08	1.06	1.05
瑞 典	Sweden	3.13		3.31		3.42		3.91		3.61	3.39
瑞 士	Switzerland		2.45				2.32				2.67
土耳其	Turkey	0.28	0.33	0.36	0.36	0.46	0.47	0.53	0.51	0.47	0.50
奥地利	Austria	1.53	1.58	1.65	1.73	1.85	1.89	1.99	2.07	2.17	2.17
比利时	Belgium	1.64	1.73	1.79	1.82	1.89	1.92	2.02	1.89	1.83	1.81
捷 克	Czech	0.88	0.89	0.99	1.07	1.05	1.11	1.10	1.10	1.15	1.15
丹 麦	Denmark	1.79	1.81	1.89	2.01	2.13		2.32	2.44	2.51	2.42
芬 兰	Finland	2.20	2.45	2.62	2.79	3.06	3.25	3.20	3.26	3.30	3.31
希 腊	Greek	0.42		0.43		0.57		0.56		0.55	0.53
冰 岛	Iceland	1.51		1.80	1.95	2.24	2.58	2.85	2.83	2.71	
爱尔兰	Ireland	1.22	1.27	1.24	1.21	1.15	1.08	1.05	1.06	1.12	1.18
墨西哥	Mexico	0.25	0.25	0.28	0.30	0.34	0.31	0.32	0.37	0.38	0.39
荷 兰	Netherlands	1.82	1.84	1.84	1.74	1.82	1.79	1.80	1.75	1.78	1.79
新西兰	New Zealand	0.92		1.06		0.96		1.10		1.15	
挪 威	Norway	1.65		1.59		1.61		1.56	1.63	1.68	1.55
葡萄牙	Portugal	0.52	0.55	0.56	0.62	0.68	0.72	0.76	0.72	0.70	0.73
西班牙	Spain	0.77	0.79	0.78	0.85	0.84	0.88	0.89	0.96	1.02	1.04
韩 国	Korea Rep.	2.20	2.26	2.30	2.16	2.07	2.18	2.34	2.27	2.35	2.53
新加坡	Singapore	1.10	1.32	1.42	1.74	1.82	1.82	2.02	2.05	2.01	2.09
匈牙利	Hungary	0.71	0.63	0.70	0.66	0.67	0.79	0.91	0.98	0.92	0.86
波 兰	Poland	0.62	0.64	0.64	0.66	0.68	0.64	0.62	0.56	0.54	0.55
俄罗斯联邦	Russian Federation	0.79	0.90	0.97	0.89	0.93	0.98	1.09	1.16	1.19	1.07
巴 西	Brazil	0.87	0.77				1.00	1.03	0.98	0.95	0.89
印 度	India	0.61	0.63	0.67	0.69	0.71	0.74	0.72	0.71	0.71	0.74

continued

(billion of national currency,%)

2005	2006	2007	2008	2009	2010	2011	2012	2013	2014	2015	2016	2017	2018
1.31	1.37	1.37	1.45	1.66	1.71	1.78	1.91	2.00	2.03	2.07	2.12	2.15	2.14
2.52	2.56	2.63	2.77	2.81	2.74	2.77	2.68	2.71	2.72	2.72	2.76	2.79	2.83
3.18	3.28	3.34	3.34	3.23	3.14	3.24	3.21	3.31	3.40	3.28	3.16	3.21	3.28
1.56	1.58	1.62	1.62	1.68	1.66	1.66	1.59	1.64	1.66	1.67	1.68	1.66	1.73
2.05	2.05	2.02	2.06	2.21	2.18	2.19	2.23	2.24	2.28	2.27	2.22	2.19	2.19
2.43	2.46	2.45	2.60	2.73	2.71	2.80	2.87	2.82	2.87	2.91	2.92	3.04	3.13
	2.00		2.25		2.18	2.11		2.09		1.88			..
1.97	1.94	1.90	1.86	1.92	1.83	1.79	1.77	1.71	1.71	1.69	1.69	1.59	1.56
1.05	1.09	1.13	1.16	1.22	1.22	1.21	1.27	1.31	1.34	1.34	1.37	1.35	1.43
3.38	3.50	3.25	3.49	3.45	3.21	3.25	3.28	3.30	3.14	3.26	3.27	3.40	3.32
			2.71				3.19			3.37		3.37	..
0.57	0.56	0.69	0.69	0.81	0.80	0.80	0.83	0.82	0.86	0.88	0.94	0.96	1.03
2.37	2.36	2.42	2.57	2.60	2.73	2.67	2.91	2.95	3.08	3.05	3.13	3.16	3.14
1.78	1.81	1.84	1.92	1.99	2.05	2.16	2.27	2.33	2.39	2.46	2.56	2.70	2.68
1.17	1.23	1.30	1.24	1.29	1.34	1.56	1.78	1.90	1.97	1.93	1.68	1.79	1.93
2.39	2.40	2.52	2.77	3.06	2.92	2.94	2.98	2.97	2.91	3.05	3.10	3.05	3.03
3.33	3.34	3.35	3.55	3.75	3.73	3.64	3.42	3.29	3.17	2.89	2.74	2.76	2.76
0.58	0.56	0.58	0.66	0.63	0.60	0.67	0.70	0.81	0.83	0.96	0.99	1.13	1.18
2.69	2.89	2.55	2.49	2.60		2.41		1.70	1.95	2.20	2.13	2.10	2.04
1.19	1.20	1.23	1.39	1.61	1.59	1.56	1.56	1.56	1.52	1.18	1.16		1.00
0.40	0.37	0.43	0.47	0.52	0.53	0.51	0.49	0.50	0.53	0.52	0.49		0.31
1.77	1.74	1.67	1.62	1.67	1.70	1.88	1.92	1.93	1.98	1.98	2.00	1.99	2.16
1.12		1.16		1.25		1.23		1.15		1.23		1.37	..
1.48	1.46	1.56	1.55	1.72	1.65	1.63	1.62	1.65	1.71	1.93	2.03	2.09	2.06
0.76	0.95	1.12	1.45	1.58	1.53	1.46	1.38	1.33	1.29	1.24	1.28	1.33	1.36
1.10	1.17	1.23	1.32	1.35	1.35	1.33	1.29	1.27	1.24	1.22	1.19	1.21	1.24
2.63	2.83	3.00	3.12	3.29	3.47	3.74	4.03	4.15	4.29	4.22	4.23	4.55	4.53
2.15	2.13	2.33	2.62	2.15	1.96	2.09	1.94	1.94	2.10	2.19	2.09	1.95	1.84
0.92	0.98	0.96	0.98	1.13	1.14	1.19	1.26	1.39	1.35	1.36	1.20	1.35	1.53
0.56	0.55	0.56	0.60	0.66	0.72	0.75	0.88	0.87	0.94	1.00	0.96	1.03	1.21
0.99	1.00	1.04	0.97	1.16	1.05	1.01	1.03	1.03	1.07	1.10	1.10	1.11	0.98
0.96	0.99	1.08	1.13	1.12	1.16	1.14	1.13	1.20	1.27	1.34	1.27		
0.81	0.80	0.79	0.84	0.82	0.77	0.76	0.74	0.71	0.69	0.70	0.69		0.65

10-2 研究与试验发展
International Comparison

项　目	Item	中国 China	奥地利 Austria	比利时 Belgium	加拿大 Canada	捷克 Czech Republic
一、R&D人员	**R&D personnel**					
1.人力资源	**Human Resources**	**2019**	**2018**	**2018**	**2017**	**2018**
从事R&D活动人员(千人年)	R&D Personnel(1 000 person-years)	4800.8	80.8	88.0	229.2	75.0
#研究人员	Researchers	2109.5	50.5	56.7	158.9	41.2
每万人就业人员中从事	R&D Personnel in 10 000	62	180	183	122	138
R&D活动人员(人年)	Labor Forces (person-year)					
#研究人员	Researchers	27	112	118	85	76
2.从事R&D活动人员按	**R&D Personnel by**					
执行部门分(%)	**Performing Sectors (%)**					
企业部门	Business Enterprise Sector	76.4	69.0	61.6	60.4	56.5
政府部门	Government Sector	8.8	6.9	8.9	6.6	18.9
高等教育部门	Higher Education Sector	11.8	23.3	28.8	32.4	24.3
其他部门	Other Sectors	3.0	0.8	0.7	0.5	0.3
二、R&D经费	**R&D Funds**					
1.按经费来源分(%)	**By sources of Funds (%)**	**2019**	**2019**	**2017**	**2019**	**2018**
来源于企业资金	Financed by Industry	20.5	53.6	63.5	41.0	33.0
来源于政府资金	Financed by Government	76.3	30.2	20.0	32.9	34.1
来源于其他资金	Financed by Other Sources	3.2	16.2	16.6	26.1	32.9
2.按执行部门分(%)	**By Performing Sector (%)**	**2019**	**2019**	**2018**	**2019**	**2018**
企业部门	Business Enterprise Sector	76.4	69.9	69.8	51.4	61.9
政府部门	Government Sector	13.9	7.1	9.9	7.0	16.4
高等教育部门	Higher Education Sector	8.1	22.4	19.7	41.2	21.5
其他部门	Other Sectors	1.6	0.5	0.6	0.4	0.2
3.按研究类型分(%)	**By types of Research (%)**	**2019**	**2017**	**2017**		**2018**
基础研究	Basic Research	6.0	17.9	11.0		25.8
应用研究	Applied Research	11.3	33.5	45.9		39.7
试验发展	Experimental Development	82.7	48.6	43.1		34.5

(R&D)活动的国际比较
of R&D Activities

丹麦 Denmark	法国 France	德国 Germany	意大利 Italy	日本 Japan	韩国 Korea Rep.	瑞典 Sweden	瑞士 Switzerland	土耳其 Turkey	英国 United Kingdom	美国 United States	俄罗斯联邦 Russian Federation
2018	**2018**	**2018**	**2018**	**2018**	**2018**	**2018**	**2017**	**2018**	**2018**	**2017**	**2018**
64.6	451.4	707.7	345.7	896.9	501.2	92.0	81.8	172.1	463.5		758.5
46.4	306.5	433.7	152.5	678.1	408.4	75.2	46.1	126.2	305.8	1434.4	405.8
218	161	158	136	131	188	181	163	61	143		105
157	109	97	60	99	153	148	92	44	94	92	56
61.6	61.0	63.7	63.3	68.2	76.5	73.4	60.4	60.6	54.0		47.4
3.6	10.9	15.5	11.4	7.0	7.7	5.3	1.1	6.6	3.2		38.2
34.4	26.4	20.8	23.5	23.4	14.2	21.1	38.6	32.7	41.1		14.2
0.4	1.7		1.8	1.4	1.6	0.1			1.8		0.2
2017	**2017**	**2018**	**2018**	**2018**	**2018**	**2017**	**2017**	**2018**	**2018**	**2018**	**2018**
58.5	56.1	66.0	54.6	79.1	76.6	60.8	68.6	53.6	54.8	62.4	29.5
27.2	32.4	27.8	32.7	14.6	20.5	25.0	26.5	32.3	25.9	23.0	67.0
14.3	11.5	6.1	12.7	6.4	2.8	14.2	5.0	14.1	19.3	14.7	3.5
2018	**2018**	**2018**	**2018**	**2018**	**2018**	**2018**	**2017**	**2018**	**2018**	**2018**	**2018**
64.3	65.4	68.9	63.3	79.4	80.3	71.0	71.0	60.4	67.6	72.6	55.6
3.0	12.5	13.5	12.4	7.8	10.1	3.6	0.8	9.2	6.6	10.4	34.4
32.4	20.5	17.6	22.8	11.6	8.2	25.3	28.2	30.3	23.6	12.8	9.7
0.3	1.6		1.5	1.3	1.4	0.1			2.2	4.2	0.3
2017	**2017**		**2018**	**2018**	**2018**		**2017**		**2018**	**2018**	**2016**
18.5	22.7		21.7	13.1	14.2		41.7		18.3	16.6	15.2
31.1	41.9		40.6	19.8	22.0		32.2		42.1	19.8	20.7
50.4	35.4		37.6	67.1	63.8		26.1		39.7	63.5	64.1

10-3 按ESI论文数量排序的前20个国家和地区*
The Top 20 Most-cited Countries and Area Sorted by Papers in ESI

国家(地区)	Country (Area)	位次 Rank	论文数量(篇) Papers (piece)	被引用次数(次) Citations (time)	论文引用率(次/篇) Citations Per Paper (time/piece)
美国	USA	1	4205934	80453805	19.13
中国	CHINA	2	3019068	36057149	11.94
英国	UK	3	1315139	26594081	20.22
德国	GERMANY	4	1131812	20708536	18.30
日本	JAPAN	5	847352	11307529	13.34
法国	FRANCE	6	773555	13818958	17.86
加拿大	CANADA	7	712343	13040162	18.31
意大利	ITALY	8	704225	11845007	16.82
印度	INDIA	9	656758	6797314	10.35
澳大利亚	AUSTRALIA	10	637463	11334092	17.78
西班牙	SPAIN	11	610413	9933003	16.27
韩国	KOREA Rep.	12	587993	7293015	12.40
巴西	BRAZIL	13	466067	4611085	9.89
荷兰	NETHERLANDS	14	420842	9350962	22.22
俄罗斯	RUSSIA	15	357473	2761637	7.73
伊朗	IRAN	16	328477	3134120	9.54
瑞士	SWITZERLAND	17	314919	7330311	23.28
土耳其	TURKEY	18	298834	2461328	8.24
瑞典	SWEDEN	19	284063	5579579	19.64
中国台湾	TAIWAN,CHINA	20	281521	3476899	12.35

注：数据来源于 Essential Science Indicators（基本科学指标数据库),年限跨度从2008年1月至2018年4月30日。
Source: Essential Science Indicators covering a ten-year plus four-month period, January 2008-April 30, 2018.

10-4 按ESI论文被引用次数排序的前20个国家和地区*
The Top 20 Most-cited Countries and Area Sorted by Citations in ESI

国家 (地区)	Country (Area)	位 次 Rank	被引用次数(次) Citations (time)	论文数量(篇) Papers (piece)	论文引用率(次/篇) Citations Per Paper (time/piele)
美国	USA	1	80453805	4205934	19.13
中国	CHINA	2	36057149	3019068	11.94
英国	UK	3	26594081	1315139	20.22
德国	GERMANY	4	20708536	1131812	18.30
法国	FRANCE	5	13818958	773555	17.86
加拿大	CANADA	6	13040162	712343	18.31
意大利	ITALY	7	11845007	704225	16.82
澳大利亚	AUSTRALIA	8	11334092	637463	17.78
日本	JAPAN	9	11307529	847352	13.34
西班牙	SPAIN	10	9933003	610413	16.27
荷兰	NETHERLANDS	11	9350962	420842	22.22
瑞士	SWITZERLAND	12	7330311	314919	23.28
韩国	KOREA Rep.	13	7293015	587993	12.40
印度	INDIA	14	6797314	656758	10.35
瑞典	SWEDEN	15	5579579	284063	19.64
比利时	BELGIUM	16	4667754	231108	20.20
巴西	BRAZIL	17	4611085	466067	9.89
丹麦	DENMARK	18	4021193	188595	21.32
中国台湾	TAIWAN,CHINA	19	3476899	281521	12.35
伊朗	IRAN	20	3134120	328477	9.54

注：数据来源于 Essential Science Indicators（基本科学指标数据库），年限跨度从2008年1月至2018年4月30日。
Source: Essential Science Indicators covering a ten-year plus four-month period, January 2008-April 30, 2018.

10-5 PCT专利申请量按
International Comparison of Number of Patent Applications

单位：件

国家(地区)	Country (Area)	2000	2001	2002	2003	2004	2005	2006	2007
中国	China	782	1730	1015	1297	1707	2503	3930	5455
澳大利亚	Australia	1576	1664	1762	1680	1835	2004	2000	2051
奥地利	Austria	484	620	552	644	709	851	913	1008
比利时	Belgium	581	689	694	775	831	1075	1030	1123
加拿大	Canada	1801	2113	2259	2270	2107	2318	2573	2844
丹麦	Denmark	795	919	979	1036	1049	1122	1158	1153
芬兰	Finland	1579	1696	1761	1557	1672	1893	1845	1994
法国	France	4137	4706	5091	5169	5183	5747	6262	6566
德国	Germany	12581	14029	14323	14653	15216	15986	16734	17825
以色列	Israel	964	1314	1175	1128	1227	1454	1593	1742
意大利	Italy	1394	1623	1980	2163	2190	2349	2701	2949
日本	Japan	9569	11905	14061	17415	20268	24870	27024	27743
韩国	Korea	1582	2324	2520	2945	3555	4689	5946	7064
荷兰	Netherlands	2930	3411	3977	4479	4284	4499	4552	4421
挪威	Norway	529	592	550	535	476	584	609	601
波兰	Poland	109	99	116	154	107	97	101	107
西班牙	Spain	555	616	719	785	822	1124	1202	1295
瑞典	Sweden	3090	3421	2990	2608	2851	2884	3333	3654
瑞士	Switzerland	1997	2354	2755	2862	2897	3290	3614	3816
土耳其	Turkey	71	76	85	111	115	174	269	359
英国	United Kingdom	4807	5499	5389	5210	5035	5093	5095	5542
美国	United States	38015	43059	41316	41046	43395	46879	51301	54062
俄罗斯联邦	Russia Federation	533	557	540	587	522	658	695	735
新加坡	Singapore	222	289	330	282	432	448	473	523

注：数据来源于世界知识产权组织统计数据库。
Source:WIPO Statistics Database.

来源国统计的国际比较
Filed Under the PCT System by Origin

(piece)

2008	2009	2010	2011	2012	2013	2014	2015	2016	2017	2018	2019
6119	7900	12300	16396	18616	21506	25542	29837	43092	48904	53352	59050
1937	1736	1770	1748	1710	1603	1722	1741	1835	1852	1826	1771
951	1029	1144	1343	1319	1262	1387	1399	1422	1397	1475	1436
1135	1005	1066	1188	1212	1103	1196	1180	1219	1354	1296	1354
2907	2509	2689	2914	2738	2847	3071	2822	2336	2400	2422	2724
1357	1339	1156	1288	1409	1264	1299	1327	1356	1430	1443	1449
2212	2123	2136	2075	2312	2095	1811	1584	1525	1602	1834	1653
7076	7217	7230	7406	7801	7905	8260	8420	8210	8014	7919	7938
18856	16793	17560	18846	18749	17922	17983	18004	18308	18951	19748	19327
1902	1555	1476	1449	1374	1607	1581	1685	1838	1816	1898	2003
2884	2653	2658	2684	2845	2869	3059	3072	3362	3225	3329	3386
28763	29810	32216	38864	43523	43772	42381	44053	45210	48205	49708	52686
7902	8040	9604	10357	11787	12381	13119	14564	15555	15751	17013	19075
4361	4421	4010	3511	4080	4190	4206	4335	4675	4430	4135	4047
644	633	707	705	664	708	687	679	653	820	767	782
128	179	206	237	251	332	348	439	344	330	334	365
1391	1563	1770	1732	1705	1705	1703	1530	1507	1418	1396	1512
4135	3567	3303	3476	3600	3947	3913	3843	3719	3975	4168	4193
3778	3677	3762	4046	4225	4377	4100	4257	4368	4486	4571	4617
392	388	479	539	536	805	853	1010	1065	1251	1343	1692
5480	5039	4892	4874	4918	4849	5267	5291	5504	5568	5634	5770
51667	45655	45088	49206	51857	57451	61488	57132	56592	56685	56156	57692
802	736	814	1009	1111	1187	952	877	893	1058	1037	1185
580	583	643	668	714	838	940	907	864	871	935	1101

主要统计指标解释

Explanatory Notes on Main Statistical Indicators

主要统计指标解释

研究与试验发展（R&D）：指为增加知识存量（也包括有关人类、文化和社会的知识）以及设计已有知识的新应用而进行的创造性、系统性工作，包括基础研究、应用研究和试验发展三种类型。基础研究和应用研究统称为科学研究。R&D 活动应当满足五个条件：新颖性、创造性、不确定性、系统性、可转移性（可复制性）。

基础研究：指一种不预设任何特定应用或使用目的的实验性或理论性工作，其主要目的是为获得（已发生）现象和可观察事实的基本原理、规律和新知识。其成果通常表现为提出一般原理、理论或规律，并以论文、著作、研究报告等形式为主。包括纯基础研究和定向基础研究。纯基础研究是不追求经济或社会效益，也不谋求成果应用，只是为增加新知识而开展的基础研究。定向基础研究是为当前已知的或未来可预料问题的识别和解决而提供某方面基础知识的基础研究。

应用研究：指为获取新知识，达到某一特定的实际目的或目标而开展的初始性研究。应用研究是为了确定基础研究成果的可能用途，或确定实现特定和预定目标的新方法。其研究成果以论文、著作、研究报告、原理性模型或发明专利等形式为主。

试验发展：指利用从科学研究、实际经验中获取的知识和研究过程中产生的其他知识，开发新的产品、工艺或改进现有产品、工艺而进行的系统性研究。其研究成果以专利、专有技术，以及具有新颖性的产品原型、原始样机及装置等形式为主。

R&D 人员：指参与研究与试验发展项目研究、管理和辅助工作的人员，包括项目(课题)组人员，企业科技行政管理人员和直接为项目(课题)活动提供服务的辅助人员。反映投入从事拥有自主知识产权的研究开发活动的人力规模。

R&D 人员中全时人员：在报告年度实际从事 R&D 活动的时间占制度工作时间 90%及以上的人员。

R&D 人员全时当量：指全时人员数加非全时人员按工作量折算为全时人员数的总和。例如：有两个全时人员和三个非全时人员(工作时间分别为 20%、30%和 70%)，则全时当量为 2+0.2+0.3+0.7=3.2 人年。为国际上比较科技人力投入而制定的可比指标。

研究人员：指 R&D 人员中具备中级以上职称或博士学历（学位）的人员。

R&D 经费内部支出：指调查单位用于内部开展 R&D 活动（基础研究、应用研究和试验发展）的实际支出。包括用于 R&D 项目（课题）活动的直接支出，以及间接用于 R&D 活动的管理费、服务费、与 R&D 有关的基本建设支出以及外协加工费等。不包括生产性活动支出、归还贷款支出以及与外单位合作或委托外单位进行 R&D 活动而转拨给对方的经费支出。

日常性支出：指调查单位在报告年度为开展 R&D 活动而发生的人员劳务费，及其各项管理费用和购买非资产性的材料、物资费用等他日常支出。

资产性支出：指调查单位在报告年度为开展 R&D 活动而进行建造、购置、安装、改建、扩建固定资产，以及进行设备技术改造和大修理等实际支出的费用。

政府资金：指 R&D 经费内部支出中来自各级政府部门的各类资金，包括财政科学技术拨款、科学基金、教育等部门事业费以及政府部门预算外资金的实际支出。

企业资金：指 R&D 经费内部支出中来自本企业的自有资金和接受其他企业委托而获得的经费，以及科研院所、高校等事业单位从企业获得的资金的实际支出。

R&D 经费外部支出合计：指报告年度调查单位委托外单位或与外单位合作进行 R&D 活动而拨给对方的经费。

R&D 项目（课题）：指在当年立项并开展研究工作、以前年份立项仍继续进行研究的研发项目（课题）数，包括当年完成和年内研究工作已告失败的研发项目（课题），但不包括委托外单位进行的研发项目（课题）数。

科技进步贡献率：指广义技术进步对经济增长的贡献份额，它反映在经济增长中投资、劳动和科技三大要素作用的相对关系。其基本含义是扣除了资本和劳动后科技等因素对经济增长的贡献份额。

新产品：指采用新技术原理、新设计构思研制、生产的全新产品，或在结构、材质、工艺等某一方面比原有产品有明显改进，从而显著提高了产品性能或扩大了使用功能的产品。既包括经政府有关部门认定并在有效期内的新产品，也包括企业自行研制开发，未经政府有关部门认定，从投产之日起一年之内的新产品。

专利：是专利权的简称，是对发明人的发明创造经审查合格后，由专利局依据专利法授予发明人和设计人对该项发明创造享有的专有权。包括发明、实用新型和外观设计。反映拥有自主知识产权的科技和设计成果情况。

发明专利：指对产品、方法或者其改进所提出的新的技术方案。是国际通行的反映拥有自主知识产权技术的核心指标。

实用新型专利：指对产品的形状、构造或者其结合所提出的适于实用的新的技术方案。反映具有一定技术含量的技术成果情况。

外观设计专利：指对产品的形状、图案、色彩或者其结合所作出的富有美感并适于工业上应用的新设计。反映拥有自主知识产权的外观设计成果情况。

职务发明：指执行本单位的任务或者主要是利用本单位的物质条件所完成的发明创造，申请专利的权利属于本单位。

有效发明专利数：指调查单位作为专利权人在报告年度拥有的、经国内外知识产权行政部门授权且在有效期内的发明专利件数。

专利所有权转让及许可数：指报告年度调查单位向外单位转让专利所有权或允许专利技术由被许可单位使用的件数。

专利所有权转让与许可收入：指报告年度调查单位向外单位转让专利所有权或允许专利技术由被许可单位使用而得到的收入。包括当年从被转让方或被许可方得到的一次性付款和分期付款收入，以及利润分成、股息收入等。

集成电路布图设计登记数：指报告年度调查单位向知识产权行政部门提出登记申请并被受理登记的集成电路布图设计的件数。

形成国家或行业标准数：指报告年度调查单位在自主研发或自主知识产权基础上形成的国家或行业标准。形成国家或行业标准须经有关部门批准。

发表科技论文：指在学术刊物上以书面形式发表的最初的科学研究成果。应具备以下三个条件：（1）首次发表的研究成果；（2）作者的结论和试验能被同行重复并验证；（3）发表后科技界能引用。

出版科技著作：指经过正式出版部门编印出版的论述科学技术问题的理论性论文集或专著以及大专院校教科书、科普著作。但不包括翻译国外的著作。由多人合著的科技著作，由第一作者所在单位统计。

《SCI》：美国《科学引文索引》（Science Citation

Index），是由美国科学情报研究所于 1961 年创立，报道生命科学、医学、生物、物理、化学、农业、工程技术领域内的科技文献。是目前国际上最具权威性的用于基础研究和应用研究科研成果的评价体系。

《EI》： 美国《工程索引》（The Engineering Index），创刊于 1884 年，由美国工程信息公司编辑出版。作为世界著名的工程技术领域的文献检索系统，其收录文献的内容包括以下工程技术领域：生物工程、土木、地质、环境、矿业、石油、冶金、机械、燃料工程、核能、汽车、宇航工程、电气、电子、控制工程、化工、食品、农业、工业管理、数学、物理、仪表等。

《CPCI-S》：（Conference Proceedings Citation Index - Science），原名 ISTP。ISTP 是美国科学情报研究所出版的科学技术会议录索引。该索引收录生命科学、物理与化学科学、农业、生物和环境科学、工程技术和应用科学等学科的会议文献，包括一般性会议、座谈会、研究会、讨论会、发表会等。

东部地区：包括北京，天津，河北，上海，江苏，浙江，福建，山东，广东和海南 10 个省市。

中部地区：包括山西，安徽，江西，河南，湖北和湖南 6 个省市。

西部地区：包括内蒙古，广西，重庆，四川，贵州，云南，西藏，陕西，甘肃，青海，宁夏和新疆 12 个省区市。

东北地区：包括辽宁，吉林和黑龙江 3 个省。